水资源与水生态

田守岗　范明元　著

黄河水利出版社
·郑州·

内 容 提 要

本书从分析自然水循环和"自然－人工"二元水循环规律出发，揭示了水资源与水生态既相互依存又相互制约的关系，提出了两者协调发展的基础理论构架、技术支撑和社会保障体系。以山东省典型区为代表，从工业企业、地下水源地、水库灌区、季节性河流、行政区域等不同尺度开展关键技术应用研究，促进水资源可持续利用和水生态环境持续改善。

本书可供水资源、水生态领域科研、管理工作者，以及高等院校相关专业师生阅读参考。

图书在版编目(CIP)数据

水资源与水生态/田守岗，范明元著. —郑州：黄河水利出版社，2013.6

ISBN 978－7－5509－0492－7

Ⅰ.①水… Ⅱ.①田… ②范… Ⅲ.①水资源－关系－水环境－生态环境－研究 Ⅳ.①TV211 ②X143

中国版本图书馆 CIP 数据核字(2013)第 123170 号

组稿编辑：王路平　电话：0371－66022212　E-mail：hhslwlp@126.com

出 版 社：黄河水利出版社

地址：河南省郑州市顺河路黄委会综合楼 14 层　　邮政编码：450003

发行单位：黄河水利出版社

发行部电话：0371－66026940、66020550、66028024、66022620(传真)

E-mail：hhslcbs@126.com

承印单位：河南省瑞光印务股份有限公司

开本：787 mm×1 092 mm　1/16

印张：13.25

字数：310 千字　　印数：1—1 900

版次：2013 年 6 月第 1 版　　印次：2013 年 6 月第 1 次印刷

定价：39.00 元

前　言

水是生命之源、生产之要、生态之基；水资源是人类不可或缺的自然资源之一。然而，随着人口增长和经济社会发展，水资源供需矛盾日益突出并引发一系列水生态问题，水资源短缺、水灾害威胁、水生态退化成为长期制约经济社会可持续发展的重要瓶颈。受人类活动加剧影响，水循环过程也呈现出“自然－人工”二元特性，水资源与水生态相互依存、相互制约的关系愈加复杂，两者严重失衡成为上述水生态问题的主要诱因。如何促进水资源与水生态协调发展、实现水资源可持续利用与水生态持续改善成为全社会共同面对和亟待解决的问题。

本书从分析自然水循环和“自然－人工”二元水循环规律出发，围绕水资源与水生态协调发展要求，按上、下两篇分别介绍了基础理论研究和关键技术应用成果。其中，上篇为理论方法部分，主要从水循环过程及水资源、水生态内在关系入手，探讨了两者协调发展的内在机制和理论基础，进而提出了相应的评价方法、技术支撑和社会保障体系，形成了较为完整的理论构架；下篇为技术应用部分，以山东省典型区为代表，开展了工业企业、地下水源地、水库灌区、季节性河流、行政区域等不同尺度关键技术研究，展示了各具特色的应用成果。

党的十八大报告指出：面对资源约束趋紧、环境污染严重、生态系统退化的严峻形势，必须树立尊重自然、顺应自然、保护自然的生态文明理念，把生态文明建设放在突出地位，融入经济建设、政治建设、文化建设、社会建设各方面和全过程。可以预见，生态文明建设将成为我国未来一段时期全社会发展的主旋律。而水生态文明建设是生态文明建设的基础前提和重要组成部分，水资源与水生态协调发展又是水生态文明的主要标志之一。本书将为我国水生态文明建设乃至生态文明发展提供必要的理论依据和应用示范。

本书由田守岗、范明元共同撰写，由田守岗统稿完成。相关资料主要来源于作者主持完成的山东省科技发展计划项目“山东省水资源高效利用与生态环境保护关键技术研究”、“山东省水安全评价与保障技术研究”等课题成果。在此，向直接参与课题研究的李福林、张保祥、陈学群、黄继文、卜庆伟、黄乾等同志，以及长期以来支持课题研究的山东省水利科学研究院的领导和同事们表示衷心感谢！另外，书中不少内容参考了国内外相关专家学者的论点和成果，在此一并表示谢意！

随着研究的深入，我们越来越认识到：促进水资源与水生态协调发展是解决当前突出水问题的最终立足点，将贯穿水生态文明建设的全过程，必须始终遵循水循环规律，坚持标本兼治的原则。本书的面世，恰如古人所言——“苔花如米小，也学牡丹开”。希望这朵小小的苔花能引发更多人的思考和行动。

限于水平，书中一定还存在不足之处，敬请读者批评指正。

作　者

2013 年 4 月

目 录

上篇　理论方法

自从工业革命以来,人类在改造自然的过程中已显示出巨大的力量,并导致人与自然的关系变得十分复杂。在局部地区、在短时期内,自然似乎被人类驯服了;但从更大范围或长远来看,大自然正以千万倍的反作用力回馈给人类,由此产生的危害超乎想象。人与自然的关系正面临着越来越严峻的考验。人与自然如何和谐相处?需要反思和调整的恰恰是人类自己。

同样,人与水的关系也随着人类对水资源持续加强的开发利用而发生着变化。掠夺式开发造成了水资源的枯竭,而水资源的枯竭又进一步引起了水生态系统的退化甚至消亡,人类的生存环境也持续恶化。现实教训足以证明,水资源与水生态之间相互依赖、相互制约的平衡关系一旦被打破,最终受害的还是人类自己。当我国紧锣密鼓地开展生态文明建设时,确保水资源与水生态协调发展,进而实现水生态文明,成为其最关键的一环。在此时代发展的大背景下,探讨水资源与水生态关系及其实现协调发展的内在机制和途径、构建水资源与水生态协调发展的理论框架显然具有重要的现实意义。

第一章　水资源与水生态演变关系概述

自然水循环过程保障了水资源的更新与再生，一定数量和质量的水资源维系了包括水生态系统在内的陆地生态系统，水生态系统对水资源系统也发挥着调节水量和净化水质的功能，这样的关系自生命诞生以来就客观存在了。但是，在人类活动影响下，水资源与水生态的关系变得更加复杂，而这一切还是要从自然水循环过程说起。

第一节　水资源与水生态的本源——自然水循环过程

一、水的起源

大约在46亿年前，从太阳星云中开始分化出原始地球。地球早期的岩浆活动排出的水汽凝结为液态水，积累成原始海洋，还有些岩浆气体溶解于水中，从而转移到原始海洋中，形成了水圈；而另一些不溶或微溶于水的气体则组成了原始大气圈。从此，地球开始了不同圈层之间的相互作用，以及频繁发生物质—能量交换的演化历史。

地球完成初始圈层分异后，随着地表温度下降到300 ℃左右，地球表层已经存在大量的水蒸气、H_2、CO、NH_3、CH_4、H_2S等，这些混合气体在紫外线、电离辐射和雷电的作用下，形成氨基酸等简单有机物，在地壳环境的热聚合等作用促进下，逐渐实现由氨基酸→类蛋白质→蛋白质的进化，直至出现真正蛋白质的合成，完成了向原始生命进化的飞跃。进一步的演化是形成具有保护功能的外膜，成为具有更完备生命特征的细胞，从而进入了地球历史中生物界和非生物界共同发展的时代。地球上的生命过程约开始于38亿年前，自地球上出现生命开始，古代海洋就一直是生物界生存、发展的摇篮和生活的家园。这种情况从距今4亿年前起发生了重要转折，以原始陆生植物和淡水鱼类在滨海平原与河湖、河口环境大量繁盛为标志，开创了生物占领陆地的新时代。生物界演化中最重要的事件是距今约250万年前(第四纪)人类的出现。

地球上的水，特别是主要以液态形式存在的水是地球区别于太阳系其他行星的重要特征，也是地球上能够诞生人类的基本条件。水是地球上分布最广泛和最主要的物质。它参与生命的形成和活动，是地表物质和能量转化的重要介质，是生态环境系统中最为活跃和影响最深刻的因素。人类的生活离不开水，人类的生产需要水，生态环境依赖水，甚至动植物本身主要由水组成。因此，水也是人类社会赖以生存和发展的自然资源。

二、自然水循环过程

水形成之后，就开始了无止境的循环运动过程。在自然状态下，水循环系统以太阳辐射和重力势能为驱动力，以大气降水作为补给来源，以地表水、地下水和土壤水为赋存形式，通过大气降水、地表水、地下水和土壤水(简称“四水”)的转化而循环更新。从空间角度来看,水循环过程有三种,即海陆间大循环、陆地水循环和海洋水循环。其中,海陆间大循环过程为:海洋水蒸发后到达海洋上空,有90%冷凝,又降落到海洋,其余10%随着大气运动输送到陆地上空,冷凝形成降水,到达陆地表面,在地表形成地表径流,渗入地下形成地下径流,地表径流、地下径流再从陆地流回海洋;陆地水循环过程为:陆地水蒸发到空中,遇冷凝结,降落到地面,再蒸发、再凝结,实现水的循环;海洋水循环过程为:海洋水蒸发到高空,遇冷凝结,降落回海洋,如此循环运动。自然水循环系统构成要素如图1-1所示。

图1-1 自然水循环系统构成要素

在上述三种水循环过程中,陆地水循环与人类日常生活关系最为密切。在自然状态下,该水循环过程十分复杂,可以分为水平方向过程和垂直方向过程。水平方向以陆面产汇流为主,伴有地下水的产汇流:地面产流有蓄满产流与超渗产流两种形式,径流汇集有坡面汇流和河道汇流两种形式;因包气带含水量和地下水位差异,地下水产生侧向径流,并逐渐汇集,以泉水形式转化成地表水,或以河川基流形式回归河道。垂直方向过程更为复杂,降水和蒸发是联系大气水与地表水、土壤水和地下水的关系纽带,是天然状态纯粹水循环的原动力,2/3以上的降水将以蒸散发形式重返大气;蒸散发是水循环的消耗要素,很大程度上影响着降水和辐射能的重新分配;入渗是水从土壤表面渗入土壤内部的运动,入渗水量满足土壤包气带缺水量后,向下入渗补给地下水,在适当条件下成为壤中流或地下径流。在入渗的同时,地下水以潜水蒸发的形式补给土壤水。陆地水循环过程概化如图1-2所示。

三、水循环过程的生态学意义

水循环把水圈中的所有水体都联系在一起,它直接涉及自然界中一系列物理的、化学的和生物的过程。水循环对人类社会及生产活动有着重要的意义,使人类赖以生存的水资源得到不断更新,成为一种再生资源,可以永久利用;使各个地区的气温、湿度等不断得到调节。事实上,水循环过程对陆地生态系统具有重要的意义。

(一)相关概念

在介绍水循环过程的生态学意义之前,需要说明几个相关概念。

1. 水资源

水资源是人类在取用水的过程中形成的概念。迄今为止,关于水资源的定义,国内外

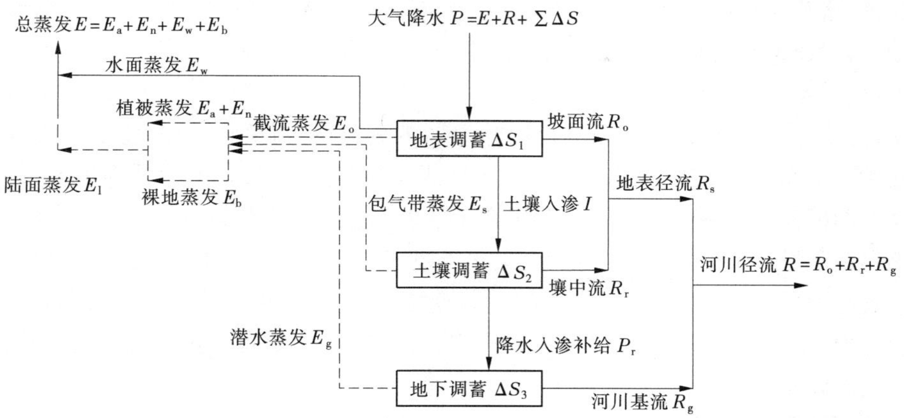

图1-2　陆地水循环过程概化

有多种提法。例如,《大不列颠百科全书》中对水资源的定义为:自然界一切形态(气态、液态、固态)的水;联合国教科文组织和世界气象组织1988年给出的定义是:作为资源的水应当是可供利用或有可能被利用,具有足够数量和可用质量,并可适合某地水需求而长期供应的水源;《中国大百科全书》(大气科学·海洋科学·水文科学卷)中指出:水资源是地球表层可供人类利用的水,包括水量(质量)、水域和水能资源,一般指每年可更新的水量资源。目前,关于水资源普遍认可的概念为:为人类生存、生活和生产活动中所需要的具有数量要求与质量前提的水量,包括使用价值和经济价值。水资源概念有广义和狭义之分。其中,广义的水资源是指能够直接或间接使用的各种水和水中物质,对人类活动具有使用价值和经济价值的水均可称为水资源;狭义的水资源是指在一定经济技术条件下,人类可以直接利用的淡水。本书中所论述的水资源,如未作特别说明,均限于狭义范畴,即与人类生活和生产活动以及社会进步息息相关的淡水资源。

2. 水生态

河流、湖泊、水库、池塘等水生物世界,生存着各种各样的生物种群,它们相互依存、相互制约、相互竞争,构成一个既矛盾又统一的水域生态系统或水生态系统。与生态系统一样,水生态系统是由非生物环境(水、阳光、空气、无机盐、边界物质等)、生产者、消费者、分解者组成的。其中,水生态系统中的生产者,主要是指水体中的藻类与水草,即水体中的绿色植物。它们通过光合作用,制造出有机物质,一部分用于建造自己的身体,进行生长繁殖,另一部分在新陈代谢过程中被消耗掉。生长繁殖起来的藻类和水草,一部分作为其他生物的食料,被草食性动物吞食;一部分衰老死亡,成为细菌、霉菌的营养;还有一部分能够继续生存、繁衍。水生态系统中的消费者,主要是指水体中靠吞食其他生物维持生命活动的各种生物。消费者既可分为草食性动物和以动物为食的肉食性动物,又可分为一级、二级、三级消费者。一级消费者是指以浮游植物、水草为食的浮游动物和草食性鱼类;二级消费者则是以浮游动物和草食性鱼类为食的肉食性鱼类;以此类推。水生态系统中的分解者,主要由细菌和其他微生物组成。它们专门将有机物分解成无机物,因此又称为还原者。分解者将水体中的生产者和消费者的排泄物、尸体残骸等,通过氧化还原作用进行分解、矿化,把有机物质转变成无机物质,并从中取得维持生命的营养。另外,还有一些细菌，将这些无机物质转化成藻类和水草能够直接吸收、利用的形式，起着“转化者”的作用，但一般还是把它们包括在分解者之中。

3.“绿色水”和“蓝色水”

“绿色水”是指进入大气中不可见的水汽，被划分为“生产性的绿色水”和“非生产性的绿色水”。“生产性的绿色水”是指被植物根部吸收又以蒸腾的方式进入大气的水分，它直接影响植物的生物量。“非生产性的绿色水”包括截留蒸发（指雨水落到树冠和其他叶面的截留蒸发）和土壤蒸发（包括土壤水蒸发和地表积水坑水面蒸发）。“蓝色水”是指在地表或地下流动的可见的水，包括河流的地表径流和补给地下含水层的地下径流。“绿色水”和“蓝色水”的区别是，前者是一次消耗性的，而后者是可以循环再利用的。

4.光合作用

水循环过程有相当部分是在植物内部进行的，并直接参与水生植物的生命活动。水在植物内部的运动具有重要的意义，因为植物内部的水分不仅挟带了植物营养物质，还维持了植物体的适宜温度，保证了植物细胞饱满。进入植物内部的水，还参与植物的光合作用。植物在进行光合作用时，水分子的分裂加快，分裂后的“自由”氢原子与空气中的二氧化碳进行生化反应，生成生物群落的基本构件——糖分子。植物开启叶面上的气孔吸收二氧化碳，同时体内的水分也通过气孔扩散到大气中。而由于叶面表面张力的作用，根系中连续的毛管水将该张力传递至叶尖部，使之能吸收土壤或体外水分来加以补给。这也构成了植物内部水分运动过程。

（二）水循环过程对生态系统的意义

水循环过程始终与生物过程交织在一起，既维系着陆地生态系统，又支持着淡水生态系统，同时为人类提供着水资源。水循环过程具有重要的生态学意义，包括“绿色水”和“蓝色水”两种。

当降雨到达地面时，就开始分为“绿色水”和“蓝色水”两部分。

“绿色水”对陆地生态系统意义重大。“绿色水”中的大部分被森林、草地、湿地、农田、荒漠所消耗，维系着陆地生态系统，同时支持着对人类至关重要的农作物的生长。据统计，陆地降雨的2/3为陆地生态系统所消耗，参与光合作用等生态运动，大部分最终以蒸散发的方式回归到水循环过程。陆地生态系统对水的消耗直接影响着河流的径流条件，在一定程度上还有调节作用。

“蓝色水”从陆地流入河流，河流又把湖泊、沼泽、湿地和水库等串联起来，支持着全球的淡水生态系统，也是迄今为止人类利用的主要水资源。“蓝色水”的流量、流速、水深、水温和水文情势以及河流的地貌学特征，直接影响着生物栖息地的质量。河流哺育了包括鱼类在内的各类水生动物、无脊椎动物、昆虫、两栖动物、水禽、哺乳动物和数目庞大的鸟类等生物群落。“蓝色水”更是人类社会的生命线，人们从河流、湖泊、池塘、水库和水井中取水，为工业、农业及居民生活提供水源，被利用后产生的退水又回到河流或湖泊。有些时候，“蓝色水”还会被植物吸收而演变为“绿色水”，以散发的方式进入大气而回归到水循环过程中。

在“绿色水”和“蓝色水”的共同作用下，水循环过程具备了以下生态学意义：

（1）由于水循环周而复始的运动，作为运动着的介质和载体，营养物质源源不断地输送到地球的各个角落,保证了生态系统和人类社会的可持续性。

(2)在太阳能的驱动下,无论是对于人类,还是对于生物群落,水循环的特性都保证了水资源持续更新、可再生的特点。只要水循环过程不停止,生命就具备了生生不息、繁殖繁衍的基础条件。

(3)水循环在时空上的变异性,通过有规律变化的降雨条件和径流条件,以及分布各异的水文条件,造就了丰富多样的生境,成为全球生物多样性的基础。

(4)生物的时间节律特征与河流的水文规律相匹配,其丰枯变化既引导着鱼类和其他生物避难、繁殖或迁徙,也抑制了某些有害生物物种的繁衍。

(5)水循环过程周而复始的运动,持续改造着全球的地貌条件,形成了各具特色的自然景观,为生物群落和人类提供了多样化的生境和无价的美学财富。

四、基于自然水循环系统水资源与水生态相互依存的关系

由前文可知,水循环过程使得水资源得到更新和再生,进而维系了陆地生态系统及陆地淡水生态系统。与此同时,在自然水循环过程的作用下,水资源与水生态之间也形成了相互依存的一体性关系。

一方面,水资源维系了生物生命。水是生命之源,直接参与生命活动,充当着介质、载体等多种角色。同时,还以其时空变异性造就了多样的生境,为生物多样性发展提供了外部环境。生态系统依赖于水资源,水资源的枯竭会导致植被退化、土地荒漠化、动植物大量消亡等严重生态事件;水质恶化则会导致河流、湖泊失去健康,进而造成对植被、鱼类等生态系统主体的严重损害。可以说,没有一定数量和质量的水资源,就没有良好的水生态系统。

另一方面,水生态系统对水资源系统也具有重要的调节和水质净化等功能。与一般的生态系统一样,水生态系统在一定程度上也具有自我调节、恢复稳定状态的能力,这既是对水资源时空分布不均特性的适应,也是一种有益调节。此外,水生态系统在实现能量流动和物质循环的过程中,通过生产者、消费者和分解者构成营养级并实现从无机物到有机物再到无机物的循环转化,如此可以吸收进入水体的有害物质,从而发挥净化水质的作用。同样,如果缺乏具有多样性和稳定性的生态系统作保障,水资源系统将会缺乏活力而逐渐失去使用功能或走向枯竭。

总之,在自然理想状态下,水资源与水生态形成了相互依存的整体,并保持着良性循环的状态。这也是对人类社会进步有益的发展模式。

第二节　水资源与水生态的胁迫——“自然-人工”二元水循环

一、人类活动对自然水循环过程的影响

随着生产力的发展,人类的足迹几乎遍及全球,47%的地球表面被改变,98%的可耕地被耕种,日益频繁、强烈的人类活动已经严重影响了自然环境的天然修复能力。为了满

足不同的需要,人类正极尽所能地通过各种措施来改变水资源开发利用模式,这些措施极大地影响着水循环的各个要素与水资源的消耗效率。

(一)人工取用水改变了循环路径和循环特性

地表水开发减少了河道流量,使出境、入海水量锐减,地下水开采改变了包气带和含水层的特性,形成更多的局部流动系统,影响了天然地表水与地下水的交换特性。用水和耗水改变了水循环圈的蒸发与入渗形式,最后通过排水回归到水循环圈中,但是人工取用的水量中只有小部分回到自然水体,大部分通过蒸发消耗或者转变为生物体与产品。与此同时,一系列的节水措施又进一步改变了水循环的转化机制与转化通量,以农田灌溉为例,灌溉制度决定了灌水次数与灌水量,对作物生长期内土壤的水分变化有较大影响,地表水、地下水、蒸散发之间的转化关系也随之发生变化;渠系的衬砌减少了水量渗漏,使入渗到土壤中的水量减少,包气带缺水量得不到有效补充,减少了入渗到地下水的水量;田间灌溉方式的改变,提高了灌溉水利用系数,使棵间低效蒸发减少,地表径流减少,土壤入渗量也减少;地下水由于得不到足够的入渗补充,水位逐渐下降,节水前地下水补给河道的形式将演变成以河道基流补给地下水为主。

(二)下垫面条件变化改变了水循环参数与产汇流规律

人类在利用自然的过程中,通过水土保持、农业开发、水利工程和城镇建设等活动,改变了地表覆盖、植物分布和土壤质地等因素,土地覆被变化成为人类活动作用于自然环境并影响地球系统的主要途径,改变了局地植被条件和土壤水动力特性,使得蒸发、径流、下渗等环节发生了较大变化,改变了产汇流规律,深刻影响了水分的再分配。农业活动是人类较早开始的改造自然的活动,农田耕作、渠道与井的开挖等活动,改变了局地微地貌和表层土壤结构,影响了水循环参数与产汇流过程。从农田水分循环的转化角度来说,为了使土壤保持适宜的含水量,当土壤水分不足时就要进行灌溉,将地表水或地下水转化为土壤水,由原来河道中的汇流过程变成分布于田面的分散过程;排水则是将地下水、土壤水转化为地表水,排出过剩的土壤水分;打井抽水使得自然状态下的地下径流通过集中抽水分布在田面上。灌溉活动增加了水循环中的蒸发和入渗通量,农田排水则人为地创造了原本并不存在的人工汇流过程。水利工程的建设改变了河流的天然形态,影响了水的汇流过程,水库的调蓄改变了水资源的时空分布,增加了蒸发、入渗等水文过程,改变了水文的天然情势。城市化建设是具有重要水文影响的又一个土地利用变化,弱透水面减弱了蒸发与入渗,加速了地表径流。

(三)温室气体排放改变了气候条件

温室气体,包括水汽(H_2O)、氟利昂、二氧化碳(CO_2)、氧化亚氮(N_2O)、甲烷(CH_4)、臭氧(O_3)、氢氟碳化物、六氟化硫等,来源多为重工业。以 CO_2 为例,人类自工业革命时代开始大量燃烧煤炭,近几十年来越来越多的国家走向工业化,道路上的汽车也越来越多,人类造成气候变化所需的时间要比气候系统的自然变化周期短得多。尽管火山爆发会释放二氧化碳和其他气体,地球自转轴和轨道的微小变化会对地球表面温度造成重大影响,但仍然无法与现在正持续加速的人类活动相比。如今大气中的二氧化碳含量比过去65万年中的最高值高了27%,而罪魁祸首正是人类。温室气体的排放,一旦超出大气标准,便会造成温室效应,导致全球平均气温上升,引发冰盖融化、极端天气、干旱和海平面上升。另外,区域城市化发展导致大片森林和田园消失,城市的人类生产活动和特殊地面结构共同作用使大气边界层特性发生变化,太阳辐射、湍流结构、大气层水汽凝结特征、水分蒸散发等均与周边区域不同,出现了越来越显著的“热岛”、“湿岛”效应,形成与邻近乡村区域不同的气候状况,直接影响了降水、蒸发及径流过程。

二、“自然－人工”二元水循环过程

在大规模人类活动的干扰下,区域水循环系统整体表现出三大效应:一是循尺度变化,主要表现为区域大循环减弱,局地小循环增强;二是水循环输出方变化,主要表现为水平径流输出减弱,垂向蒸散发输出增强;三是降水的转化比发生了变化,主要表现为区域径流性水资源减少,而有效利用的水分增加。

水循环过程方面,在人类活动影响下也发生了深刻演变,驱动力由“一元”自然力演变为“自然－人工”二元驱动,在强人类活动干扰地区,人工作用甚至在某些方面超过了自然力,在这种情况下已无法忽略或剔除人工作用。因此,水循环结构也呈现出明显的二元化特征,由自然状况下以“四水”转化为基本特征的自然水循环演变为自然主循环和人工侧支循环动态耦合的复合水循环系统。其中,自然主循环主要针对降水、蒸发和产汇流而言,人工侧支循环则主要指人工取用水过程中形成的取水—输水—用水—排水—回归循环。自然主循环和人工侧支循环存在紧密的水力联系,循环通量此消彼涨。人工取用水量的增加直接导致下游断面径流量减少,取用耗排过程产生的蒸发渗漏改变了自然条件下的地表水和地下水转化路径,给区域水循环过程中各环节分项带来了相应的附加项,从而影响了区域水循环转化过程和循环通量。

“自然－人工”水循环系统构成要素示意如图1-3所示,“自然－人工”水循环系统概化如图1-4所示。

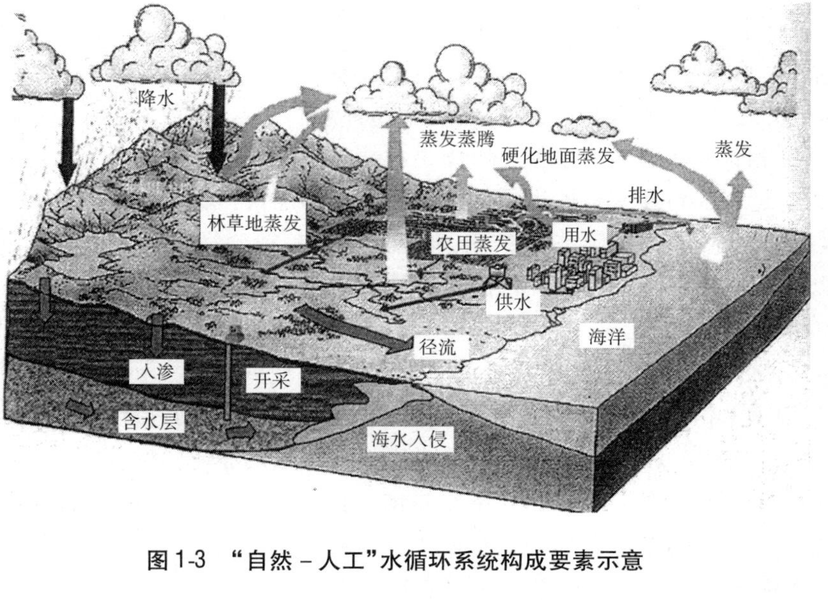

图1-3　“自然－人工”水循环系统构成要素示意

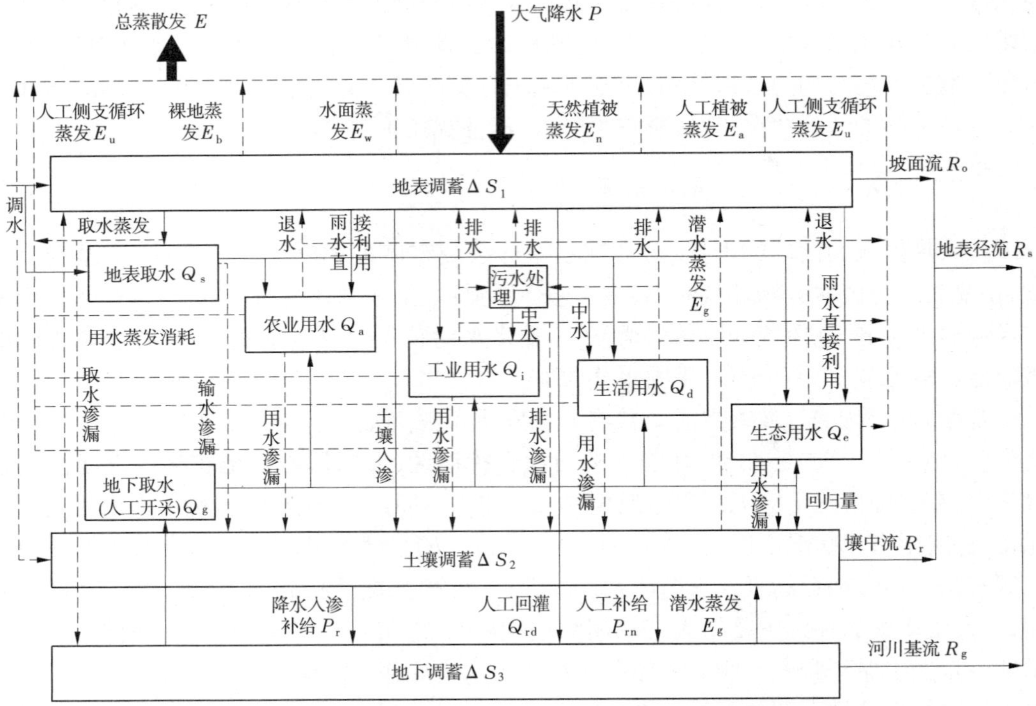

图 1-4　“自然 – 人工”水循环系统概化

自然主循环和人工侧支循环此消彼涨的竞争关系对水资源与水生态的关系也产生了深刻的影响。

三、人工侧支循环的生态胁迫效应

在生态学上，胁迫是指一种显著偏离生物适宜生活需求的环境条件。人工侧支水循环对水生态的胁迫，源于人类对水资源过度的开发利用和不科学的管理。

在古代社会，人类依水而居，人口密度不高且人们主要从事农牧生产，用水量也有限，从河流、湖泊和水井中直接取水就足以满足饮用、灌溉和畜牧的需求。但是，随着人口的增加，特别是近一二百年工业的发展和城市化进程的加快，人口的地域分布背离了水域自然分布规律，而且直接从河流、湖泊中取水也无法满足社会经济需求，于是开始对水资源进行人工调控，包括建设大小不一的拦蓄水库和规模不等的人工输调水工程。但是，人类在资源的利用方面，表现出了贪婪的一面。一方面是超量引水、用水，即为满足供水、灌溉等经济需要，从河流、水库中超量引水或超采地下水，使河流径流量无法满足生态用水的最低需要、地下水位下降并形成降落漏斗；另一方面是污染物的过量排放，由于工业废水、生活废水排放形成的点源污染以及农田施用化肥、杀虫剂造成的面源污染，严重影响了地表水和地下水的质量，甚至引发水体富营养化、利用价值丧失等不良后果。上述行为对水生态造成了明显的胁迫作用，引起生态退化等问题。

（一）人类活动对水生态系统产生了胁迫

人类一系列的活动一直不断地改变着水生态系统。这些活动诸如水利、农业、城市发展、矿产开发、畜牧、旅游、林业生产等，对水生态系统从结构到功能都产生了不同程度的影响。如河流大坝工程建设会产生分割作用和径流调节作用，改变了径流过程；渠道、引水工程和渠道衬砌等河道整治工程会造成河道断面的均一化和底泥中生物生境的破坏；城市化会改变地区的水文特征、河道生境和岸边植被；不合理地取用水资源，破坏了生境而致使生物多样性下降。一些影响甚至超出了水生态系统自身的调节能力，如过度取用地表水或地下水资源以及向水体中排放污染物，降低了水生生物的多样性，甚至导致水生态系统的消亡。

（二）人类活动对水生态系统服务价值产生了影响

生态系统服务功能是指生态系统与生态过程所形成及所维持的人类赖以生存的自然环境条件和效用。生态系统的服务价值是在与人类的相互作用之中实现的，并受人类活动的强烈影响。相对于海洋或陆地生态系统，淡水生境具有相对的不连续性，造成了其独特而丰富的生物多样性分布格局，以及独特而重要的生态价值，但同时也决定了其相对脆弱的特性。因此，当人类不了解或忽视水生态系统的服务价值时，不合理的人类活动会导致水生态系统为人类提供的福利减少，进而导致水生态系统服务价值的降低。

四、基于二元水循环系统水资源与水生态相互制约的关系

人类活动改变了自然水循环过程，并形成了“自然－人工”二元水循环系统，由自然主循环与人工侧支循环耦合构成。社会经济的发展、社会需水量的增长，使人工侧支循环过程越来越发达，并对生态系统产生了胁迫。这样，水资源与水生态原本相互依存的关系就随之发生了深刻变化。

众所周知，水资源始终是人类社会发展最重要的不可替代的自然资源，对支持人类生命、食物生产、能源生产有着基本的功能作用。然而，水生态系统也同样高度地依赖着水资源。水资源的稀缺性往往导致这两种依赖产生明显冲突。问题在于，人类可能更加重视淡水生态系统带来的经济利益或者实物型的生态产品（食品、药品和材料等），而另一部分非实物型的生态服务包括生物群落多样性、环境、气候、水质、美学等功能，虽然对人类社会经济产生深远、重要的影响，但却往往被人们所忽视。因此，在很多时候，人类会以牺牲水生态系统的功能及其环境质量作为代价来求得经济的发展，或者说人类对生态的胁迫因社会的不断发展而日趋严重。水资源的过度占用、污废水的无序排放等导致了环境质量的下降，生物多样性和生态功能也随之下降，自然生态系统对资源的调节、修复、再生能力也逐渐丧失，由此引起水资源的更加匮乏，这也反映出人类对水生态胁迫产生的一系列连锁反应。这种反应就是水资源过度利用—水生态退化—水资源枯竭—水生态消亡……如此恶性循环下去。

总之，当人类社会发展到一定程度，出现了人与自然或人与生态争夺水资源时，水资源系统与水生态系统之间相互制约的关系就越来越显现，并直接影响人类自身的可持续发展。从某种意义上来说，只有有效地改善了水资源与水生态之间的关系，实现了两者的协调发展，才能真正保障人类社会的永续发展。

第三节　水资源与水生态协调发展——水生态文明建设的新目标

人类的发展，已先后经历了史前文明、农业文明和工业文明等阶段，目前步入了后工业文明时期。不同文明时期，形成了与生产力规模相适应的不同的人水关系。而当人类开始反思自工业革命以来取得的物质文明及引发的生态危机，并积极探索一种遵循自然规律，力求人与自然和谐共生、良性循环的发展模式时，人水和谐的关系成为共同的期盼。

一、人水关系的演变历程

人水关系是人与自然关系的一个缩影，全面了解人水关系的转变历程，对科学把握新文明时期水资源与水生态关系具有重要意义。纵观人类文明发展历程，人水关系大体已经经历了依附、改造和征服等三个阶段。

（一）史前文明时期的依附阶段

在原始社会，人类的认知水平和生产力极其低下，只能在狭窄的范围内和孤立的地域中生存与发展。原始社会人使用木器、石器、骨器等工具，直接从大自然中获取生活资料，因而表现出对自然的直接依赖关系。同样，在这一时期，人类也高度依附于水，"逐水草而居"、"择丘陵而处"，并将洪水当作猛兽、将风雨雷电视为上天的安排，创造出龙王爷等一系列神话人物，这是对自然规律和自然现象的不了解而产生的适应性选择。在这样的原始社会背景下，从总体上讲，人类基本上受自然的主宰，处于次要和从属的地位，人水之间是一种依附关系。这样的人水关系，也使得水资源与水生态处于自平衡状态，完全受自然界的支配。

（二）农业文明时期的改造阶段

进入农业文明时期，人类开始使用铁器，改造自然的能力大大加强，开垦农田、砍伐森林，人类与自然环境的关系处在人与自然的统一和相对平衡的时代。这一时期，以"兴水利、避水害"为主要目的的水利工程建设突飞猛进，水资源开发利用能力大大增强。以我国为例，从战国时期修筑黄河堤防开始，到东汉王景、明代潘季驯治理黄河，清代的长江、黄河等"四渎"及钱塘江海塘的治理等，实现了对主要水系的改造；而战国的都江堰、郑国渠，秦代的灵渠，西汉的六辅渠、白渠，唐代的湛渠等，实现了水资源的规模化开发利用。另外，开凿的京杭大运河等一系列大型的人工渠道，在满足航运需求的同时，还贯通了不同的流域，对水循环过程也产生了一定的影响。可以看出，在农业文明时期，人类对自然的依附性减弱，对抗性增强，并已经形成了初步的对抗。但由于人类力量有限，其表现仍是以局部的改造为特色。在人类大规模改造自然、改造自然水系的时候，水资源与水生态的平衡状态受到了威胁，甚至在局部地区失去平衡而破坏了生态环境。

（三）工业文明时期的征服阶段

工业文明时代来临之后，人类改造自然的力量在工业革命大潮的推动下空前强大起来，工业化、现代化创造了前所未有的物质文明，不仅解决了绝大多数人的温饱问题，还使得一部分人过上了相当富裕的生活。这一时期，水利工程建设遍地开花，一座座超级大坝出现在河道上,众多的大型输调水和供水工程有力地保障了城市地区的用水安全。甚至利用先进的技术手段,可以改变天气,影响局部水循环。此时的人类,似乎已经摆脱了受自然主宰和奴役的地位,俨然成为自然的主人。而与此同时,过度的开发利用和不科学的管理也使得越来越多的水生态环境问题暴露出来,如河道超量拦蓄造成河道断流、湿地萎缩,地下水超采引发水位下降、地面沉陷、泉水停涌、海水入侵,以及污废水排放造成水质污染、生物多样性下降,等等。人类在享受物质文明的同时,也饱受着全球气候变化、极端天气频发等后果。人类对资源的过度开采、对生态环境的过度透支,也遭受着一系列的报复,形式各异的重大灾难时有发生。工业文明的一大后果就是将人类与自然导向了恶性对抗、人水相争的状态,水资源与水生态严重失衡,并开始影响人类自身的可持续发展。

从人水关系的演变历程可以看出,人类为了自身的生存和发展,需要在一定范围内改造和利用自然,但对自然的任何改造都会直接或间接地影响人类自身,所以绝不能把自然当作可以被随意改造的对象。自然的一些部分通过改造能够更好地为人类利用,另一些部分则应当避免被人类改造和破坏并尽可能保持其原貌,才能为人类利用。显然,人类改造自然的范围、方式和程度应当有自我约束。

二、水生态文明的兴起

人类已先后经历了原始文明、农业文明和工业文明三个由低到高的发展阶段。特别是在工业文明时代,人类创造了巨大的物质财富,促进了社会的进步与发展。但在物质利益的驱使下,人类不断地对自然进行掠夺式的开发,从而导致大量生物物种灭绝,生物链被破坏,环境遭到严重污染,全球遭遇到前所未有的生态危机,并反过来影响到人类自身正常的生存和发展。直到20世纪中后期,在少数有识之士的引导下,人类才开始对过去的发展方式进行反思,期望能够实现持续、稳步、协调的发展。1962年,美国女科学家蕾切尔·卡逊在《寂静的春天》一书中,深刻揭露了有机农药的应用给生态环境带来的严重危害。1972年,在瑞典斯德哥尔摩召开的联合国人类环境会议上第一次在世界范围内从各国政府的层面提醒人们必须改变那种认为“世界实际是无限的”思想。1988年,联合国环境规划署理事会全体会议讨论了世界环境与发展委员会于1987年提交的《我们共同的未来》报告,该报告第一次正式提出了“可持续发展”的概念及其基本内涵,并通过了《关于可持续发展的声明》。1992年,在巴西里约热内卢召开的联合国环境与发展大会上通过了《里约热内卢环境与发展宣言》、《21世纪议程》、《联合国气候变化框架公约》等重要文件,第一次充分体现了人类社会关于可持续发展的新思想,也反映了全球关于环境与发展领域所达成的共识和签署国家最高级别的政治承诺。1997年,在日本京都召开的《联合国气候变化框架公约》缔约方第3次会议上签订了《京都议定书》。2009年12月,《联合国气候变化框架公约》缔约方第15次会议在丹麦首都哥本哈根召开,就未来应对气候变化的全球行动签署新的协议。至此,人类对可持续发展的理念达成全面的共识,人类已经着手开创一种新的文明形态来延续其生存和发展,这就是生态文明。因此,生态文明将是人类文明发展的一个新的阶段,是人类遵循人、自然、社会和谐发展这一客观规律要求而取得的物质、精神与制度成果的总和,是以人与自然、人与人、人与社会和谐共生、良性循环、全面发展、持续繁荣为基本宗旨的全新的文化伦理形态。

生态文明的重要前提是实现水生态文明。一方面，人类由水而生、依水而居、因水而兴。离开了水资源，不仅人类社会难以为继，任何生命都无法延续，所谓的生态文明也就无从谈起。另一方面，水还是生态环境中最活跃的组成要素和基础条件，只有水生态得到保护和修复，生态环境才能得到全面的改善。以水资源可持续利用、水生态系统完整、水生态环境优美为主要特征的水生态文明，是生态文明建设的资源基础、重要载体和显著标志，对强化生态之基、促进人水和谐、实现科学发展等具有不可替代的重要作用。

总之，从人水关系的发展历程来看，水生态文明将是人类开发利用水资源、改善人水关系的一个新的阶段，是人类遵循人、水、社会和谐发展客观规律要求而取得的物质、精神与制度成果的总和，既包含人类保护水生态和水环境安全的意识、法律、制度、政策，也包含维护水生态平衡和可持续发展的科学技术、组织机构与实际行动。为促进人水和谐，人类就要按照水生态系统特有的运动发展规律来改造自然、顺应自然，维持水系的自然水循环，保护生物链的完整性，不断避免和克服人类活动引起的负面效应，保障有序的水生态运行机制和良好的水生态环境。

三、水生态文明对水资源与水生态关系的挑战

水生态文明是人类社会发展到一定阶段的必然要求，是人水关系调整的新方向，最终目标是实现人水和谐相处。这样，就需要正视人类活动对自然水循环过程产生的影响，通过规范和约束水资源开发利用过程，加强对水生态环境的保护，逐步缓解水资源与水生态之间相互制约的矛盾，使之重新回到相互依存、相互促进的良性循环轨道上来，也就是保持一种协调发展的状态。为此，就要面对以下的挑战：

一方面，要强化对水资源开发利用环节的硬约束，保障水生态环境的用水需求。控制人工侧支循环过程从自然主循环过程的取水总量，既不能超过自然主循环过程可更新量，又要预留生态环境的基本用水量。同时，还要控制人工侧支循环过程退入自然主循环污废水的质量，污染物浓度和总量都应当在生态环境承载能力以内。对地下水超采区、河流湖泊超量取水区，都要逐步消除超用量并进行生态补偿，水资源开发利用切实做到生态优先。

另一方面，在加强生态系统保护的同时，通过有序地改造自然、利用自然，为人类发展服务，实现水资源的可持续开发利用。水生态文明是建立在一定经济基础之上的，没有社会发展的支撑，生态文明建设也无从谈起。因此，当前阶段人类改造自然、利用自然的需求仍客观存在。这就需要人类的行动，应更加科学地遵循自然和生态系统规律，避免对自然和生态系统的破坏。通过适度的改造，兴利避害，以水资源的可持续开发利用支撑经济社会的可持续发展。

当前，水生态文明建设方兴未艾，人类要从克服前期不科学的行为做起，逐步回归到尊重自然、遵循自然、保护自然、修复自然和共享自然的良性轨道上。这一过程将充满挑战，实现水资源与水生态的协调发展只是其中的一个。人类准备好了吗？

第二章　水资源与水生态协调发展理论构架

第一节　概念与内涵

一、水资源与水生态协调发展的概念

在自然水循环过程中，水资源与水生态是一体的，并且保持着相互依存、相互促进的关系。然而，在人类活动日益加剧的情况下，水循环呈现出“自然－人工”二元特性，水资源与水生态之间相互制约的关系逐渐显现，并引发水生态危机，甚而对人类社会的生存与发展带来不利影响。近年来，在可持续发展理论的指引下，人类开始反思工业革命以来一系列发展成就带来的负面影响，着手开创一种新的文明形态来延续其生存和发展，即生态文明。水生态文明是生态文明的重要内容和基础条件，水生态文明建设成为推进生态文明发展的重点突破口。而水生态文明建设，核心内容是水资源可持续利用、水生态系统的完整和水生态环境优美，其本质是人水和谐，其关键则是要保持水资源与水生态的协调发展。

所谓协调，是指“和谐一致，配合得当”；所谓发展，是指“事物由小到大、由简单到复杂、由低级到高级的变化或演变”。所以，协调发展是指维系一种和谐、持续的发展状态。由此，水资源与水生态协调发展，可以确定为：水资源与水生态友好地耦合于水循环过程，实现内在依存与制约作用的均衡，并维系一种和谐、持续的发展状态。这种状态，可以是自然形成的，也可以是在人类辅助管理作用下逐步实现的。

二、水资源与水生态协调发展的内涵

水资源与水生态协调发展具有丰富的内涵，根据其概念描述，就当前水利发展和水资源管理要求而言，至少包括以下四个方面。

（一）水资源与水生态依赖制约关系亘古不变

生命源于水，水生态则依赖水资源；良好的生态环境也可以涵养水、净化水，保障水资源的可持续开发利用。水资源枯竭，将破坏水生态系统直至消亡；水生态退化，将降低水资源利用价值直到消失。水资源与水生态这种“合则两利、分则两败”的关系，自生命起源以来就建立起来了，只是在经济社会快速发展、人类活动不断加剧的情形下，因水资源的争夺这种关系更加明显而已。随着水资源供需矛盾的日趋尖锐，如果未能及时地采取恰当的措施来扭转上述矛盾关系，水资源与水生态的冲突将进一步升级。

（二）水资源的开发利用不能危及水生态系统的安全

为了保障水资源与水生态系统内在的均衡与协调，水资源的开发利用不应当危及水

生态系统的安全。一方面,要给生态环境预留必要的水资源量,确保生物能够正常地繁衍;另一方面,污废水排放不能明显降低自然水体的质量,污染物浓度和总量要控制在水体承载能力以内。事实上,当前出现的诸多水生态环境问题,大多数正是由于水资源的不合理开发利用引起的,如河道径流的过度拦截引用、地下水超采、污水排放等,已在部分区域危及水生态系统的安全。

(三)水生态系统的保护不能杜绝水资源的合理开发利用

水生态系统出现了明显的退化现象,就要实施必要的保护与修复措施,但这种保护与修复不应当妨碍水资源的合理开发利用。人类要生存,社会要发展,完全杜绝水资源的开发利用是不现实的。为保护、修复水生态系统,实施有限制的水资源开发利用,主要还是针对不合理的部分,一是超量取水,二是超量排污。而水生态系统本身也具有一定的自我修复功能,在基本生态用水得到保障的前提下,系统的完整性和生物的多样性是可以有效恢复的。

(四)在人类活动加剧情况下需要人工干预来维系水资源与水生态协调发展状态

在工业革命以前,人类以依附于自然为主,对水资源的开发利用也处在较低水平,而水资源与水生态间的冲突也不明显,其内在的均衡依赖于自然的力量。然而,随着工业革命以来人类改造自然、征服自然能力的增强,水资源开发利用水平迅速提高,社会经济系统与生态系统争水现象普遍存在,自然条件下水资源与水生态均衡状态被打破了,而且在很多时候无法实现自我修复。特别是在全球气候变暖、极端天气频发等大环境下,受损的生态系统表现得更加脆弱,必须通过人工干预才能得以恢复。因此,人类作为打破水资源与水生态协调状态的始作俑者,必须为此承担相应的责任,通过约束自身的行为和加强对生态系统的保护与修复来恢复并保持两者的协调发展状态。

第二节　理论基础

水资源与水生态协调发展思想,并不是孤立形成的,而是有诸多的基础理论来支持的。就协调发展的理念而言,我国古代就提出了"阴阳协调"之说,涉及阴阳一体、阴阳对立、阴阳互根、阴阳消长和阴阳转化等五个方面,对当代科学发展具有重要的指导意义。水资源与水生态,犹如一阳、一阴,相互影响、相互制约。更直接的理论依据,则来源自20世纪后半叶以来逐渐形成的可持续发展理论、循环经济理论、控制论、生态补偿理论、水资源承载力理论、水资源优化配置理论,以及当前贯彻实施的最严格水资源管理制度体系,等等。可以说,这些理论或制度都从不同角度阐释出两个或多个要素之间协调发展的道理,是水资源与水生态协调发展思想得以形成、实践的理论源泉。

一、可持续发展理论

20世纪中叶以来,随着科学技术突飞猛进的发展,人类已经生活在一个大变革、大动荡的世界里,由于人口的急剧增长,人口与经济、人口与资源的矛盾日益突出,人类为了满足自身的需求,在缺乏有效的保护措施的情况下,大量地开采和使用自然资源,使资源耗竭严重、生态环境恶化,威胁了人类的生存和发展。面对着人口、资源和环境等人类发展历史上前所未有的世界性问题，谋求人与自然和谐相处、协调发展的新的发展模式成为当务之急，可持续发展思想的形成有其必然性。1987 年 11 月，世界环境与发展委员会向联合国第 42 届大会提交了一份报告：《我们共同的未来》，正式提出可持续发展的概念，并以此为主题对人类共同关心的环境与发展问题进行了全面论述，成为奠定可持续发展思想的基础报告。1992 年 6 月在巴西里约热内卢举行的联合国环境与发展大会上通过了《里约热内卢环境与发展宣言》、《21 世纪议程》等五项文件和条约，标志着可持续发展思想被世界上大多数国家和组织承认并接受，同时也标志着可持续发展从理论开始付诸实施。

在《我们共同的未来》中，把可持续发展定义为“既满足当代人的需要，又不对后代人满足其需要的能力构成危害的发展”。可持续发展强调三个主题，即代际公平、区际公平以及社会经济发展与人口、资源、环境间的协调性。简言之，可持续发展被概括成为一个“三维复合系统”，即生态持续是基础、经济持续是条件、社会持续是目的。在可持续发展理论的指导下，资源的可持续利用、人与环境的协调发展取代了以前片面追求经济增长的发展观念。因此，可持续发展是一种关于自然界和人类社会发展的哲学观。

可持续发展理论来源于人类对过去行为和发展模式的反思，并成为指导今后发展的总纲领。资源与环境是人类生存与发展的基础条件，资源的永续利用和生态环境的可持续性是人类可持续发展的重要保证。为了保障水资源的永续利用和水生态环境的可持续性，就要保护自然水循环过程，约束人工侧支循环，努力改善水资源与水生态之间的制约关系，并保持协调发展状态。

二、循环经济理论

“循环经济”一词是美国经济学家波尔丁在 20 世纪 60 年代提出的。到了 20 世纪 90 年代，当可持续发展战略成为世界潮流时，环境保护、清洁生产、绿色消费和废弃物的再生利用等整合为一套系统的以资源循环利用、避免废物产生为特征的循环经济战略理论。

循环经济本质上是一种生态经济，它要求运用生态学规律而不是机械论规律来指导人类社会的经济活动。循环经济与传统经济的不同之处在于：传统经济是一种由“资源—产品—污染排放”单向流动的线性经济，其特征是高开采、低利用、高排放。在这种经济中，人们高强度地把地球上的物质和能源提取出来，然后又把污染物和废物大量地排放到水系、空气与土壤中，对资源的利用是粗放的和一次性的，通过把资源持续不断地变为废物来实现经济的数量型增长。与此不同，循环经济倡导的是一种与环境和谐的经济发展模式。它要求把经济活动组织成一个“资源—产品—再生资源”的反馈式流程，其特征是低开采、高利用、低排放。所有的物质和能源要能在这个不断进行的经济循环中得到合理和持久的利用，以把经济活动对自然环境的影响降低到尽可能小的程度。

循环经济的实质就是把经济系统看成一个以生态系统为基础，从生态系统中取得自然资源来支撑社会子系统、经济子系统和环境子系统的发展。各系统之间相互作用、相互影响，取得动态平衡，以实现人、自然资源与科学技术相和谐，共同可持续发展的总目标，如图 2-1 所示。

按照循环经济理论，资源循环应遵循“3R”原则：

(1)资源利用的减量化(Reduce)原则。

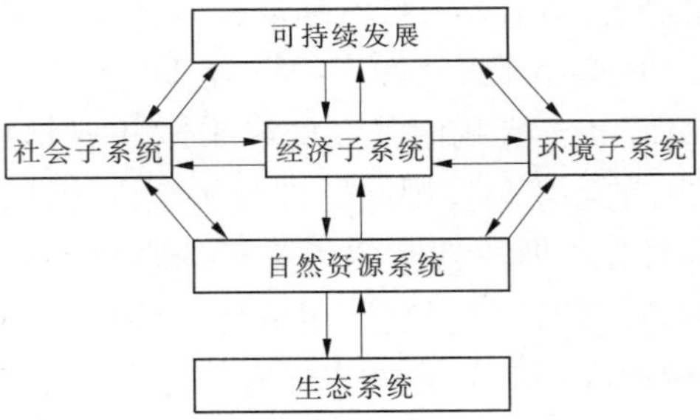

图 2-1　循环经济基本理论示意

在投入端实施资源利用的减量化，主要是通过综合利用和循环使用，尽可能节约自然资源。

(2)产品生产的再使用(Reuse)原则。

在保证服务的前提下，产品在尽可能多的场合下、用尽可能长的时间而不废弃。

(3)废弃物的再循环(Recycle)原则。

在材料选取、产品设计、工艺流程、产品使用到废弃物处理的全过程，实行清洁生产，最大限度地减少废弃物排放，力争做到排放的无害化和资源化，实现再循环。

循环经济是可持续发展理论的深化与衍生，对水资源与水生态协调发展具有重要的指导意义。对于水资源的利用也应当遵循"3R"原则，人工侧支循环应尽可能减少从自然主循环过程中取水，而在人工侧支循环之中应尽可能提高水资源的利用效率和效益，人工侧支循环中产生的污废水应尽可能回收利用，并避免对自然水生态系统的破坏。

三、控制论正负反馈现象

自从 1948 年诺伯特·维纳发表了著名的《控制论——关于在动物和机器中控制和通讯的科学》一书以来，控制论的思想与方法已经渗透到了几乎所有的自然科学和社会科学领域。在控制论中提出了正、负反馈现象。

所谓正反馈，是指两个有正负耦合关系的系统 A 和系统 B 在向各自预定的目标发展时，系统 A 由于某种原因与目标稍有偏离，则系统 B 所产生的反应使系统 A 下一次的状态更加偏离目标，由此形成了恶性循环的连锁反应。

负反馈，与正反馈相反，是要设计一个使"目标差"(即现状与预定目标的偏离程度)不断减小的过程，通过系统不断地把控制后果与目标进行比较，使得"目标差"在一次次的调整中逐渐减小，最后达到控制的目标。人类对于水生态系统退化的不同决策结果，也属于正、负反馈现象。

在社会经济发展的过程中，水资源过度开发利用、水环境污染，引发了水生态系统的退化。这种胁迫效应又以有形或无形的方式反馈到社会经济系统，利用灾害、瘟疫、疾病、饥荒、社会危机等信息去警告人类社会。人类对这些反馈信息可能有两种响应方式。如果决策者在水资源开发利用过程中对水生态系统不断发来的反馈信息置若罔闻，继续推行既定政策，加剧对水资源掠夺性的开发和污染，其结果是水生态系统继续退化。当退化超过某一阈值后，系统将以非线性的速率加速变化，逐渐失去自我修复能力，形成不可逆的变化。当变化远远超过稳定的相对平衡的状态时,最终导致整个系统的崩溃。而在水生态系统退化过程中,将不断地向社会经济系统传递危机信息,并造成社会失衡、经济效率下降、居民健康恶化等,使得社会经济状况与初始制定的发展目标相去甚远。与此相反,如果能够正视水生态退化的恶果并积极回应,采取各种措施加以纠正和弥补,将有利于人类社会重新回到可持续发展轨道。如加强资源环境领域的立法,倡导清洁生产和循环经济;在水电资源开发中提出"在保护生态的基础上,有序发展水电"的方针,制定建设节水型工业、节水型农业、节水型社会的各项政策;加强水资源一体化管理,实施最严格水资源管理制度,等等。这些都是对生态系统的反馈信息。在生态环境保护领域,加大水污染治理力度,加强水土保持,以提高涵养水源的能力;在技术层面上,实施对水生态系统的人工适度干预,缓解生态胁迫效应,如开展河流生态修复、生物栖息地建设,污染水体的生态修复等。上述举措都是对生态系统危机信息的积极响应,是一种典型的负反馈调节过程,最终进一步保护人类社会进步、生活水平提高,实现生态文明。

正、负反馈过程也反映了水资源与水生态协调发展的内在机制,正所谓"解铃还需系铃人",水生态的退化主要是因过度开发水资源引起的,水生态的修复也只有通过科学合理地开发利用水资源来实现。而人类主宰的经济社会系统在其中将起到决定性作用,对于水生态系统释放出的不协调信号,应主动启用负反馈机制来影响和调节,如图 2-2 所示。

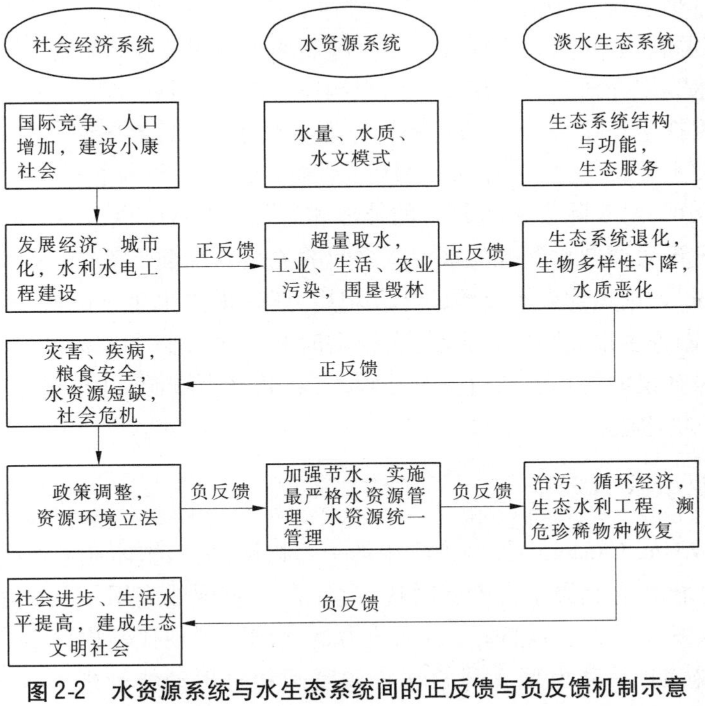

图 2-2　水资源系统与水生态系统间的正反馈与负反馈机制示意

四、生态补偿理论

按照人与自然和谐发展、资源环境可持续利用的要求,人类应当对其在社会经济活动中消费的生态服务功能支付相应的资源环境成本,用于恢复和维持生态服务功能的可持续性。国际上所说的生态(环境)补偿,主要是指通过改善被破坏地区的生态系统状况或建立新的具有相当的生态系统功能或质量的栖息地，来补偿由于经济开发或经济建设而导致的现有的生态系统功能或质量下降或破坏，保持生态系统的稳定性。国内比较全面的概念认为，生态（效益）补偿是用经济手段激励人们对生态系统服务功能进行维护，解决由于市场机制失灵造成的生态效益的外部性并保持社会发展的公平性，达到保护生态与环境效益的目标。

生态补偿在本质上属于人与自然的关系。如果人类长期无偿使用或低价享用生态服务功能，生态赤字不断积累，必然会导致环境污染和生态破坏，而人类最终也将自食生态恶化和资源枯竭的苦果。因此，广义的生态补偿是指人类经济社会系统或特定的行为主体对其所消费的生态功能或生态服务功能予以弥补和偿还的行为，其中人类社会是补偿主体，生态系统是补偿客体。但是，生态系统的空间范围及其生态服务功能的服务范围内通常包含了不同的人类经济社会实体，并以不同行为方式对生态系统产生不同的影响，相互间也存在冲突。由于生态系统的整体性和人类经济社会实体间的分割性，消费生态服务功能与支付生态成本存在着不对等性，从而使生态补偿从人与自然的关系衍生为人与人的关系。实施生态补偿，宏观层面上是要调整人与自然的关系，中观和微观层面上则是协调人与人的关系。

水作为生态环境和社会经济的控制性因素，需要依靠一定的水量、水质、水文条件和水力特性可持续地发挥作用。人类直接通过修建水利工程来改变河湖水文水力学的特性，或通过水资源利用、污染物排放和改变土地利用形式等改变水资源的质量与数量。上述人类活动以水为媒介对生态环境产生的影响，都需要通过实施水资源的保护与修复使水资源持续地发挥生态服务功能和经济社会服务功能，广义上属于水生态补偿的范畴。在补偿关系层面上，可分为保护补偿和污染（消耗）补偿两类；根据造成补偿对象损失性质的不同，则可分为对实际投入（损失）的补偿和对限制发展的机会损失的补偿。

生态补偿理论对调节水资源与水生态之间的关系具有重要意义。因为面对经济社会快速发展的局面，无论是约束水资源的开发利用，还是加强水生态的保护与修复，都要在人与自然、人与人等多重关系中找到平衡，很多时候需要按照生态标准进行补偿，可以说调节的过程就是补偿的过程。通过生态补偿，人类共享水资源，共享水生态，将更有利于相关决策、措施的实施。

五、水资源承载力理论

承载力（Carrying Capacity）原为力学中的一个指标，是指物体在不产生任何破坏时承受的最大荷载。该概念起源于古希腊时代，此后在农业领域应用了几个世纪，一直至18世纪末，Malthus发表了《人口原理》，为承载力概念赋予了现代性内涵。19世纪80年代后期至20世纪初期，承载力概念开始在牧场管理和野生动物管理中得到明确的应用。1921年，帕克和伯吉斯首次将其用于研究人口问题，并指出在某一地区特定的环境条件（主要是指生存空间、营养物质、自然资源等因子的配合）下，人口数量存在最高极限，可以通过该地区的食物资源来确定。随着资源短缺与人类社会发展的矛盾不断加剧，承载力概念有了进一步发展，并应用于社会—经济—自然复合系统中。20世纪80年代初，联合国教科文组织（UNESCO）提出了“资源承载力”的概念，即一个国家或地区的资源承载力是指在可以预见的期间内,利用本地能源及其自然资源和智力、技术等条件,在保证符合其社会文化准则的物质生活水平条件下,该国家或地区能持续供养的人口数量。水资源作为一种可再生(更新)自然资源,其承载力具有自然资源承载力的一般内涵,同时还具有不同于其他资源的特定内涵。

(一)生态内涵

水资源承载力的生态内涵具有两层含义:第一,水资源往往具有维持特定景观的功能,其所承载的综合效用具有生态上的极限,水资源的开发利用应以不超过这种极限为前提;第二,由于水资源承载力在特定时期具有客观极限含义,所以当达到水资源承载力时,也必然意味着这一生态极限得到充分的利用。不仅如此,水资源承载力的生态极限还应当建立在水生态系统的整体性上,它至少包括以下3个方面:

(1)当地水资源的开发利用量不超过可更新水资源量;

(2)水环境质量符合设定的使用功能要求,污染物的浓度值和累积值都应处于功能设定的极限值以下;

(3)满足水生态系统的安全性和生物多样性的需求以及特定景观的用水需求。

当然,由于水生态系统本身具有一定的弹性,所以水资源承载力的生态极限也具有一定的动态性。

(二)技术内涵

众所周知,水资源承载力离不开特定的科学技术背景,这不仅因为水资源承载力的生态极限与特定的技术水平有关,而且还因为通过优化水资源管理或者提高科学技术水平,可以提高水资源对社会经济的承载能力。当达到某一时期理想的水资源承载力时,就意味着达到了一种最优的水管理状态。因此,在一定的时期内,通过对社会总体技术或生产水平进行预测,就可以得到大致确定的水资源承载力;通过提高不同时期的总体技术或生产力水平,可以提高水资源的承载能力,使之在不同时期具有跳跃性,因而在时间上具有技术动态性。

(三)社会经济内涵

承载力概念最吸引人之处在于,它似乎可以给出一个不依赖于社会经济而存在的客观极限。如果水生态系统及特定水景观的生态极限可以确定并在此基础上实施水资源的开发利用和管理,将能够保证水生态系统的健康稳定及特定水景观的可持续利用,因此从这个意义上讲,水资源承载力并不具有社会经济方面的特征,它只关心特定的区域社会经济系统是否超过了水资源和人类社会经济系统界面上的水资源最大利用通量及废物最大排放通量,而并不关心社会经济系统内部的资源配置及人口规模和经济规模究竟如何,后者属于社会经济优化和水资源优化管理等另外的命题。然而,水生态系统及水景观的生态极限并不能脱离特定人口的价值观和具体的效用需求而确定,而且在相同的水资源利用和污水排放水平下,通过社会经济系统的优化(如产业结构调整),社会经济容量或规模会有所不同,这就使得水资源承载力不可避免地又具有社会经济方面的内涵。因此,水资源承载力不仅有一个自然生态方面的最大规模,而且有一个社会经济方面的最大规模。

(四)时空内涵

水资源承载力还有一定的时空内涵:

(1)水资源承载力是一定区域尺度上的水生态系统自身的承载力;

(2)不同的时空尺度,随着技术水平的提高,相同的水资源量的承载力是不同的;

(3)水资源承载的综合效用及其他约束因素,如自然资源、劳动力资源和技术资源等都具有区域性;

(4)水资源承载力在时间上是一个将来的概念;

(5)水资源承载力是一个长期性的概念,即它是自然水生态系统及水景观功效同人类长期相互作用关系的反映,具有一定的时间尺度,在量化计算时,某些变量应当取特定时段上的平均值。

水资源承载力理论在一定程度上揭示了水资源与水生态不协调的原因,同时也揭示了通过技术手段来提高水资源承载力、改善水生态的可能性。当某一时段、某一区域,人类对水资源的开发利用超过了其承载能力时,必然以牺牲生态环境为代价,水资源与水生态间相互制约的关系就会突显。相反,技术的提高、管理的加强,将人类开发利用的强度控制在水资源承载力以内,水资源与水生态之间的制约关系就会缓和,依存、促进关系就会成为主流。

六、水资源优化配置理论

水资源优化配置是指在流域或特定的区域范围内,遵循公平、高效和可持续利用的原则,以水资源的可持续利用和经济社会可持续发展为目标,考虑市场经济规律和资源配置准则,采用各种工程与非工程措施,通过合理抑制需求、有效增加供水、积极保护生态环境等手段和措施,对多种可利用水资源在区域间和各用水部门间进行合理调配,实现有限水资源的经济、社会和生态环境综合效益最大,以及水质和水量的统一与协调。

从宏观上讲,水资源优化配置是在水资源开发利用过程中,对洪涝灾害、干旱缺水、水环境恶化、水土流失等问题的解决实行统筹规划、综合治理,实现除害兴利结合,防洪抗旱并举,开源节流并重;协调上下游、左右岸、干支流、城市与乡村、流域与区域、开发与保护、建设与管理、近期与远期等各方面的关系。从微观上讲,水资源优化配置包括取水方面的优化配置、用水方面的优化配置,以及取水、用水综合系统的水资源优化配置。取水方面是指地表水、地下水、污水等多水源间的优化配置,用水方面是指生态用水、生活用水和生产用水间的优化配置。各种水源、水源点和各地各类用水户形成了庞大复杂的取用水系统,加上时间、空间的变化,水资源优化配置作用就更加明显。

实施水资源的配置主要有工程手段、行政手段、经济手段和科技手段。其中,工程手段,即通过采取工程措施对水资源进行调蓄、输送和调配,达到合理配置的目的,根据工程类型又可分为时间调配工程、空间调配工程和质量调配工程。行政手段,即利用法律约束机制和行政管理职能,直接通过行政措施进行水资源配置,调配生活、生产和生态用水,调节地区、部门等各用水单位的用水关系,实现水资源的统一优化管理调度。经济手段,即按照市场经济要求,通过建立合理的水使用权分配和转让的经济管理模式,建立合理的水价形成机制,以及以保障市场运作的法律制度为基础的水管理机制,允许水的利用方向从低效益的经济领域转向高效益的经济领域。科技手段,即通过建立水资源实时监控系统,准确及时地掌握各水源单元和用水单元的水信息,科学分析用水需求,加强需水管理,采用优化调度决策系统进行优化决策，提高水调度的现代化水平，科学、有效、合理地进行水资源配置。

优化配置是提高水资源承载力的重要手段，有助于在时间、空间以及部门间促进水资源分配的均衡和效用最大化，进而实现水生态系统的保护与修复，与宏观层面水资源与水生态协调发展的要求十分吻合。

七、最严格水资源管理制度

实行最严格的水资源管理制度是当前我国各级水行政主管部门全面推行的一项重大决策，同时也是我国应对全球气候变化、水资源枯竭、生态环境恶化，以及适应人类经济社会可持续发展需求的必然选择。实行最严格水资源管理制度，核心是建立用水总量、用水效率和水功能区限制纳污总量等三条控制红线。

从水资源管理控制“红线”的实质来看，建立用水总量控制红线，就是要限制社会需水总量的增长，以供定需，以提高用水效率；同时，预留基本生态用水，以保护地表水生态环境；实现多年平均状况下的地下水资源采补平衡，以保护地下水生态环境。建立用水效率控制红线，就是要促进节水型社会建设进程，降低单位产品取水量，不断提高各行各业的用水效率。建立水功能区限制纳污总量控制红线，就是限制向自然生态系统的污染物排放量，避免水质污染，保护地表及地下水生态。最严格水资源管理制度的实施将有利于促进水资源与水生态协调发展，进而以水生态文明引领全社会生态文明发展，如图 2-3 所示。

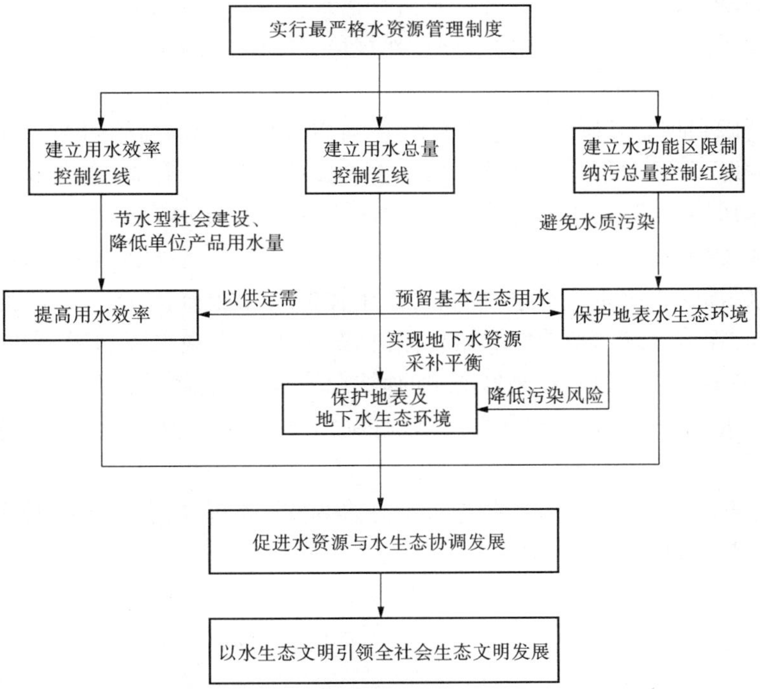

图 2-3　最严格水资源管理制度控制“红线”内涵结构示意

第三节　理论框架

通过对“自然 - 人工”二元水循环过程的探讨及水生态文明发展需求的分析，阐释了当前促进水资源与水生态协调发展的必要性。在此基础上，还提出了水资源与水生态协调发展的概念和内涵，并介绍了主要理论基础，初步回答了怎么调节的问题。为了使水资源与水生态协调发展的概念、理论基础、实施机制、措施类型等能够形成相互衔接的有机整体，进一步提出了水资源与水生态协调发展理论框架，如图2-4所示。

这一理论框架大体分为三大部分，即概念基础、理论基础和措施对策，分别说明为什么要协调、协调什么、怎么协调的问题。

从概念基础部分可知，在自然状态下，水资源与水环境融合于自然水循环过程，并保持着相互依赖、相互促进的关系。而随着人类活动的加剧，在“自然 - 人工”二元模式下，水循环过程在自然循环的基础上衍生出人工侧支循环，并通过取、用、退水等环节影响自然主循环过程，进而使得水资源与水生态之间相互制约的关系突显。为保障人类社会的可持续发展，实现水生态文明和生态文明，必须改善水资源与水生态之间的关系，促进其回归到协调发展状态。

为了促进水资源与水生态协调发展，就要在控制理论、循环经济理论、生态补偿理论等指导下，不断加强水资源开发利用约束和水生态系统保护，并在两者间建立起完善的生态补偿机制，使得水生态系统不会因为水资源的开发利用而退化。对于前者，主要是在水资源承载力理论、水资源优化配置理论及最严格水资源管理制度等指导下，加强对取、用、退水各环节的约束；对于后者，则要遵循自然规律，加强对水体自然形态、水循环过程及水环境的保护。

在概念基础和理论基础的共同指导下，就可以确定相应的措施对策。如在加强水生态系统保护方面，一是要加强对水体自然形态的保护，如对河流、湖泊、湿地等水体要保护与修复其自然形态，加强人工湿地、自然保护区建设；二是要加强对水循环过程的保护，如控制温室气体排放、减少人工干预天气、恢复森林植被等；三是要加强对水环境的保护，如预留生态用水、加强人工生态补水、提高自然水体的自净能力，等等。在加强水资源开发利用约束方面，在取水环节要建立总量控制红线、加大非常规水源利用、实施水源替代与配置，在用水环节要建立效率控制红线、加强综合节水、实施水资源优化配置与调度，在退水环节要建立水功能区纳污总量控制红线、加强污废水收集处理与回用、实施污染控制与防治。

通过上述介绍，已形成了水资源与水生态协调发展的基本理论框架，接下来就要围绕这一框架探讨其评价方法与技术体系了。

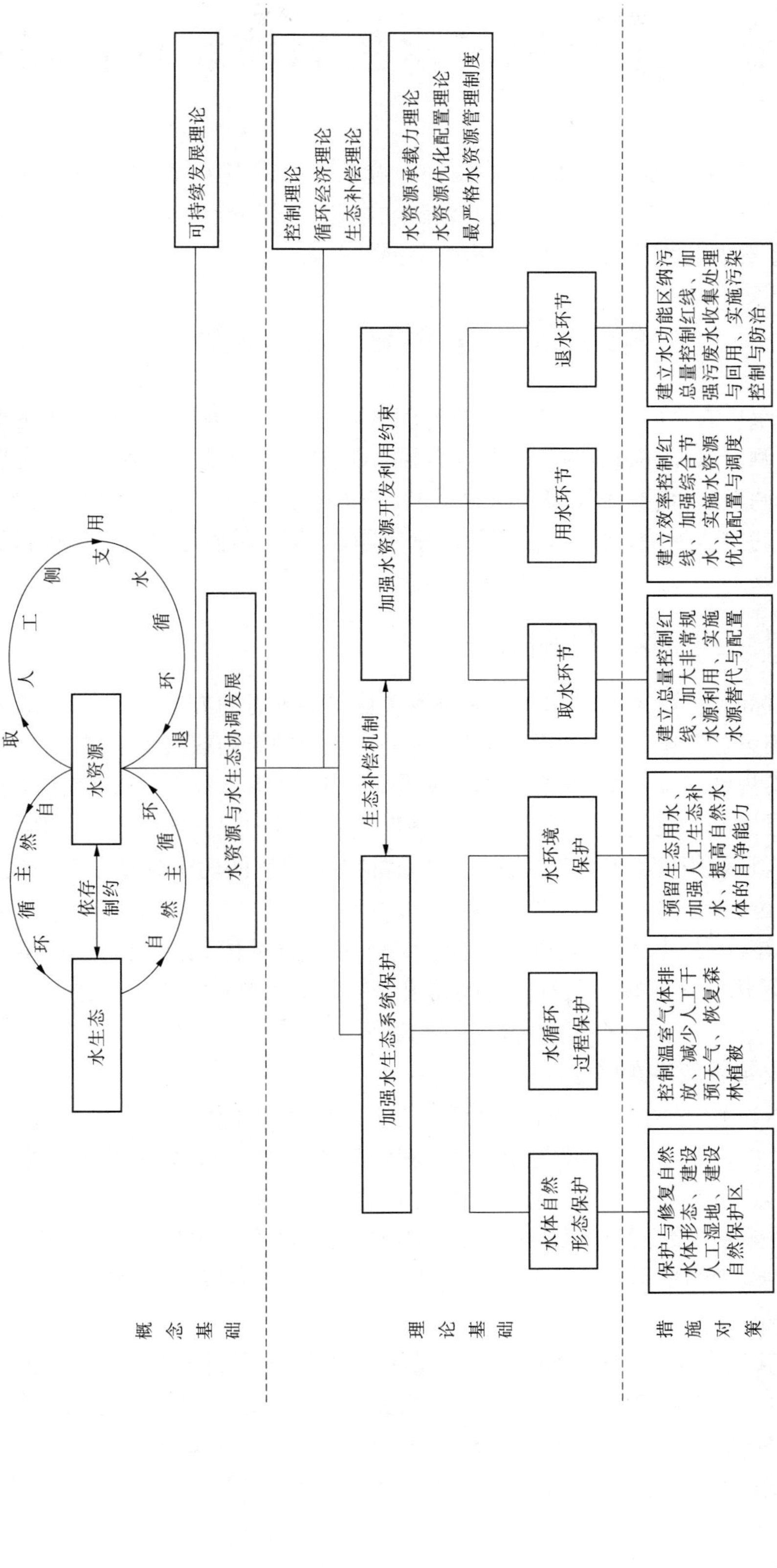

图 2-4　水资源与水生态协调发展理论框架

第三章 水资源与水生态协调评价模型

如何反映水资源与水生态协调的程度呢？选取一个或多个代表性的指标，并利用一定的模型加以评价，是当前最具可行性的做法。本章将分别建立单指标评价与多指标评价的模型，为水资源与水生态协调评价提供不同的模式。

第一节 单指标评价模型

水资源与水生态之间既相互依存，又相互制约，并随着人类活动影响程度的变化而转变。但在人工侧支水循环过程中，由于水资源的稀缺性，为减少冲突和矛盾，实现水资源与水生态的协调发展，需要顾及多方面的需求，其实是个多目标决策问题。为此，水资源与水生态协调的整体评价，可以按多目标决策问题来解决，尽而通过转化为单目标问题实现单指标评价。

一、多目标决策问题与求解方法

对于多目标问题，决策的目的在于使决策者获得最满意的方案，或取得最大效用的后果。为此，在决策过程中，必须考虑两个问题：一是问题的结构或决策态势，即问题的客观事实；二是决策规则或偏好结构，即人的主观作用。前者要求各个目标（或属性）能够实现最优，即多目标的优化问题。后者要求能够直接或间接地建立所有方案的偏好序列，借以最终择优，这是效用理论的问题。因此，多目标决策问题的两个理论基础，即向量优化理论与效用理论。

多目标决策问题，从数学规划的角度看，是一个向量优化问题（vector optimization problem）或多目标优化问题。向量优化问题求解的是下述形式的优化问题：

$$\max Z = \{f_1(x), f_2(x), \cdots, f_p(x)\} \quad x \in S \tag{3-1}$$

式中 Z——决策者的潜在偏好目标；

$f_1(x), f_2(x), \cdots, f_p(x)$——目标函数，代表区域在对水资源开发利用过程中，区域经济、社会和生态的发展目标，为衡量某个水资源利用方案优劣与否的一种量度；

x——决策变量，为各种水资源开发利用方式；

S——决策变量的可行域，由经济、技术、水资源、生态环境保护等多种约束条件构成。

在向量优化问题中，用非劣解的概念代替了最优解，它是这样的解，在所有可行解集中没有一个解优于它，或者说，它不劣于可行解集中任一个解。多目标优化计算得不出同时满足各个目标的最优解，只能求得非唯一的一组解，称为非劣解集。向量优化理论主要就是研究非劣解的库恩－塔克（Kuhn－Tucker）充分、必要条件。设 x^* 是一个非劣解，且对约束为一正则点(regular point),则 x^* 是式(3-1)的非劣解的必要条件是:存在 λ_j 与 u_i,使:

$$\sum_{j=1}^{p} \lambda_j \nabla f_j(x^*) - \sum_{i=1}^{m} u_i \nabla g_i(x^*) = 0 \tag{3-2}$$

$$u_i g_i(x^*) = 0$$

$\lambda_j \geqslant 0(j=1,2,\cdots,p)$,且至少有一个 $\lambda_j > 0$;$u_i \geqslant 0(i=1,2,\cdots,m)$成立。

非劣解 Kuhn - Tucker 充分条件:设 $f_j(j=1,2,\cdots,p)$ 与 $g_i(i=1,2,\cdots,m)$ 是连续可微的凸函数,且 $g_i(i=1,2,\cdots,m)$ 是严格凸的,则 x^* 是式(3-1)的非劣解的充分条件是存在 λ_j 与 u_i 使式(3-2)成立,λ_j、u_i 称为拉格朗日乘子。

在非劣解生成之后,最终解的获得在很大程度上取决于决策者对某个方案的偏好(喜欢)、价值观和对风险的态度。测度这种偏好或价值的尺度,就是所谓的效用。它是能用实数表示决策者偏好程度的量化指标或量化的度量。在任何决策过程中,都直接或间接地含有能够排列方案的序列关系。它可按效用值的大小排列方案的先后次序。其一般形式可写为:

$$u(x) = u\{f_1(x), f_2(x), \cdots, f_p(x)\} \tag{3-3}$$

显然,决策者的偏好结构应能用实函数来表示,这个实函数便是效用函数(utility function)。对于确定性决策问题,选取具有最大效用函数值的相应方案,便是决策者最满意的解;对于不确定性决策问题,具有最大期望效用值的相应方案,也就是最终的决策方案。

获得多目标决策的非劣解,往往通过寻找多目标决策替代方程来实现,即将向量最优化问题转换成等价的标量最优化问题。在此过程中,最常用的两种方法是权重法和约束法。

(一)权重法

权重法又称参数法,其对每一个目标赋予一个相对的权重 ω_j,以便将目标向量转换为标量,则多目标模型转换为:

$$\begin{cases} \max Z = \omega_1 f_1(x) + \omega_2 f_2(x) + \cdots + \omega_p f_p(x) \\ \sum_{j=1}^{p} \omega_j = 1 \\ \omega_j \geqslant 0 \end{cases} \tag{3-4}$$

通过有规则地变化每组 ω_j,重复多次对模型求解,即可寻找到非劣解。可见,权重的选择实际上反映了决策者对各个目标价值的判断,或倾向性意见。权重法要求非劣解是严格的凸集,因此在多数的多目标问题中很难生成完整的非劣解集。但因其形式简单,目前仍是求解多目标问题最通用的方法。

(二)约束法

约束法的特点是在每一次最优化求解过程中,仅仅对一个目标 $f_j(x)$ 极大化,而限定其他目标 $f_k(x)$ 大于或等于某一下限值 l_k,其数学模型为:

$$\begin{cases} \max Z = f_j(x) \\ f_k(x) \geqslant l_k \\ k \neq j, k、j = 1,2,\cdots,p \end{cases} \tag{3-5}$$

在约束条件对每个$f_k(x)$都有效的情况下，则产生一个有效的替代方案。不断变化参数l_k，重复求解即可获得问题的非劣解集。

约束法不要求非劣解集为严格的凸集，因此克服了权重法的不足，可以产生比较完整的非劣解集。但无论是权重ω_j，还是下限值l_k，在开始时都是未知的，从这点上来说，决策者和分析人员的经验以及对目标社会价值的判断就显得非常重要。

二、多目标决策数学模型

在一定的社会经济生活条件及生态环境保护要求下，人类的多方面的需要可用向量表示为：

$$\vec{R} = (r_1, r_2, \cdots, r_m) \tag{3-6}$$

式中 $r_j(j=1,2,\cdots,m)$——第j方面的人均需求量；

$\vec{R}$——人均需求量向量。

如果用$\vec{r}_j$表示生产第j方面的人均需求量产品所需求的用水量，则满足人的多方面需求所需提供的人均用水量可用向量表示为：

$$\vec{R} = (\vec{r}_1, \vec{r}_2, \cdots, \vec{r}_m) \tag{3-7}$$

接下来，探讨区域水资源在人类各方面需要间的分配。

众所周知，就一特定的地区或流域而言，其水资源总量由多种水资源构成，包括地表水、地下水、外调水、中水、海水淡化水、微咸水等，每一种水资源均为该区域水资源构成的一种元素，可以用下式表达各种元素与水资源总量之间的关系：

$$\vec{W}_T = (W_{T1}, W_{T2}, \cdots, W_{Tn}) \tag{3-8}$$

式中 $W_{Ti}(i=1,2,\cdots,n)$——水资源元素，表示T时期区域内第i种水资源总量；

T——计算时期，可以是月、年等；

n——区域水资源种类数。

但是，水资源的开发利用能力与当地的经济、科技发展水平密切相关，而用水结构和用水水平又与区域的社会经济结构有联系，这样就造成不同的水资源拥有不同的开发利用程度。这样，一个特定区域水资源的开发利用程度α_T可用向量表示为：

$$\vec{\alpha}_T = (\alpha_{T1}, \alpha_{T2}, \cdots, \alpha_{Tn}) \tag{3-9}$$

式中 $\alpha_{Ti}(i=1,2,\cdots,n)$——水资源的开发利用因子，表示$T$时期区域对第$i$种水资源的最大开发利用程度，$0 \leqslant \alpha_{Ti} \leqslant 1$，它受区域的社会、经济、生态环境状况及生产力、科技水平等因素制约。

进一步可知，T时期区域水资源的可利用水量就可表示为：

$$\vec{W}_\alpha = \vec{W}_T \cdot \vec{\alpha}_T = (W_{T1} \cdot \alpha_{T1}, W_{T2} \cdot \alpha_{T2}, \cdots, W_{Tn} \cdot \alpha_{Tn}) = (W_{\alpha 1}, W_{\alpha 2}, \cdots, W_{\alpha n}) \tag{3-10}$$

通过式(3-10)得到了区域内T时期的n种可利用水量。但这些水量的供给对象是十分复杂的，假设T时期内区域经济社会活动及生态环境保护中与水资源相关的对象共有m个，那么这m个活动必然是按一定结构、一定比例进行的，不同类别的水资源也是按一定比例分配给各个用水对象的，于是就有了配水系数矩阵$B_{n \times m}$：

$$B_{n\times m}=\begin{bmatrix}B_{11} & B_{12} & \cdots & B_{1m}\\ B_{21} & B_{22} & \cdots & B_{2m}\\ \vdots & \vdots & & \vdots\\ B_{n1} & B_{n2} & \cdots & B_{nm}\end{bmatrix} \tag{3-11}$$

式中 $B_{n\times m}$——配水系数矩阵，代表了特定区域的配水方案；

$B_{ij}(i=1,2,\cdots,n;j=1,2,\cdots,m)$——配水系数，表示第$i$种水资源分配到第$j$种用水对象的比例，$0\leqslant B_{ij}\leqslant 1$，且$\sum_{j=1}^{m}B_{ij}=1$。

显然，若$B_{ij}=0$，表示第i种水资源分配给第j种用水对象的水资源量为0；$B_{ij}=1$表示第i种水资源全部分配给第j种用水对象；大部分情况下，$0<B_{ij}<1$。这样，第i种水资源分配给第j种用水对象的水资源量为：

$$WB_{ij}=B_{ij}\cdot W_{\alpha_i} \tag{3-12}$$

第i种水资源可利用量为：

$$W_{\alpha_i}=\sum_{j=1}^{m}WB_{ij} \tag{3-13}$$

第j种用水对象分配得到的水资源总量的向量可表示为：

$$\vec{WB}_j=(WB_{1j},WB_{2j},\cdots,WB_{nj})' \tag{3-14}$$

另外，不同的水资源因受其水质、供水期等因素影响而对各用水对象的支持能力各有差异，综合地可令矩阵$WU_{n\times m}$表示单位水资源量对用水对象的支持能力，即

$$WU_{n\times m}=\begin{bmatrix}Wu_{11} & Wu_{12} & \cdots & Wu_{1m}\\ Wu_{21} & Wu_{22} & \cdots & Wu_{2m}\\ \vdots & \vdots & & \vdots\\ Wu_{n1} & Wu_{n2} & \cdots & Wu_{nm}\end{bmatrix} \tag{3-15}$$

式中 $WU_{n\times m}$——T时期区域水资源功效矩阵；

$Wu_{ij}(i=1,2,\cdots,n;j=1,2,\cdots,m)$——水资源功效系数，表示第$i$种水资源的单位水资源量对第$j$种用水对象的支持能力。

这样，一个区域水资源对所有用水对象的满足状况可用向量表示为：

$$WZ_j=\vec{WB}_j\cdot\vec{WU}_j=\sum_{i=1}^{n}(WB_{ij}\cdot Wu_{ij}) \tag{3-16}$$

区域水资源对所有用水对象的满足状况可用向量表示为：

$$\vec{WZ}=(WZ_1,WZ_2,\cdots,WZ_m) \tag{3-17}$$

这时，通过区域配水方案$B_{n\times m}$的优化调整，$\vec{WZ}$所支撑的区域供水满足状况大小也会发生相应变化。那么，第j种用水对象能够支撑的人口数P_j可表示为：

$$P_j=WZ_j/r_j=\sum_{i=1}^{n}(WB_{ij}\cdot Wu_{ij})/r_j=\sum_{i=1}^{n}[(B_{ij}\cdot W_{\alpha i})\cdot Wu_{ij}]/r_j \tag{3-18}$$

一般情况下，为提高水资源优化配置协调程度，应增加各用水对象支撑人口数最少的那一方面供水量，使得整体支撑人口数增加，即目标函数确定为：

$$P=\max(\min P_j)\quad(j=1,2,\cdots,m) \tag{3-19}$$

相关的约束条件可概括为：

$$S\begin{cases}\sum_{j=1}^{m} B_{ij} = 1 & \forall i \\ B_{ij} \geqslant 0 & \forall i,j\end{cases} \tag{3-20}$$

水资源的供水需要同时在工业生产、粮食生产、居民生活及生态环境等四个方面达到平衡与协调。因此，在进行区域水资源与水生态保护决策时，将人类社会需水要求归纳为工业生产、粮食生产、居民生活及生态环境等四个方面，相应支撑的人口数分别为 P_I、P_A、P_D 和 P_E。P_I、P_A、P_D 等支撑人口越大表明水资源利用效率越大，而 P_E 越大则表明生态环境保护的程度越高。但受当前区域经济增长需要的影响，水资源开发利用过程中多以保障社会生活、生产用水为主要导向，往往导致生态环境供水支撑的人口数最少。因此，可以将生态环境供水支撑的人口数作为区域水资源优化配置的最基本要求，其他三方面供水按不低于人均基本保障用水计列。这样，上述目标函数就可简化为：

$$\begin{cases}P = \max(P_E) \\ P_j \geqslant P_E\end{cases} \tag{3-21}$$

上述模型的本质，就是要求以水资源的高效利用、优化配置来实现生态环境供水支撑人口数的最大化，也即生态用水需求得到最充分的考虑。在此情况下，对一个区域而言，生态环境供水可支撑的人口数也反映了水生态保护的程度。

三、协调度评价数学模型

如何判断一个区域水资源的配置在自然生态系统、社会经济系统之间的协调程度呢？由前文所述可知，可以将人类社会及自然生态最基本的需水要求归纳为工业生产、粮食生产、居民生活及生态环境等四个方面，其中工业生产、粮食生产、居民生活等三个方面的供水状况主要反映水资源在经济社会系统中的保障程度，生态环境供水状况则反映自然生态系统中水资源的保障程度，采用供水可支撑的人口数来表示，分别为 P_I、P_A、P_D 和 P_E。这样，上述四个支撑人口数越接近，表明区域内水资源配置在各个方面越协调。为反映自然生态系统与社会经济系统在用水方面的协调程度，可以在多目标决策数学模型基础上用协调度 cdn 来进行评价，其计算公式如下：

$$cdn = P_E \cdot 100/\max(P_I, P_A, P_D) \tag{3-22}$$

式中　cdn——自然生态系统与社会经济系统用水协调度（%）；

P_I、P_A、P_D 和 P_E——工业生产、粮食生产、居民生活、生态环境等四个方面供水可支撑的人口数。

由于自然生态系统在水资源分配过程中往往处于被动的位置，在上述四个支撑人口数中，生态环境供水支撑人口数最小，所以利用上述公式求得的协调度越接近于100%，表明自然生态系统与社会经济系统在水资源配置中的协调程度越高，也即水资源与水生态协调程度越好。

第二节　多指标评价模型

单指标评价可以从整体上十分迅捷地反映出区域水资源与水生态间的协调程度，但在全面剖析各要素内在联系方面存在不足，多指标评价可以很好地进行弥补。所谓多指标评价，就是要从影响水资源与水生态协调的各类影响因子中优选出多个指标，再利用一定的数学方法进行综合的或分层的评价。由于多指标评价客观存在的不确定性和模糊性，本次重点介绍多级模糊优选模型、模糊综合评价模型和模糊物元模型，供读者参考。

一、评价指标体系

评价指标体系是指为完成一定研究目的而由若干个相互联系的指标组成的指标群。指标体系的建立不仅要明确指标体系由哪些指标组成，更应明确指标之间的相互关系，即指标结构。指标体系可以看成一个信息系统，该信息系统的构造主要包括系统元素的配置和系统结构的安排。系统中的元素即指标，包括指标的概念、计算范围、计量单位等。各指标之间的相互关系是该系统的结构。

指标体系可以指导所有数据和信息的收集过程；能帮助决策者从许多不同的因素中提炼有关的关键信息；建立关联信息系列，以提高其透明性和综合性；还可以在缺乏信息的情况下帮助确立重要问题，然后再确定必要的数据收集；也可以用于收集信息，通过分析和汇集水安全的评估内容，强调问题的重点。因此，指标体系是指标形成和确立的基础。

（一）评价指标体系建立原则

水资源与水生态协调评价指标体系建立的原则如下：

（1）科学性原则，即按照科学理论，特别是可持续发展理论定义指标的概念和计算方法。

（2）完备性原则，建立的指标体系既要反映社会、经济、人口的发展指标，更要反映水生态、水环境等系统的发展指标。

（3）动态性与静态性相结合的原则，即指标体系既要反映系统的发展状态，又要反映系统的发展过程。

（4）定性与定量相结合的原则，指标体系应尽量选择可量化指标，难以量化的重要指标可以采取定性描述指标。

（5）可比性原则，指标尽可能地采用标准的名称、概念、计算方法，具有与其他地区指标的可比性。

（6）可操作性原则，指标体系要充分考虑资料的来源，做到每个指标都有其准确的数据支持。

（7）全面与实用性原则，即在充分考虑所有影响因素下提出全面指标体系，但在实际操作中可根据区域特点优选出更为实用的指标体系。

（二）评价指标体系的建立

结合水资源与水生态协调发展概念，综合考虑相关影响因素，建立协调评价指标体系。该指标体系包括社会发展评价指标(I_1)、水资源开发利用评价指标(I_2)和水生态系统保护评价指标(I_3)等三类,如图 3-1 所示。

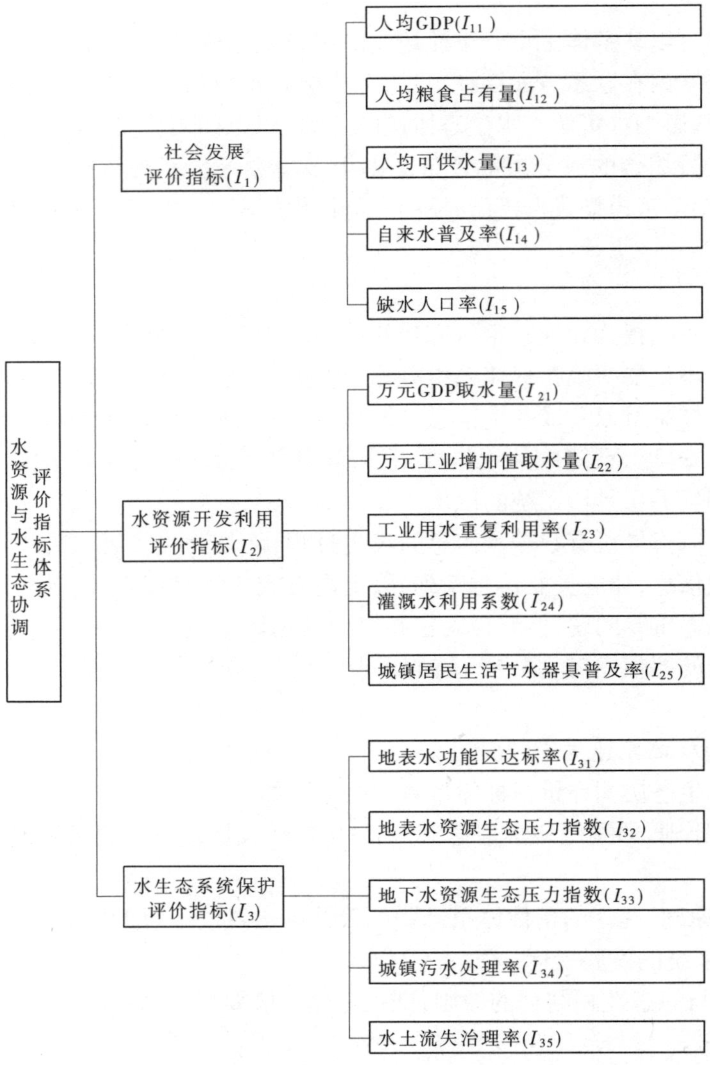

图 3-1 水资源高效利用与生态环境现状评价指标体系

1. 人均 GDP(I_{11})

人均 GDP 是指国内生产总值与总人口之比,为越大越优型指标,可以反映经济发展整体水平,人均 GDP 越高,水生态保护投入能力越强,越能保障经济社会和生态系统协调发展。2011 年,我国人均 GDP 达到 5 432 美元。

2. 人均粮食占有量(I_{12})

人均粮食占有量与社会经济、政治安定关系密切,也与经济发展密切相关。对于我国大部分地区来说,保证粮食基本自给是一项战略要求,尤其对于农业区而言,粮食产值在国民产值中占有较大的比重,并且粮食生产还是农业用水的主要因素,人均粮食占有量直接关系到社会的稳定和经济的发展。目前,我国公认的粮食安全指标是人均粮食占有量不低于400 kg。

3. 人均可供水量(I_{13})

人均可供水量反映的是一个区域为满足经济社会发展可以提供的各类水资源量,包括当地水资源、客水资源以及非常规水资源。可供水量既受水资源条件的限制,也受供水工程及技术的影响。我国人均占有水资源量约为2 200 m^3,只有世界人均占有水资源量的1/4左右,山东省人均水资源量仅为322 m^3左右。根据“国际人口行动”人口和环境计划中的规定,人均水资源量少于1 700 m^3将发生用水紧张,少于1 000 m^3将发生严重缺水,少于500 m^3将发生极度缺水。对于水资源严重短缺的地区,可以通过引调客水或开发非常规水资源等技术手段增加可供水量,从而缓解水资源的供需矛盾。

4. 自来水普及率(I_{14})

自来水普及率是指使用自来水的人口数量占人口总数的比例,反映自来水的普及程度、集中供水的状态,但不包括自备井受益人群。自来水普及率是影响生活质量的重要因素之一,对于农村居民尤为重要。自来水普及率也可用自来水管网系统覆盖的区域面积与总区域面积的比值表示。《国家生态园林城市标准》要求城市自来水普及率为100%,卫生部要求农村自来水普及率应达到85%。日本、美国、欧洲发达国家和地区的城市管道供水普及率均已达到100%,乡村自来水普及率已达96%以上。

5. 缺水人口率(I_{15})

缺水人口率即缺水人口数占总人口数的百分比,反映饮用水短缺程度,是越小越优型指标。缺水人口主要分布在山区和自来水未普及的地区,人口的增加、水资源的减少、水质的恶化是缺水的主要原因。

6. 万元GDP取水量(I_{21})

万元GDP取水量是表征区域总体用水效率的综合指标,为越小越优型指标,其计算公式为:

$$万元GDP取水量(m^3/万元)=区域当年取水总量(m^3)/当年GDP总量(万元) \tag{3-23}$$

区域当年取水总量为区域国民经济各部门取用水量之和,包括农业、工业、生活及其他用水,当年GDP总量根据当地统计年鉴统计数据确定。

7. 万元工业增加值取水量(I_{22})

工业增加值是指在报告期内工业企业在工业生产活动中新增加的价值,它反映一定时期内工业生产的实际水平,是反映工业发展速度的重要指标。万元工业增加值取水量即每生产万元工业增加值所需水量,是反映工业用水效率、节水水平的指标。提高用水效率是节约用水的一个重要方面,以较小的用水量创造出较大的经济效益。企业之间单位产品取水量相差悬殊,一般相差几倍,有的达十几倍,个别的甚至超过40倍。

8. 工业用水重复利用率(I_{23})

工业用水重复利用率是指工业重复用水量占工业用水总量的百分率。其计算公式为:

$$工业用水重复利用率=(工业重复用水量/工业用水总量)\times 100\% \tag{3-24}$$

工业用水重复利用率反映工业节水水平，表征工业用水、节水效率，是越大越优型指标。目前我国北方城市的工业用水重复利用率为68%，国内发达城市的工业用水重复利用率在90%以上。发达国家的工业用水重复利用率一般在85%左右。

9. 灌溉水利用系数(I_{24})

灌溉水利用系数是指灌入田间的水量(或流量)与渠道引入总水量(或流量)的比值。灌溉水利用系数是衡量农业节水效果的关键指标，反映全灌区各级渠道输水损失和田间用水状况。它也是衡量灌溉水利用程度、工程质量和管理水平的指标，属越大越优型指标。对任何一种节水技术措施进行分析、比较和评价时都不能离开灌溉水利用系数。节水灌溉技术规范中要求灌溉水利用系数，大型灌区不应低于0.50、中型灌区不应低于0.60、小型灌区不应低于0.70、井灌区不应低于0.80。

10. 城镇居民生活节水器具普及率(I_{25})

城镇居民生活节水器具普及率反映区域城镇居民生活用水的节水状况，属越大越优型指标，其计算公式为：

$$城镇居民生活节水器具普及率 = 节水器具件数/生活用水器具总件数 \tag{3-25}$$

11. 地表水功能区达标率(I_{31})

通过对地表水功能区水质监测分析，将监测结果与区划目标相对比以判断其是否达标。所谓地表水功能区达标率，就是指一定区域内地表水功能区达标数量占地表水功能区总数的比例，属越大越优型指标，其计算公式为：

$$地表水功能区达标率 = 地表水功能区达标数量/地表水功能区总数 \tag{3-26}$$

12. 地表水资源生态压力指数(I_{32})和地下水资源生态压力指数(I_{33})

可以采用生态足迹分析方法分别计算地表水资源生态压力指数和地下水资源生态压力指数，即在生态足迹模型中引入水资源账户，在六类土地(耕地、草地、林地、建筑用地、化石能源用地和水域)基础上增加第七类土地类型——水资源用地，用于描述水资源的生态环境和社会经济功能。

生态压力指数是指某一国家或地区可更新资源的人均生态足迹与生态承载力的比率，该指数代表了区域生态环境的承压程度。地表水资源生态压力指数和地下水资源生态压力指数，分别指某一区域地表水资源和地下水资源人均生态足迹与其相对应生态承载力的比率。其中，水足迹描述了人类对水资源系统的占用和影响。计算公式如下：

$$T_w = \frac{EF_{frw}}{EC_w} \tag{3-27}$$

$$EF_{frw} = N \cdot ef_{frw} = N \cdot \alpha_w \cdot \alpha_j = \alpha_w \cdot (A_{frw}/P_w) \tag{3-28}$$

$$EC_w = N \cdot ec_w = 0.4\alpha_w \cdot \gamma_w \cdot Q_w/P_w \tag{3-29}$$

式中　T_w——水资源生态压力指数；

EF_{frw}——水资源消费生态足迹；

EC_w——水资源生态承载力；

N——总人口数；

ef_{frw}——人均水资源生态足迹，hm^2/人；

α_w——水资源均衡因子；

α_j——人均水域面积，hm^2/人；

A_{frw}——水资源消耗量，m^3；

P_w——省域水资源平均生产能力，m^3/hm^2，以多年平均产水模数来表示；

ec_w——人均水资源承载力，为维持生态环境和生物多样性需预留的水资源量，国际上普遍采用以30%的水资源总量为合理利用程度和以40%的水资源总量为最大利用上限的公认指标，本次取0.4；

γ_w——水资源产量因子；

Q_w——水资源总量，m^3。

各类土地的平均生物生产力相差很多，通过乘以各自的均衡因子转化成可以直接比较的标准面积。其中，水资源均衡因子计算公式为：

$$\alpha_w = \frac{\overline{P}_w}{\overline{P}} = \frac{Q_w}{S_w} / \frac{\sum Q_i}{\sum S_i} = \frac{\sum_k (p_k^w \cdot \lambda_k^w)}{S_w} / \frac{\sum_i \sum_k (p_k^i \cdot \lambda_k^i)}{\sum S_i} \tag{3-30}$$

式中　α_w——水资源均衡因子；

$\overline{P}_w$——水资源的平均生产力；

$\overline{P}$——全部土地的平均生产力；

Q_w——水资源的总生物产量；

S_w——水资源的生物生产面积；

Q_i——第 i 类土地的总生物产量；

S_i——第 i 类土地的生物生产面积；

p_k^w——水资源的第 k 种生物产品产量；

λ_k^w——水资源的第 k 种生物产品的单位热值；

p_k^i——第 i 类土地第 k 种生物产品产量；

λ_k^i——第 i 类土地第 k 种生物产品的单位热值。

但水域的生态服务价值功能与单纯的生物生产功能相比，存在较大的误差，因此需要将水资源均衡因子进行调整。由于引入了水资源足迹概念，这样生态足迹模型中的水资源就包括了以产出功能为主的水域生态功能和以水资源利用为主的水资源功能。水资源均衡因子采用生态服务价值与食物生产价值类比的方法获得。以山东省为例，据有关文献，该省水域的价值包括食物生产、气候调节、水质净化、水源涵养、洪水调节等，其中食物生产价值占总价值的5.46%、生态服务价值占94.54%。生态服务价值是食物生产价值的17.32倍，由此调整后的山东省水资源均衡因子为3.46。

即使是同类生物，生产性土地的生产力也存在区域间差异，它们提供的潜在的生物生产空间是不同的，因此各地的同类生物生产性土地的实际面积也不能直接对比，需要乘以一个转换系数——产量因子。水资源产量因子根据水资源平均生产能力计算：

$$\gamma_w = \nu / \nu_s \tag{3-31}$$

式中　γ_w——水资源产量因子；

ν——区域单位面积产水量；

ν_s——省域单位面积产水量。

13. 城镇污水处理率(I_{34})

城镇污水处理率是指经过城市污水处理厂处理的生活污水、工业废水量占污水排放总量的比重，是反映城市环境质量的重要指标，为越大越优型指标。计算公式为：

$$城镇污水处理率 = 污水处理量/污水排放总量 \times 100\% \tag{3-32}$$

城镇污水处理率是衡量一个国家水处理技术水平的重要参数，同时也反映城市环境综合整治程度。国家环境保护总局规划要求，2010 年全国设市城市和建制镇的污水平均处理率不低于 50%，设市城市的污水处理率不低于 60%，重点城市的污水处理率不低于 70%。我国目前的城市污水处理率还不到 20%，发达国家的城市污水处理率一般都在 80% 以上。

14. 水土流失治理率(I_{35})

水土流失治理率是指经治理合格的水土流失面积占辖区内水土流失面积的比例，是用来衡量水土保持状况的环境性指标。水土流失严重既与人为因素破坏有关，也与自然条件有很大关系，水土流失治理具有长期性与艰巨性。治理水土流失对生态环境具有重要意义，治理区的生态环境将会随着水土流失的面积进一步减小而改观。目前，我国的水土流失治理率已达到 73.4%，其中深圳市水土流失治理成效最为显著，水土流失治理率达到 90% 以上。

二、多级模糊优选模型

由于水资源与水生态协调涉及资源、环境、经济和社会等多个相互联系又彼此制约的因素或目标，其中有些目标是定量的，有些目标却是定性的，所以评价目标是一个既有定量目标又有定性目标的结构性与非结构性决策相结合的多目标半结构化决策问题。

半结构化决策问题只有部分可以规范化。半结构化决策与结构化决策的显著区别是决策者的主观参与程度，这意味着决策结果包含了决策者的主观意愿，也意味着整个决策过程的复杂化和循环化。在对半结构化决策问题进行量化决策处理时，应充分运用智能推理机制。此时智能推理不仅仅是一个对过程与结果的解释分析，它将充分利用相关知识库和信息库的有关知识，依照专家预先设计的特定推理性决策规则和搜索方法，与决策者进行充分交流。系统在此基础上进行加工组合，得出量化决策结果，并给予相应的分析与解释。

系统是由 n 个决策组成的决策集，即

$$D = (d_1, d_2, \cdots, d_n)$$

式中 d_j——系统决策集中的决策(或方案)($j=1,2,\cdots,n$；n 为决策总数)。

每个决策的优劣由 $m = m_1 + m_2$ 个目标来衡量，其中，有 m_1 个定性目标，m_2 个定量目标。

(一)定性目标相对优属度矩阵确定

就定性目标 i 而言，若决策 d_j 比 d_k 优越，则有 ${}_i\mu_{jk} > {}_i\mu_{kj}$；若决策 d_k 比 d_j 优越，则有 ${}_i\mu_{kj} > {}_i\mu_{jk}$；若 d_j 与 d_k 同样优越，则有 ${}_i\mu_{jk} = {}_i\mu_{kj} = 0.5$；若 d_j 比 d_k 无可比拟的优越，则 ${}_i\mu_{jk} = 1$，${}_i\mu_{kj} = 0$。由于矩阵 ${}_i\mu$ 的排序下标 j、k 或序号，是就定性目标 i 而言决策集关于优越性的有

序排列，故矩阵${}_i\mu$中自对角线元素0.5开始的每一行元素，满足$0.5={}_i\mu_{jj}\leqslant{}_i\mu_{j(j+1)}\leqslant{}_i\mu_{j(j+2)}\leqslant\cdots\leqslant{}_i\mu_{jn}\leqslant1(j=1,2,\cdots,n)$，${}_i\mu$中自对角线元素0.5开始的每一列元素，满足$0.5={}_i\mu_{jj}\geqslant{}_i\mu_{(j+1)j}\geqslant{}_i\mu_{(j+2)j}\geqslant\cdots\geqslant{}_i\mu_{nj}\geqslant0(j=1,2,\cdots,n)$。

为了在二元定量对比中更易于按我国的语言习惯给出定量标度${}_i\mu_{1j}$，建立语气算子与定量标度${}_i\mu_{1j}$之间的对应关系。以指标体系包含五个方面为例，说明语气算子法的应用。

首先研究指标集D对重要性的二元比较定性排序。指标集D中的元素$d_k(k=1,2,\cdots,5)$与$d_i(i=1,2,\cdots,5)$就“重要性”作二元比较，若d_k比d_i重要，记定性标度$e_{ki}=1$，$e_{ik}=0$；d_k与d_i同样重要，记$e_{ki}=0.5$，$e_{ik}=0.5$；d_i比d_k重要，记$e_{ki}=0$，$e_{ik}=1$。

矩阵

$$E=\begin{bmatrix} e_{11} & e_{12} & \cdots & e_{15} \\ e_{21} & e_{22} & \cdots & e_{25} \\ \vdots & \vdots & & \vdots \\ e_{51} & e_{52} & \cdots & e_{55} \end{bmatrix}=(e_{ki}) \tag{3-33}$$

为指标集D对重要性作二元比较的定性排序标度矩阵。在二元比较过程中要求判断思维不出现矛盾，即要求逻辑判断的一致性，其一致性检验条件为：若$e_{hk}>e_{hi}$，有$e_{ki}=0$；若$e_{hk}<e_{hi}$，有$e_{ki}=1$；若$e_{hk}=e_{hi}=0.5$，有$e_{ki}=0.5$，$h=1,2,\cdots,5$。

若定性排序矩阵E通不过一致性检验条件，则说明判断思维过程自相矛盾，需重新调整排序标度e_{ki}，在人机结合的情况下，这样的调整是很方便的；若通过一致性检验条件，则可计算矩阵E的各行元素之和，其大小排序给出了指标集重要性的定性排序。

在确定了指标重要性的定性的排序以后，将定性排序的最重要指标与其他指标逐一进行二元对比，根据经验，逐一判断最重要指标与其他指标语气算子间的比较关系。按确定的比较关系，可直接确定指标的非归一化权重值。归一化后得到指标权向量为$\vec{w}=(w_1,w_2,\cdots,w_5)$。语气算子与相对隶属度的关系见表3-1。

表3-1　语气算子与相对隶属度的关系

语气算子	同样重要	稍稍重要	略为重要	较为重要	明显重要	显著重要	十分重要	非常重要	极其重要	极端重要	无可比拟
对重要性的相对隶属度	1.0	0.818	0.667	0.538	0.429	0.333	0.25	0.176	0.111	0.053	0

在“优越”的前面冠以语气算子“同样”，其定量标度为0.50；冠以语气算子“无可比拟”，其定量标度为1。可以在同样与无可比拟之间，按我国的语言习惯，插入9个语气算子：稍稍、略为、较为、明显、显著、十分、非常、极其、极端，与两个边界的语气算子同样、无可比拟，共同构成10个语气算子级差。由于上述11个语气算子的语义是逐渐加重的，因此在定量标度0.50～1，以线性增值0.05，插入9个定量标度值，列于表3-2。

表 3-2　语气算子与定量标度间的线性关系

语气算子	同样	稍稍	略为	较为	明显	显著	十分	非常	极其	极端	无可比拟
定量标度	0.50	0.55	0.60	0.65	0.70	0.75	0.80	0.85	0.90	0.95	1

按照二元比较矩阵 $_i\mu$ 构造有序相及矩阵$_i\beta$，即将方阵$_i\mu$ 中的上、下三角元素，分别除以上、下三角的相应元素，则有

$$
{}_i\beta = \begin{bmatrix} 1 & {}_i\mu_{12}/{}_i\mu_{21} & \cdots & {}_i\mu_{1n}/{}_i\mu_{n1} \\ {}_i\mu_{21}/{}_i\mu_{12} & 1 & \cdots & {}_i\mu_{2n}/{}_i\mu_{n2} \\ \vdots & \vdots & & \vdots \\ {}_i\mu_{n1}/{}_i\mu_{1n} & {}_i\mu_{n2}/{}_i\mu_{2n} & \cdots & 1 \end{bmatrix} \tag{3-34}
$$

优的相对比较是优的一种测度，根据模糊集的特点，测度值的上限为 1，故有序相及矩阵$_i\beta$ 的上三角元素均定义为 1，下三角元素全部小于 1。根据矩阵$_i\mu$ 的特点，则矩阵$_i\beta$ 下三角的特征为：自对角线元素 1 开始，每行元素值自右向左递减，每列元素值由上向下递减，故矩阵$_i\beta$ 第一列元素为各行元素的最小值。

对矩阵$_i\beta$ 每一行取小∧，即$_i\beta$ 的第一列元素

$$
{}_ib_1 = \left(1, \frac{1 - {}_i\mu_{12}}{{}_i\mu_{12}}, \cdots, \frac{1 - {}_i\mu_{1n}}{{}_i\mu_{1n}}\right) \tag{3-35}
$$

上式给出了决策集 D 就目标 i 而言对于优的相对隶属度（简称相对优属度）向量，故决策集关于定性目标 i 的相对优属度公式为

$$
{}_i\gamma_j = \frac{1 - {}_i\mu_{1j}}{{}_i\mu_{1j}} \quad (0.50 \leqslant {}_i\mu_{1j} \leqslant 1, j = 1,2,\cdots,n) \tag{3-36}
$$

上述计算过程用计算简图表示如图 3-2 所示。

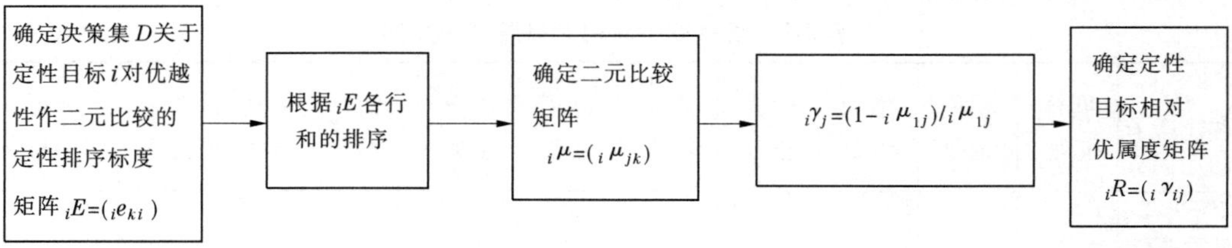

图 3-2　确定定性目标相对优属度矩阵流程图

（二）定量目标相对优属度矩阵确定

系统有满足约束条件可供优选决策的 n 个方案。方案的优劣根据 m 个目标特征值进行识别，则有 n 个方案、m 个目标的决策特征值矩阵

$$
X = \begin{bmatrix} x_{11} & x_{12} & \cdots & x_{1n} \\ x_{21} & x_{22} & \cdots & x_{2n} \\ \vdots & \vdots & & \vdots \\ x_{m1} & x_{m2} & \cdots & x_{mn} \end{bmatrix} = (x_{ij}) \tag{3-37}
$$

式中　x_{ij}——方案 j 目标 i 的特征值（$i = 1,2,\cdots,m$；$j = 1,2,\cdots,n$）。

方案的优劣程度依据 m 个目标特征值，按从优级到劣级的 c 个级别进行识别。显然，对于任一目标，就模糊概念优而言，可以规定优级（1 级）对优的相对隶属度为 1，劣级（c 级）的相对优属度为 0。由于模糊概念优在中介过渡阶段呈现的渐变性，可以认为 1 级至 c 级的相对优属度从 1 至 0 呈线性递减，则前后两个级别的相对优属度递减差值

$$\nabla = \frac{1}{c-1}$$

对于任一目标，从 1 级到 c 级各个级别的相对优属度标准值向量为：

$$s = \left(1,\frac{c-2}{c-1},\frac{c-3}{c-1},\cdots,0\right) = (s_h) \quad (h = 1,2,\cdots,c)$$

决策的目标通常分为特征值越大越优、越小越优与中间型三类。越大越优、越小越优与中间型的目标相对优属度计算公式分别可采用

$$\begin{cases} r_{ij} = \dfrac{x_{ij} - \min\limits_j x_{ij}}{\max\limits_j x_{ij} - \min\limits_j x_{ij}} \\ r_{ij} = \dfrac{\max\limits_j x_{ij} - x_{ij}}{\max\limits_j x_{ij} - \min\limits_j x_{ij}} \\ r_{ij} = 1 - \dfrac{|x_{ij} - x_i|}{\max\limits_j |x_{ij} - x_i|} \end{cases} \tag{3-38}$$

式中　r_{ij}——方案 j 目标 i 的相对优属度；

$\max\limits_j x_{ij}$——方案集目标 i 的最大特征值；

$\min\limits_j x_{ij}$——方案集目标 i 的最小特征值；

x_i——方案集目标 i 的中间最优值。

也可将越大越优、越小越优简化为：

$$r_{ij} = \frac{x_{ij}}{\max\limits_j x_{ij}}$$

$$r_{ij} = \frac{\min\limits_j x_{ij}}{x_{ij}}$$

用上述各式把目标特征值矩阵变换为目标相对优属度矩阵

$$R = \begin{bmatrix} r_{11} & r_{12} & \cdots & r_{1n} \\ r_{21} & r_{22} & \cdots & r_{2n} \\ \vdots & \vdots & & \vdots \\ r_{m1} & r_{m2} & \cdots & r_{mn} \end{bmatrix} = (r_{ij}) \tag{3-39}$$

上述计算过程用计算简图表示如图 3-3 所示。

（三）建立多级模糊优选模型

将方案 j 的 m 个目标相对优属度 $r_{1j},r_{2j},\cdots,r_{mj}$ 分别与向量式 s 逐一地进行比较后，得到方案 j 的 m 个目标相对优属度分别介于相邻级别区间 $[a_{1j},b_{1j}]$，$[a_{2j},b_{2j}]$，$\cdots$，$[a_{mj},b_{mj}]$，则得方案 j 的级别下限值 a_j 与级别上限值 b_j 分别为：

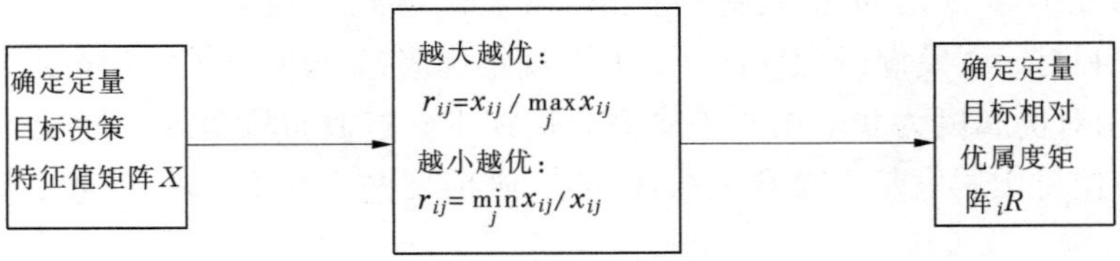

图 3-3　确定定量目标相对优属度矩阵流程图

$$a_j = \min_i a_{ij}$$

$$b_j = \max_i b_{ij}$$

多级模糊优选模型的完整形式为

$$\mu_{hj} = \begin{cases} 0 & h < a_j \text{ 或 } h > b_j \\ \dfrac{1}{\sum\limits_{k=a_j}^{b_j} \dfrac{\sum\limits_{j=1}^{m}[A_i(r_{ij}-s_h)]}{\sum\limits_{i=1}^{m}[A_i(r_{ij}-s_k)]}} & a_j \leqslant h \leqslant b_j, d_{hj} \neq 0 \\ 1 & d_{hj} = 0 \end{cases} \tag{3-40}$$

式中　A_i——目标的权向量。

式(3-40)简化为

$$u_j = \begin{cases} \dfrac{1}{1+\left\{\dfrac{\sum\limits_{i=1}^{m}[A_i(1-r_{ij})]^p}{\sum\limits_{i=1}^{m}(A_ir_{ij})^p}\right\}^{-\frac{2}{p}}} & \sum\limits_{i=1}^{m}(A_ir_{ij})^p \neq 0 \\ 1 & \sum\limits_{i=1}^{m}(A_ir_{ij})^p = 0 \end{cases} \tag{3-41}$$

式中　p——距离参数，$p=1$ 为海明距离，$p=2$ 为欧氏距离，本次采用欧氏距离。

解得方案集归属于各个级别的相对隶属度矩阵为

$$U^* = \begin{bmatrix} u_{11}^* & u_{12}^* & \cdots & u_{1n}^* \\ u_{21}^* & u_{22}^* & \cdots & u_{2n}^* \\ \vdots & \vdots & & \vdots \\ u_{c1}^* & u_{c2}^* & \cdots & u_{cn}^* \end{bmatrix} = (u_{hj}^*) \tag{3-42}$$

式中　u_{hj}^*——方案 j 对级别 h 的相对隶属度，$h = 1,2,\cdots,c$；$j = 1,2,\cdots,n$。

级别 h 的 m 个目标标准相对优属度的公式为

$$s_h = \frac{c-h}{c-1} \quad (h = 1,2,\cdots,c)$$

级别 h 的向量式为

$$h = (1,2,\cdots,c) \cdot (u_{ij})$$

对方案集进行优选，其中级别 h 的最小特征值 $h_{\min}=\min\limits_{j} h_j$ 对应的方案为决策的最优方案。

上述计算过程用计算简图表示如图 3-4 所示。

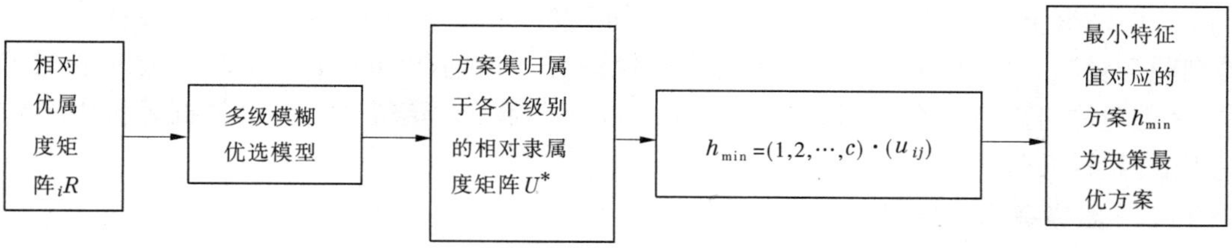

图 3-4　确定最优方案流程图

三、模糊综合评价模型

（一）单级模糊综合评价模型

设在综合评价中的影响因素共有 n 个，用 $A_1,A_2,\cdots,A_n$ 表示，各因素共划分为 m 个等级。影响因素的权重分别用 $\alpha_1,\alpha_2,\cdots,\alpha_n$ 表示，记为 $\underset{\sim}{A}=(\alpha_1,\alpha_2,\cdots,\alpha_n)$，其中权重满足 $\sum\limits_{i=1}^{n}\alpha_i=1$。设 R 为各影响因素的隶属度矩阵，$\underset{\sim}{R}$ 可表示为：

$$\underset{\sim}{R}=\begin{bmatrix}\gamma_{11} & \gamma_{12} & \cdots & \gamma_{1m}\\ \gamma_{21} & \gamma_{22} & \cdots & \gamma_{2m}\\ \vdots & \vdots & & \vdots\\ \gamma_{n1} & \gamma_{n2} & \cdots & \gamma_{nm}\end{bmatrix}_{n\times m} \tag{3-43}$$

单因素模糊评价仅反映了一个因素对评价结果的影响。这显然是不够的，进行综合评价需要得出更进一步切合实际的评价结果。模糊综合评价可表示为：

$$\underset{\sim}{C}=\underset{\sim}{A}\circ\underset{\sim}{R}=\{b_1,b_2,\cdots,b_n\}$$

式中　$\circ$——模糊关系的合成算子；

b_j——模糊综合评价指标，在广义的模糊运算下，$b_j=(\alpha_1\overset{*}{\wedge}\gamma_{ij})\overset{*}{\vee}(\alpha_2\overset{*}{\wedge}\gamma_{2j})\overset{*}{\vee}\cdots\overset{*}{\vee}(\alpha_m\overset{*}{\wedge}\gamma_{mj})(j=1,2,\cdots,n)$，这里记作 $M(\overset{*}{\wedge},\overset{*}{\vee})$，其中，“$\overset{*}{\wedge}$”和“$\overset{*}{\vee}$”分别是广义模糊“与”运算和广义模糊“或”运算，针对不同的运算，它们有不同的模型，代表不同的含义。

从理论上讲，这种广义模糊运算具有无穷多种，但在通常的实际应用中，常采用的模型有以下五种：

（1）模型①：$M(\wedge,\vee)$，$b_j=\bigvee\limits_{i=1}^{m}(a_i\wedge\gamma_{ij})\quad(j=1,2,\cdots,n)$；

（2）模型②：$M(\cdot,\vee)$，$b_j=\bigvee\limits_{i=1}^{m}(\alpha_i\cdot\gamma_{ij})\quad(j=1,2,\cdots,n)$；

（3）模型③：$M(\cdot,\oplus)$，$b_j=\bigoplus\limits_{i=1}^{m}(\alpha_i\cdot\gamma_{ij})=\min(1,\sum\limits_{i=1}^{m}\alpha_i\cdot\gamma_{ij})\quad(j=1,2,\cdots,n)$；

(4)模型④:$M(\wedge,\oplus)$,$b_j = \bigoplus_{i=1}^{m}(\alpha_i \wedge \gamma_{ij}) = \min(1, \sum_{i=1}^{m} \alpha_i \wedge \gamma_{ij}) \quad (j = 1,2,\cdots,n)$;

(5)模型⑤:M(幂,$\wedge$),$b_j = \bigwedge_{i=1}^{m} \gamma_{ij}^{\alpha_i} \quad (j = 1,2,\cdots,n)$。

一般情况下,评语等级数 M 取[3,7]中的整数,如果 m 过大,那么语言难以描述且不易判断等级归属;如果 m 太小,又不符合模糊综合评价的质量要求。m 取奇数的情况较多,因为这样可以有一个中间等级,便于判断被评事物的等级归属,可以依据评价内容用适当的语言描述。

(二)多级综合评价模型

当评价指标比较多时,A 中考虑的因素就很多。因此,用上述模型进行评价时,对各因素的权重分配必然很细,从而会导致最后计算得到的综合评价值 b_j 很小,而且评价因素越多,这个问题越突出。因此,在实际综合评价时,总是把那些需要的因素按它们平行、因果关系的属性分成若干类(或级),即构造多级指标体系。

对多级综合评价模型的建立过程说明如下:

(1)把因素集 U(评价指标)按各属性分解成 S 个子集 $U_1,U_2,\cdots,U_S$,且 $\sum_{i=1}^{S} U_i = U$,使每个子集 $U_k = \{u_{k2},u_{k3},\cdots,u_{kn_i}\}(k = 1,2,\cdots,S)$,且 $\sum_{k=1}^{S} n_k = n$,式中 n 为因素(评价指标)的数目。

(2)对每个 U_k 按一级模型分别进行综合评价。取评语集 $V = \{v_1,v_2,\cdots,v_m\}$,$U_k$ 中各因素的权重分配$(\alpha_1,\alpha_2,\cdots,\alpha_n)$,并要求

$$\sum_{i=1}^{n_k} \alpha_{km} = 1 \quad (m = 1,2,\cdots,n_k)$$

使 U_k 的单因素评价矩阵为 $\underset{\sim}{R}_k$,于是由$(U_k,\cdots,\underset{\sim}{R}_k^1)$得第一级综合评价

$$\underset{\sim}{C}_k^1 = \underset{\sim}{A}_k^1 \circ \underset{\sim}{R}_k^1 = (b_{k1}^1,\cdots,b_{kn}^1) \quad (k = 1,2,\cdots,S)$$

(3)将每个子集 U_k 作为一个元素看待,用 $\underset{\sim}{C}_k^1$ 作它们的单因素评价,即 $U = \{u_1, u_2,\cdots,u_S\}$ 的单因素评价矩阵为 $\underset{\sim}{R}_k^2$:

$$\underset{\sim}{R}_k^2 = \begin{bmatrix} \underset{\sim}{C}_1^1 \\ \underset{\sim}{C}_2^1 \\ \vdots \\ \underset{\sim}{C}_S^1 \end{bmatrix} = [b_k^1]_{S\times m} \tag{3-44}$$

每个 U_k 作为 U 的一部分,反映的是 U 的某种属性,这样就可以按它们的重要性给出权重分配 $\underset{\sim}{A}_k^2 = (\alpha_1,\alpha_2,\cdots,\alpha_S)$。

于是第二级综合评价 $\underset{\sim}{C}_k^2 = \underset{\sim}{A}_k^2 \circ \underset{\sim}{R}_k^2$。

依具体评价的情况,可进行多次循环,以实现多次综合评价,其最终确定的综合评价结果为 $\underset{\sim}{C} = \underset{\sim}{A} \circ \underset{\sim}{R}$。

（三）模糊评价准则的确定

对于一些常见的评价指标，比如人均水资源量、亩均水资源量、降雨量等相对易于确定其划分区间，但是对于像水管理方面的评价指标，等级区间划分标准的确定比较困难，这就给水安全的综合评价带来麻烦。所以，划分等级标准是做好水安全模糊综合评价的前提。

四、模糊物元模型

物元分析理论适用于多指标评价问题，它试图把人们解决问题的过程形式化，从而建立起相应的物元模型。在物元分析理念基础上，结合模糊集和贴近度的概念，将熵值法引入到权重的计算中，通过现状评价值与标准值之间的贴近度比较，得出较全面、客观的评价结果。

模糊物元模型的构造包括模糊物元及复合模糊物元、从优隶属度模糊物元、标准模糊物元与差平方复合模糊物元三部分。

（一）模糊物元及复合模糊物元

在物元分析中所描述的事物 M 及其特征 C 和量值 x 组成物元：$R=(M,C,x)$，同时把事物的名称、特征和量值称为物元三要素。如果物元模型中的量值 x 具有模糊性，便称其为模糊物元。事物 M 有 n 个特征 $C_1,C_2,\cdots,C_n$ 及其相应的量值 $x_1,x_2,\cdots,x_n$，则称其为 n 维模糊物元。m 个事物的 n 维物元组合在一起便构成 m 个事物的 n 维复合模糊物元 R_{mn}：

$$R_{mn}=\begin{bmatrix} & M_1 & M_2 & \cdots & M_m \\ C_1 & x_{11} & x_{21} & \cdots & x_{m1} \\ C_2 & x_{12} & x_{22} & \cdots & x_{m2} \\ \vdots & \vdots & \vdots & & \vdots \\ C_n & x_{1n} & x_{2n} & \cdots & x_{mn} \end{bmatrix} \tag{3-45}$$

式中　R_{mn}——m 个事物的 n 个模糊特征的复合物元；

M_i——第 i 个事物$(i=1,2,\cdots,m)$；

C_j——第 j 个特征$(j=1,2,\cdots,n)$；

x_{ij}——第 i 个事物第 j 个特征对应的模糊量值。

（二）从优隶属度模糊物元

各单项指标相应的模糊值从属于标准方案各对应评价指标相应的模糊量值隶属程度，称为从优隶属度。从优隶属度一般为正值，由此建立的原则称为从优隶属度原则。由于各评价指标特征值对于方案评价来说，有的是越大越优，有的是越小越优，有的是中间型，因此对于不同的隶属度分别采用不同的计算公式。为了更充分地反映水质评价各指标的相对性，采用如下形式：

越大越优型
$$\mu_{ij}=\frac{x_{ij}}{\max(x_{ij})} \tag{3-46}$$

越小越优型
$$\mu_{ij}=\frac{\min(x_{ij})}{x_{ij}} \tag{3-47}$$

中间型
$$\mu_{ij}=1-\frac{|x_{ij}-x_i|}{\max\limits_{j}|x_{ij}-x_i|} \tag{3-48}$$

式中　μ_{ij}——从优隶属度；

$\max(x_{ij})$、$\min(x_{ij})$——各方案中每一评价指标中的最大值和最小值；

x_i——方案集目标 i 的中间最优值。

由此可以构建从优隶属度模糊物元 $\widetilde{R}_{mn}$：

$$\widetilde{R}_{mn}=\begin{bmatrix} & M_1 & M_2 & \cdots & M_m \\ C_1 & \mu_{11} & \mu_{21} & \cdots & \mu_{m1} \\ C_2 & \mu_{12} & \mu_{22} & \cdots & \mu_{m2} \\ \vdots & \vdots & \vdots & & \vdots \\ C_n & \mu_{1n} & \mu_{2n} & \cdots & \mu_{mn} \end{bmatrix} \tag{3-49}$$

(三)标准模糊物元与差平方复合模糊物元

标准模糊物元 R_{0n}是指从优隶属度模糊物元 $\widetilde{R}_{mn}$中各评价指标的从优隶属度的最佳值。

若以 $\Delta_{ij}(i=1,2,\cdots,n;j=1,2,\cdots,m)$表示标准模糊物元 R_{0n}与从优隶属度模糊物元 $\widetilde{R}_{mn}$中各项的差值的平方，组成差平方复合模糊物元 R_Δ，即 $\Delta_{ij}=(\mu_{0j}-\mu_{ij})^2$，则：

$$R_\Delta=\begin{bmatrix} & M_1 & M_2 & \cdots & M_m \\ \Delta_1 & \Delta_{11} & \Delta_{21} & \cdots & \Delta_{m1} \\ \Delta_2 & \Delta_{12} & \Delta_{22} & \cdots & \Delta_{m2} \\ \vdots & \vdots & \vdots & & \vdots \\ \Delta_n & \Delta_{1n} & \Delta_{2n} & \cdots & \Delta_{mn} \end{bmatrix} \tag{3-50}$$

五、熵值法确定权重系数

在信息论中，熵值反映了信息无序化程度，其值越小，系统无序度越小，故可用信息熵评价所获系统信息的有序度及其效用，即由评价指标值构成的判断矩阵来确定指标权重，它能尽量消除各指标权重计算的人为干扰，使评价结果更符合实际。其计算步骤如下：

(1)构建 m 个事物 n 个评价指标的判断矩阵 R

$$R=(x_{ij})_{mn}\quad(i=1,2,\cdots,n;j=1,2,\cdots,m);$$

(2)将判断矩阵归一化处理，得到归一化判断矩阵 B：

$$b_{ij}=\frac{x_{ij}-x_{\min}}{x_{\max}-x_{\min}} \tag{3-51}$$

式中　$x_{\min}$、$x_{\max}$——同指标下，不同事物中最满意者或最不满意者(越小越满意或越大越满意)。

(3)根据熵的定义，m 个评价事物 n 个评价指标，可以确定评价指标的熵 H_i：

$$H_i=-\frac{1}{\ln m}\left(\sum_{j=1}^{m}f_{ij}\ln f_{ij}\right)\quad(i=1,2,\cdots,n;j=1,2,\cdots,m)$$

为保证 $\ln f_{ij}$ 有意义，对其进行修正，计算公式为：

$$f_{ij} = \frac{1 + b_{ij}}{\sum_{j=1}^{m}(1 + b_{ij})} \tag{3-52}$$

（4）计算评价指标的熵权 W：

$$W = (\omega_i)_{1\times n} \tag{3-53}$$

式中　$\omega_i = \dfrac{1 - H_i}{n - \sum_{i=1}^{n} H_i}$，且满足 $\sum_{i=1}^{n}\omega_i = 1$。

六、贴近度与综合评价

贴近度是指被评价样品与标准样品两者互相接近的程度。其值越大，表示两者越接近；反之，则相离较远。根据贴近度的大小可以对各方案进行优劣排序。本次研究采用欧氏贴近度 ρH_i 作为评价标准进行计算和构建贴近度复合模糊物元 $R_{\rho H}$：

$$R_{\rho H} = \begin{bmatrix} & M_1 & M_2 & \cdots & M_m \\ \rho H_j & \rho H_1 & \rho H_2 & \cdots & \rho H_m \end{bmatrix} \tag{3-54}$$

式中　$\rho H_j = 1 - \sqrt{\sum_{i=1}^{n}\omega_i \Delta_{ij}}\quad (j = 1,2,\cdots,m)$。

第四章　水资源与水生态协调技术体系

在人类活动的影响下，水资源与水生态间相互制约的关系日益突显，对水资源的可持续开发利用和人类社会的持续发展造成了严重制约，需要采取一系列的技术手段来促进其得以恢复。本书在综合国内外研究进展与实践经验的基础上，依据水资源与水生态协调发展的内涵并结合当前水生态文明建设需求，提出了水资源与水生态协调技术体系。

第一节　国内外研究进展与经验启示

进入后工业时代，在可持续发展理论的指引下，人类开始探索建立生态文明发展模式，通过自我约束加强了对自然资源和环境的保护与修复。这一思想理念在水资源的开发利用、水生态环境的保护等方面也得到贯彻，各类技术得到开发、应用并取得了一定的成效，也积累了一些成功的经验。本章就一些关键性技术研究进展进行介绍，并通过实践经验总结探讨其对未来发展的启示。

一、研究进展

（一）水网构建技术

人类很早就开始建设一些调水工程，通过跨流域或区域的调水来缓解水资源供需矛盾。随着社会的不断进步，修建调水工程的周期不断缩短、成本不断降低，因而自20世纪末期以来，更多的调水工程在世界范围内建设起来。较为特别的是，在我国南水北调工程开工建设之后，诸多的输调水工程逐步形成一种网状结构，称之为“水网”。

国外水网建设更侧重于调水工程建设。据不完全统计，目前世界上已建、在建和拟建的大规模、长距离、跨流域调水工程已达300多项，分布在29个国家，其中已建的调水工程调水量较大的是巴基斯坦西水东调工程，年调水量148亿 m^3；距离较长的是美国加利福尼亚州北水南调工程，输水线路长900 km，调水总扬程1 151 m，年调水量52亿 m^3。国外不仅重视工程建设，在管理方面也进行了有益的探索，比如在水权、水资源优化配置等方面取得了一定的突破，并取得了巨大的综合效益。总体来看，近现代国外水网建设活跃，涌现出了许多优秀工程，如巴基斯坦西水东调工程、美国加利福尼亚州北水南调工程及以色列北水南调工程。

相比之下，中国具有五千多年的灿烂文明，在调水工程及水网建设方面一直走在世界前列。从战国时期的邗沟开始，古代的人们就学会了开凿人工运河并从流域水系“联网”中受益。郑国渠的开凿赋予调水工程新的内涵，因为它主要是用于灌溉，而不再是用于军事运输。此后，隋唐大运河、元代京杭大运河的建成通航则是我国古代水网建设的巅峰之作，实现了海河、黄河、淮河、长江和钱塘江五大水系的互相沟通，联网范围覆盖了华北、华东两大地区。值得一提的是，这两大运河跨度大、地形复杂，开凿任务相当艰巨，在设计、施工、运行管理和工程维修等方面都达到了当时的顶尖水平，充分体现了我国古代劳动人民的智慧和创造精神。古代的水网建设虽然无法与现代化水网相比拟，但其积累的丰富经验仍值得后人借鉴和发扬。新中国成立以后，水网建设进入一个新的发展时期，到目前为止，全国范围内大型跨流域调水工程达12处之多，年调水量约156亿 m^3。到20世纪末，我国治水方略由工程水利转向资源水利，水资源管理和水资源优化调度理论融入调水工程的建设之中，于是人工“水网”挣脱了单一调水工程的约束并向现代化迈进，它不再仅为“调水”而调水了，而是兼有调水、航运、生态修复等多重功能。与此同时，世界瞩目的南水北调工程开始建设，长江流域、淮河流域、黄河流域以及海河流域之间的供水界限被彻底打破，我国北方地区“四横三纵”式现代化骨干水资源网络体系建立起来了。

由于水资源短缺，为缓解水资源供需矛盾，山东省在现代化水网建设方面做出了大胆的探索。早在2002年，山东省水利厅就组织开展了“山东省现代化水网建设与水资源优化配置研究”课题，提出了山东省骨干水网体系框架。2003年12月，刘勇毅等在其编著的《现代化水网建设与水资源优化配置》中总结了现代化水网的由来、基础理论等，并对现代化水网与水资源优化配置之间的关系进行了探讨。此后，山东省境内的骨干性水网建设得到了极大的推进，至2009年底，南水北调东线、胶东调水等主体工程建设基本完成，形成了以南水北调东线和胶东输水干线为“T”字形的骨干水网与现有水利工程共同组成的山东水网工程体系。在山东省骨干水网建设的同时，各县（市、区）也结合自身条件开展了区域水网的建设，取得了成效。

水网的建设，为水利工程的运行管理积累了丰富的经验。如隋唐大运河、京杭大运河在设计和施工方面采取了不少技术措施，值得后人借鉴。南水北调工程的建设运行，使得水网的管理上升到新的层次，以“3S”（GIS、GPS、RS）为核心的信息技术得到应用，水资源优化配置、水量水质的动态监测、沿线污废水拦截处理、水环境保护与修复等技术与措施得到充分的研究和实施。与此同时，水网的建设还为文化的传播和发展创造了条件，如京杭大运河的开凿与贯通，营造了新的自然环境、生态环境、生产环境，极大地促进了整个运河区域社会经济的发展。我国实施改革开放之后，京杭大运河被列为重点发展的内河航运主干线之一，不仅承担着繁忙的运输重任，同时还发挥着巨大的防洪、灌溉、供水、旅游等多种综合效益。2005年，中国第一座运河文化博物馆在山东聊城东昌湖风景区内落成并投入使用，成为山东聊城的一个享誉国内外的标志性文化旅游建筑。

（二）节水技术

节水技术涉及水资源利用的各个环节，按照用水部门的不同分为农业节水技术、工业节水技术和生活节水技术三种。

1. 农业节水技术

农业往往是用水量最大的部门，但用水效率又最难控制，因而加强农业节水来提高整体用水效率得到普遍的重视。

世界多数国家都在致力于发展渠道衬砌、管道化工程，其目的是减少灌溉输水工程渗漏，提高灌溉水的利用率。美国混凝土衬砌占58%；罗马尼亚75%的明渠为衬砌渠道；意大利几乎所有的明渠都采用混凝土衬砌；日本输水干渠一般采用预制混凝土衬砌，支渠采用U形槽身，就地用混凝土浇筑，其输水损失一般在10%以下；印度成功地将混凝土衬砌用于包括高流速渠道在内的各级渠道的衬砌。许多国家还积极致力于对传统地面灌溉技术的研究与改进,并创造了许多全新的方法,其中波涌灌和激光控制平地畦田灌就是两种影响最大、效果较好的方法。与此同时,喷灌、微灌发展很快,如以色列在20世纪70年代中期喷灌就已占全部灌溉面积的90%,90年代初,滴灌和微喷灌面积已占总灌溉面积的2/3。在选育耐旱作物品种方面,墨西哥选育的矮秆小麦品种,在不增加耗水量的情况下,产量比过去的小麦品种增加2.3倍。保水剂、抗蒸腾剂也得到广泛应用。80年代初,许多国家开始研究调控灌溉,根据灌溉对象的生长发育规律及生产的实际需要,有目的地不充分供给水分,使作物经受水分胁迫,限制其某方面或某时期的生长发育,达到节水目的,结果表明,与丰产灌溉相比,在节水灌溉条件下的产量降低并不严重。

中国是发展中的农业大国,为保障粮食安全、增加农民收入,通过节水与高效用水寻求农业水资源可持续利用途径,一直是农业水资源高效利用研究的主要方向。目前研究的具体节水途径有节水灌溉再认识、管理机制调整、作物种植结构调整、控制水土流失、培肥促根觅水、水价改革、污水回用等(刘庚山,2002;刘洪禄,2002;张忠学,2000;姜文来,2001)。自20世纪80年代以来,郭元裕(1984)、李寿声(1986)、唐德善(1992)、贺北方(1995)、田军仓(1998)、程吉林(1998)、马斌(2001)和邵东国等(2003)在灌区排涝系统优化、多水源联合调度、作物最优种植模式、灌区渠系优化配水等方面进行了许多研究工作。王浩等(2004)建立了市场经济条件下农业水资源高效利用模型,提出了宁夏河套灌区农业水资源高效利用模式。

2. 工业节水技术

随着世界经济水平的不断提高,工业用水占总用水量的比例也不断增大,加之工业生产污水排放量大、难以处理,实现工业高效节水成为各个国家研究的方向。

美国工业污水处理从传统意义上的"水处理"转变为"水回用",又由"水回用"发展到"水再利用",目前又以"水循环"代替了"水再利用",随着战略目标的更新,水处理技术也不断革新。西班牙的工业生产用水的节约也越来越受到普遍重视,国民把节水当作一种有教养的表现融入整个社会文化中。澳大利亚政府推出的水资源改革框架协议中规定"拥有水权的用户可以把自身在生产过程中节约下来的水以商品形式卖给需求者",建立完善的水市场交易机制,从而来引导和刺激各行各业合理用水、节约用水。德国对污水排放收取的费用要高于供水费用,处理后的污水排入河道也需向河道管理部门交纳排水费,通过征收高额的费用,使用户从经济方面考虑节约用水定额及实现水回用。除了在管理制度等方面采取的节水措施,造纸、钢铁、橡胶、生物科技等大耗水、大产污行业均通过工艺改造来实现水资源的高效利用。

作为发展中国家,我国工业用水量年增长较大。为加强对工业用水的管理,我国制定了《工业节水管理办法》,以规范企业用水行为,将工业节水纳入了法制化管理。另外,还颁布了重点行业的取水定额,加大了以节水为重点的结构调整和技术改造力度。"八五"以前,我国工业节水技术以仿制为主;"八五"期间,侧重水处理药剂的创新开发,以期实现由仿制到自主创新的重大转变;"九五"期间,侧重药剂产业化技术的开发,以期加快创新品种工业化及进入市场的步伐;"十五"期间,侧重工业节水成套技术的集成开发及应用研究,以期为工业企业大幅度节水提供技术支撑。特别是"十五"国家科技攻关计划重点项目“工业节水及膜法海水淡化技术开发”的研究，解决了工业水处理领域的一些重大的关键性技术及集成技术问题，取得了明显的节水成效。

目前，工业节水措施主要可以分为三种类型（孙晓峰，2008），即技术型工业节水、工艺型工业节水和管理型工业节水。贾绍凤等分析了北京产业结构调整对平均工业用水定额下降的贡献，结果表明，产业结构调整比部门结构调整对节水的作用更大，前者约占整个节水贡献率的90%。宋超等（2009）结合循环经济发展建立了工业生产用水可持续利用模式，反映了工业节水的总体需求。

3. 生活节水技术

目前，生活节水的措施主要有节水宣传、使用节水器具、中水回用、合理制定水价、污水集中处理及达标排放等。

德国生活污水集中处理率接近100%，根据处理后水资源的不同用途分别采用一般处理、深度处理和有针对性处理，并将中水作为重要水源之一，目前主要对来自浴室和洗手池的中水进行处理利用，处理方法主要有生物膜法和利用植物及土地处理法。澳大利亚是世界上最干旱的国家之一，为减少居民家庭用水，建立了国家节水标示计划（AAAAA体系），并向广大居民建议使用5种减少用水的方法，普及使用淋浴头、厕所、水龙头、洗衣机、餐具洗涤等节水设备。以色列在生活节水方面也是从细微处做起，如厕所均使用大小两种水量开关的节水型抽水马桶，并限制使用对水源污染较大且难以净化的洗涤用品。西班牙国民把节水当作一种有教养的表现，人们节约并有效用水体现在各个方面，如普及节水器、兴建节水型住宅等。在美国，生活节水越来越受到重视，政府及水管部门充分利用宣传手段提高市民节水意识、推行购买节水器具优惠政策等，有效遏制了用水量的增长势头，并大力实施中水回用工程，已取得很好效果。

我国生活用水问题严重，供需矛盾突出，实施生活节水一直是普遍关注和研究的方向。陈庆秋等（2007）将生活节水途径归纳为技术（推广节水器具、建筑中水利用、跨层再利用）、管理（提高节水意识、加强用水管理、完善水价制度）和特殊水源（雨水利用、海水利用、城市污水回用）三类。张会艳（2004）、王丹丹（2007）、张岳（2005）、宋友粮（2008）、褚俊英（2003）、曹庆兰（2004）等均对生活节水措施进行了分析探讨。由于生活节水潜力很大，政策、行政、法律、经济、技术和教育等对策都是必需的，但技术手段是实现生活节水最直接、最有效的方法。

（三）非常规水资源利用技术

非常规水资源利用的类别比较多，除了雨洪水、中水，还包括咸水、微咸水、海水、矿坑水等，本书重点介绍雨洪水和中水利用情况。

1. 雨洪水资源化利用技术

目前，国内外针对洪水资源化利用的方法日趋成熟，如抬高水库汛限水位、引洪水回灌地下水库、雨水的收集利用等。

在澳大利亚，由于气候干燥，河流稀少且变化不稳，地下水超采也比较严重，地下水回灌的研究及应用受到了重视。昆士兰地区人工回灌工程运行良好，效益也相当显著；摩洛哥为保证首都的供水要求，利用注水井将姆哈河洪水注入地下以回灌地下水，已获得成功；目前，德国在新建小区时均要设计雨洪水利用项目，否则政府将征收雨洪水排放设施费和雨洪水排放费；日本利用雨水作为生活杂用水的技术已经比较成熟，正大力实施雨水回灌，以补充地下水；以色列由于严重干旱缺水，雨水资源的利用率已达到了98%；美国也大量建造渗滤田，用于补充地下水或在暴雨洪水时起汇集和调节雨水的作用。在与我国华北类似的美国西部半干旱地区，人工回灌地下水已得到广泛应用。仅加利福尼亚州每年就开采地下水180亿 m^3，目前共有70个水管理机构使用500座设施进行地下水回灌，年回灌量在12亿～40亿 m^3。在加利福尼亚州，利用地上蓄水与输水系统对由于超采而产生的62亿 m^3 地下空间进行地下水回灌，已成为主要的一项水利工程而得到重视。俄罗斯也一直在努力开展人工回灌地下水的研究及应用，且根据不同的自然条件把全国划分为不同的回灌区，对各回灌系统的概况、工程设计及运行管理等情况进行汇总，编制了临时指南，给出了指导和建议，并对回灌经验及其发展进行了汇编，对进一步开展洪水资源化利用研究及推广应用均有积极的意义。

我国进行洪水资源利用研究还是近几年的事情，较多的地区是海河、淮河、黄河、松辽河等流域。冯焱的《京津冀水旱特性及"洪水资源"利用的探讨》(1996)、胡炜的《充分利用洪水资源　努力解决缺水问题》(2001)、吴湘婷等的《洪水风险管理和洪水资源化浅议》、田友的《海河流域水生态恢复与洪水资源化》、胡四一等的《海河流域洪水资源安全利用——水库汛限水位的确定与运用》(2002)、郭青平等的《天津市洪水资源化探讨》、康福贵的《海河流域洪水管理问题探讨》、汤义声的《淮河干流洪水资源化效果初步分析》(2003)、郭方等的《海河流域洪水资源化利用初析》、王道席等的《黄河洪水资源化及其保障措施》(2004)等研究论文相继发表，这些研究人员选择不同地区，针对洪水资源化利用的多个方面开展了相关研究。

我国开展洪水资源利用的实例包括：淮河干流利用行蓄洪区洼地蓄水，增加的调节库容多年平均利用率可以达到50%～60%；海河流域对岳城、潘家口、密云等水库调整汛限水位、挖掘洪水预报调度潜力进行了典型分析，并已部分付诸实施，取得了较好的实效；黄河下游大胆利用汛期淮河流域的洪水资源，并结合有关建设地理方面的优势，调引淮河流域洪水用于黄河下游冲淤；2001年，黑河流域中游取水口8次"全线闭口，集中下泄"，分水至下游额济纳旗，滋润林草地，挽救胡杨树，干涸十年之久的黑河尾闾东居延海两度进水，重现波涛；在泉城济南，通过卧虎山水库经玉符河回补地下水、统一调度和优化配置水资源、封闭自备井、节约用水等措施，促进了地下水位的回升。

2. 中水开发与回用技术

在过去一段时期内，中水开发与回用技术得到了迅速发展，在以色列、日本、美国、印度、英国等国家(尤以日本为突出)得到了广泛的应用。这些国家均以本国度、区域的特点确定出适合其国情、国力的中水回用技术，使其越来越趋于完善。

以色列是在中水回用方面最具特色的国家，占全国污水处理总量46%的出水直接回用于灌溉，其余的回灌于地下或排入河道，其中水回用程度之高堪称世界第一。

日本早在1962年就开始回用污水，20世纪70年代已初见规模，并随着回用技术的不断更新和发展、再生成本不断下降、水质不断提高而逐渐成为缓解水资源短缺的重要措施之一。

美国也是世界上采用污水再生利用最早的国家之一，20世纪60年代末就将膜生物反应器用于废水处理,70 年代初开始大规模进行污水处理,到 1980 年,美国已有 357 个城市实现污水回用,再生回用点 536 个,主要回用于包括灌溉、景观、工艺、冷却水、锅炉补水、回灌地下和娱乐、养鱼等多种用途,回用总量达 94 亿 m^3/a。

对于污废水再生利用的研究,一方面集中于利用途径及其产生的环境效应,另一方面则集中于污废水再生技术开发。污废水的回用途径,包括农业灌溉、工业循环冷却、生活杂用及景观用水等,其中尤以农业灌溉研究最为多见。自 20 世纪 80 年代,国外学者开始研究污水灌溉污染物在非饱和土壤中的迁移规模,如 Feigin(1978)、Ravinna(1997)、Lund(1981)、Vaisman(1984)等针对污水灌溉条件下的氮平衡、氮的利用率等方面进行了一系列的研究工作;Hu Xiangdeng(2000)利用田间测量法,调查长期污水灌溉条件下 N、P 的富集情况,并对地表水及地下水的污染威胁进行了分析。我国学者刘凌(2002)、杨金忠(2004)、黄爽和邵东国(2003)、宋晓焱和尹国勋(2006)也在污水灌溉方面开展了大量研究工作。工业发达国家在 20 世纪 60 年代开始对城市外排污水回用于工业循环冷却水水质标准进行研究(李本高,2006);我国"七五"、"八五"期间完成重大科技攻关项目"城市污水资源化研究",相继在北京等十余个重点城市建立了回用于市政景观、工业冷却的示范工程,为我国城市污水回用提供了技术和设计依据,并积累了一定的经验。近年来,利用人工湿地开展污废水水质净化,并在景观用水方面得到广泛应用。污水回用技术根据机制可分为物理法、化学法、物理化学法和生物化学法等,单元技术包括混凝、沉淀、过滤、活性炭吸附、离子交换、膜分离与膜生物反应器、臭氧氧化、光催化氧化、加氯、紫外线消毒等(李本高,2006;Norrie Hunter,2007)。从污水回用技术的发展方向看,未来研究将开展固定化微生物技术研究,致力于新型混凝剂、助凝剂的研究开发;深入研究高级氧化技术的处理机制及各痕量有机物之间的相互影响;开展新膜材料、高活性环境催化材料的研究开发,膜清洗技术将应用紫外、超声波、微波等能量形式;生物填料的开发研究,如利用微生物磁效应,改善填料的理化性质,开发改性或磁性生物亲和亲水材料等(李国新,2009)。

(四)水资源优化配置与管理技术

1. 水资源优化配置技术

以水资源系统分析为手段、水资源优化配置为目的的各类研究工作,始于 20 世纪 40 年代 Masse 提出的水库优化调度问题。80 年代后,由于引入系统工程的原理和方法,许多水资源规划的目标都由以前的单一强调经济发展,逐步过渡到更广泛的社会需求方面,即多目标规划。在配置方法上,20 世纪 80 年代,伯拉斯所著的《水资源科学分配》系统地总结并研究了水资源分配理论与方法;90 年代由联合国出版的《亚太水资源利用与管理手册》(Guidebook to Water Resources,Use and Management in Asia and the Pacific)就包括了区域水资源配置方法。Yeh(1985)、Pearson、Herbertson(1982)、ERomijn MTaminga、Willis(1987)、Norman J Dudley(1997)等开展以水量配置为主的研究;而由于自 20 世纪 90 年代以来受水污染和水危机加剧的影响,Afzal、Javaid(1992)、Fleming 和 Adams(1995)、Pmanu、Lall(1995)、Wong Hugh S(1997)、Carlos Percia 和 Gideon Oron(1997)等又开展了以水质配置为主的研究。计算机模拟模型因具有计算效率高、自动化程度强等特点,成为水资源优化配置的最理想工具,最早的水资源模拟模型为美国陆军工程师兵团在美国密苏里河流域对 6 个水库的调度问题进行的研究(Hall,Dracup,1970);1975 年 Haimes 对地表水库、地下含水层的联合调度的多层次管理技术进行了研究,使模拟模型技术向前迈进了一步;1982 年,加拿大内陆水中心(Canada Center of Inland Water)利用线性规划网络流算法解决 Ottawa 流域及 Great Lakes 系统的水资源规划与调度问题。随着诸多模型的建立,水资源模拟商用软件也相继开发问世,著名的如 RiverWare(美国)、Mike Basin(丹麦)、EMS(美国)、WaterWare(奥地利)、IQQM(澳大利亚)、ICMS(澳大利亚)等。

我国在水资源配置方面的研究起步较晚,但发展较快,在 20 世纪下半叶曾连续组织了 4 期的国家科技攻关重点项目。其中,"八五" 期间,黄河水利委员会开展了"黄河流域水资源合理分配及优化调度" 研究,"八五"科技攻关项目专题"华北地区水资源优化配置研究"中提出了基于宏观经济的水资源优化配置理论与方法;"九五"科技攻关项目"西北地区水资源合理开发利用及生态环境保护研究",将水资源配置的范畴进一步拓展到社会经济、水资源、生态环境系统,配置对象也发展到同时配置国民经济用水和生态环境用水;"十五"期间,依托攻关计划启动了"黑河流域水资源调配管理信息系统"专题研究,首次提出并实践了以"模拟 - 配置 - 评价 - 调度"为基本环节的流域水资源调配四层总控结构,并实现了水资源宏观配置方案和实时调度方案的耦合与嵌套;"十一五"期间,结合攻关项目"宁夏经济生态系统水资源合理配置"提出了全新的广义水资源合理配置理论及其研究方法。与此同时,多种水资源模拟模型在我国也得到了推广和应用,相继翻译、编写了《水资源科学分配》、《水资源系统模拟技术》等。进入 90 年代,计算机特别是微机的发展,使长系列月时段的模拟计算得到普遍应用,陈守煜和赵瑛琪(1990)、方淑秀和黄守信(1990)、翁文斌和惠士博(1992)等均采用模型模拟方法对跨流域或区域水资源配置问题进行了研究。随后,《水资源大系统优化规划及优化调度经验汇编》、《水资源系统分析理论与应用》等著作既总结了过去的经验,又着重引入了一些新的理论与方法,如随机方法、模糊决策、人工神经网络及可靠性分析等。近年来,国内学者结合当前需求进一步发展了水资源系统模拟技术方法的研究。甘泓等研制出了可适用于巨型水资源系统的智能型模拟模型;王忠静等提出一种交互式宏观多目标优化与方案动态模拟相结合的决策支持型规划思想和方法;赵建世等开发了水资源系统整体分析模型,将水量过程和经济机制的模拟结合为整体进行分析;刘勇毅、王维平(2003)的《现代化水网建设与水资源优化配置》,采用 GAMS 系统中的线性规划方法建立了山东省骨干水网的水资源优化配置模型。

2. 水资源管理模式与技术

为改善水资源管理,在过去几十年里,日本大力加强法制建设,构建了一个比较完整的法律体系,利用多种政策手段引导和调控有关社会主体的行为。这些政策手段可分为经济手段和行政手段两大类,采用经济手段对市场信号的调节来影响有关社会主体的行为,而在水资源配置和水污染控制方面则较多地采用行政手段。面对水资源日益稀缺的巨大压力,在过去 10 ~ 15 年里,欧洲诸国以及其他一些工业化国家努力寻求解决办法,欧盟于 2000 年颁布了《水资源管理框架指导方针》,为各成员国的水资源管理规定了共同的方法、目标、原则和基本措施,对各国以流域为单位制定管理规划提出了具体要求。德国实行水资源统一管理制度,即由水务局统一管理与水事有关的全部事物,包括雨水、地表水、地下水、供水和污水处理等水循环的各个环节，并以市场经济的模式运作，接受社会的监督。美国水资源管理工作的重点是提高水的利用效率和防治水污染，其主要特点是发挥市场在水资源配置中的作用，水价制定遵循市场规律；行政措施主要体现在规划的制定和实施方面。近几年，国外针对水资源管理过程中存在的诸多不确定性因素问题，开展了水资源适应管理研究，英国 Jaroslav Mysiak 等于 2009 年 9 月推出了《水资源适应性管理手册》。

针对我国水资源分散管理、政出多门的现象，许多学者从水资源优化整合的角度，提出水资源管理应由一个部门代表政府统一管理一切涉水事务（齐佳音等，2000；林洪孝，2003；于琪，2003）；也有学者从满足人类需要和水环境协调发展角度，提出基于协调用水需求和环境需要的水资源管理框架（夏青，2002）；通过对区域水资源管理体制的研究，有学者提出建立流域管理和行政区域相结合的管理体制，重点在于加强流域管理（刘文强等，2002；张雪松等，2002；张林祥，2003；刘玉龙，2003；刘振胜、周刚炎，2005）；参照循环经济发展要求，有学者提出了生态型管理框架（吴巧生、李世样，2005）；针对我国水资源时空分布差异及造成我国水资源问题多样性和管理复杂性的特点，有学者提出了差异化管理的设想（万育生等，2005）；针对水资源消耗日益增加，水资源需求和供给之间的矛盾加剧等情况，有学者参照国际“需求侧管理（DSM）”概念，提出了加强水资源需求侧管理的必要性（陶东海等，2006）；有学者提出了流域水资源适应性管理的设想，认为适应性管理是目前有效处理不确定性问题的管理模式（佟金萍、王慧敏，2006）。与此同时，在水资源分配制度方面，许多学者对运用市场机制配置水资源进行了广泛的理论探讨，提出对水资源的配置采用“准市场”和政治民主协商机制（胡鞍钢等，2001；杨国华、刘斌，2002；李五勤，2002），并提出构建我国水资源分配市场和水权交易市场（胡鞍钢等，2002；胡继连，2002；葛颜祥，2002）。葛颜祥（2003）提出运用期权制度配置农用水资源，并建立水权交易市场，以实现水资源效益最大化，对不同的需求目的，应建立不同的分配模式。为进一步提高水资源利用效率和效益，同时增强对生态环境的保护，自 2009 年初开始，中央政府及水利部积极建立并推行最严格的水资源管理制度。水利部水资源司于 2010 年 3 月发布了《实行最严格水资源管理制度工作方案》；山东省于 2010 年 11 月 19 日在全国率先发布了《山东省用水总量控制管理办法》。

（五）水污染防治技术

地表水污染可能来自点源和非点源。由于点源污染易于识别和治理，在世界上大部分国家已得到了较好的控制；而面源污染因其时空范围大、不确定性突出、成分和产生的过程复杂等特点，防治较为困难。

对于点源污废水，主要是采用集中处理的办法解决。废水处理方法可分为物理法、化学法和生物法，不同的方法有其特点和适用范围，因废水种类多、成分复杂，只用单一的方法难以达到满意的效果，故常采用联合使用的方法。目前，国内外应用最广泛、处理成本最低的仍然是絮凝法。絮凝法主要采用絮凝剂，按化学成分不同，絮凝剂可分为低分子絮凝剂和高分子絮凝剂，低分子絮凝剂的品种较少，主要是铝盐、铁盐、钙镁盐及其水解聚合物等金属盐类，其中硫酸铝是一种较重要的无机絮凝剂。低分子絮凝剂在水处理中存在成本高、腐蚀性大、净化效果不理想等缺点。高分子絮凝剂主要包括无机高分子絮凝剂、有机高分子絮凝剂和微生物絮凝剂。由于使用化学药剂有可能造成二次污染，所以许多新型技术得到了广泛应用，特别是利用声、光、电、离子膜、纳米材料等新技术、新材料，使水处理向“绿色水处理技术”迈进。

非点源污染是导致地表水污染的主要原因，其中又以农业面源污染影响较大。20 世纪 70 年代，人们对农业面源污染的物理、化学过程进行深入研究，开发了农药输移和径流模型等监测模型。20 世纪 80 年代，研究重点转向农业面源污染的管理和控制，如 EPIC (Erosion/Productivity Impact Calculator)等监测与评估模型。美国的《食品安全法》、《联邦环境杀虫剂控制法》都有明确针对农业面源污染的相关条款和规定。20 世纪 90 年代至今，人们将“3S”技术引入病原微生物迁移、转化研究和污染风险评估，制定了各类污染排放标准和技术规范。近年来，国内有关农业面源污染的理论研究也取得了较为丰富的学术成果，专家学者对农业面源污染与农业的可持续发展关系、对生态环境和人类健康的严重影响已基本形成共识。由于受研究角度的影响，中国学者对农业面源污染的形成机制多立足于宏观层面，从农业生产的一般组织方式来展开研究，有效治理农业面源污染，这不仅是个工程技术问题，更有体制和机制方面的问题。同时，随着农业生产的发展和农村生活方式的改变，有关农业面源污染的研究还将是长期的、动态的。

对于已污染河流的治理，首先是减少污染物进入河道，即在各污染源发生地采取措施将污染物截留下来，避免污染物在降雨径流的输送过程中溶解和扩散。城市河流周边地区绿地、道路、岸坡等不同源头的降雨径流的控制技术措施主要包括下凹式绿地、透水铺装、缓冲带、生态护岸等。目前，国内外许多工程技术人员开始研究生态护岸技术，通过固土护岸，恢复水陆生态系统，尽可能地减少水土流失，对降雨径流进行拦阻和消纳。另外，就是在河道实施水质净化措施。目前，国内外已经在使用的或已试验的污染河流水体治理技术主要分为物理、化学和生物—生态等 3 类方法。其中，物理方法主要包括人工增氧、补水、机械除藻、底泥疏浚等；化学方法主要是采用各种化学药剂，如加入化学药剂杀藻，加入铁盐等促进磷的沉淀(化学固磷)等；生物—生态方法则更侧重于利用大自然的自净能力，具有处理效果好、造价低、耗能低、运行成本低等优点，主要包括水生植物、微生物制剂与促生剂、生物膜法、浮岛技术、人工湿地以及河流净化或修建净水湖等。

(六)河流水生态修复技术

20 世纪初期，由于环境、生态意识的增强，一些发达国家对河流的管理开始强调“化学、物理、生物过程的协调管理”。自从德国学者 Seifert 在 1938 年首先提出近自然河溪治理的概念后，国外对修复受损河流生态系统的研究发展很快，至 20 世纪 50 年代全面展开。1972 年，美国通过了《清洁水保护法》，有效地控制了河流的点源污染问题。1977 年，新通过的《清洁水保护法》修正案不仅考虑水体污染，同时也把修复水体的物理、化学和生物完整性作为重要的目标。对于河流生态修复，美国非常重视河流的分类、评估和监测工作，注重修复的科学性。如美国环境保护局启动了《环境监测和评价计划》，监测国家生物资源(包括河流)的状况和趋势；实施了《密西西比河长期资源检测计划》，评估泥沙、水质、动植物群落的发展趋势，为改进河流管理提出建议。在实践方面，美国注重河流修复的尺度问题，提出了基于流域的“流域方法”。近年来，美国地质勘探局和美国农业部制订了详细的河流修复计划(Bear Creek、Boulder River、Colorado River、Missouri River、

Mississippi River)，使河流的生态系统得到一定程度的恢复。

在欧洲，20 世纪 50 年代，德国正式创立了“近自然河道治理工程”，提出河道的整治要符合植物化和生命化的原理。该原理注重发挥河流生态系统的整体功能；注重河流在三维空间内植物分布、动物迁徙和生态过程中相互制约与相互影响的作用；注重河流作为生态景观和基因库的作用。20 世纪 80 年代开始了莱茵河的治理，提出了“莱茵河行动计划”。这个计划的鲜明特点是以生态系统恢复作为莱茵河重建的主要指标。与此同时，英国采用了“近自然”河道设计技术，强调在修复和维护河流时，必须优先考虑河流的生态功能。荷兰则强调河流生态修复与防洪的结合，提出了“给河流以空间”的理念。日本自 1986 年开始学习欧洲的河流治理经验，并在理论、施工及高新技术的各个领域丰富发展了河流生态修复技术，由此诞生了生态学与土木工程学有机融合的应用生态工程学及其理论。在河道工程方面，日本对“多自然型河治理法”进行了大量的研究，强调用生态工程方法治理河流环境、恢复水质、维护景观多样性，强调用当地材料、传统工艺治理河道。

我国的河流生态修复发展较晚，大多偏重于河流受污染水体的修复，注重水质的改善，对河流生态系统结构、功能的修复研究不够，与一些发达国家相比存在不小的差距。董哲仁、孙东亚等(2007)的《生态水利工程原理与技术》，总结了河流生态恢复方面取得的理论及工程技术成果，并强调河流形态对其生态修复的至关重要性，这标志着我国以生态水利工程为主要指导思想的河流生态修复进入了一个新阶段。实践方面，我国在河流污染生态修复方面做的工作较多，进展较快。如对水质的生物监测和评价，我国已形成了整套评价方法，包括指示种、优势种、多样性指数以及评价模型等。随着对河流生态系统整体认识的不断加强，我国对河流生态日益重视，提出了生态环境用水的概念，开始关注维持河流生态系统的生态基流，并做了一些有益的尝试。20 世纪 90 年代末，我国水利部门开始探索通过应急调水的方法恢复急剧退化的河流生态系统并取得了初步成功，试点包括塔里木河、黑河和扎龙湿地等，这是修复河流生态的一次有益的尝试。进入 21 世纪，水利部门又开展了水域生态修复规划编制试点，包括海河流域生态环境修复水资源保障规划，桂林漓江、武汉和无锡的水生态修复规划等。与此同时，一些中小型河流的生态修复试点也陆续展开，包括北京市、浙江省和重庆市等。国内外河流水生态修复取得了巨大成效，并形成了河流形态修复、生态型护岸、河流水质处理等多项技术。

二、经验启示

几十年来的技术研究与应用，为实现水资源的可持续开发利用积累了经验，也为促进水资源与水生态的协调发展带来了启示。特别是进入 21 世纪，可持续发展的理念引起全球共识，并出现了人水和谐、管理洪水、近自然河系治理等先进的治水理念，涌现出了诸如分散式防洪、河湖生态修复、综合节水、流域水资源综合管理等一系列成功的经验和模式。

(一)基于调水工程的水网体系成为统筹解决主要水问题的重要载体

目前，世界上有 39 个国家建设了 345 个调水工程，年调水量 5 971 亿 m^3，大型调水工程建设已成为解决水资源时空分布不均、提高地区供水保证率的主要手段之一。美国已建的跨流域调水工程有 10 多处，主要为灌溉和供水服务，兼顾防洪与发电，年调水总量达

200多亿 m^3。俄罗斯已建的大型跨流域调水工程有15处,年调水总量达600多亿 m^3。澳大利亚、印度、西班牙、约旦等都在兴建调水工程。我国的南水北调工程建成后将长江、淮河、黄河、海河相互连接,充分利用南方水资源以改善北方水资源短缺状况。山东省胶东调水工程建设则主要用于解决胶东半岛水资源短缺和配置问题。

大型调水工程的建设打破了自然流域的界限,实现了河流的贯通和互济,形成了各具特色的“现代水网”。这些水网不仅可以发挥供水作用,而且随着调配技术的升级和管理理念的创新,其在防洪、生态保护等方面也发挥出越来越大的作用。现代水网的建设基础是自然水系、延伸是人工水网,是“自然－人工”二元特征的反映形式,更有利于统筹解决供水、防洪、生态等主要水问题。

(二)综合节水成为全社会的普遍共识和行动

目前,发达国家无论水资源丰与枯,均十分重视全社会的综合节水。美国在20世纪50年代就开始普遍推广农业节水灌溉,目前喷灌、滴灌面积已占整个灌溉面积的一半,且与农作物施肥、农药使用相结合;以色列是世界上节水灌溉最发达的国家之一,农业灌溉已经由明渠输水变为管道输水,由自流灌溉变为压力灌溉,由粗放的传统灌溉方式变为现代化的自动控制灌溉方式,由根据灌溉制度灌溉变为按照作物的需水要求适时、适量灌溉,实现了农业灌溉领域的一场革命,先进的节水灌溉技术为农业现代化发挥了极其重要的作用;澳大利亚有70%的地区降雨量小于500 mm,易发生旱灾,通过采用节水灌溉新技术,把水和肥料溶液直接滴灌在作物的根部,不但节省大量水肥,收获90%的优质蔬菜(传统的灌溉方法只收获到60%～70%),而且使多余的肥料不致污染水源;日本很多地方冲洗厕所均使用工厂废水,水龙头大多采用伸手即出水的自动感应装置,各大企业也都竞相开发节水产品,如节水洗碗机、节水洗衣机等,多数城市鼓励和奖励使用节水型器具。很多国家将节约用水纳入到能源节约的战略高度,对促进节水水平的提高起到了积极作用。我国的大部分地区也已将万元GDP取水量、万元工业增加值取水量等指标纳入行政考核的范围。

社会综合节水的广泛实施,使得社会需水总量的增长幅度得到控制,水资源供需矛盾得以缓解,不仅有利于应对全球普遍存在的水资源短缺问题,也是建设节水型社会的核心任务。

(三)非常规水利用成为缓解水资源短缺的重要途径

非常规水的利用涉及海水、污废水、雨洪水等。海水淡化是缓解淡水资源短缺的重要途径,成为以色列、阿联酋、沙特阿拉伯、意大利西西里岛等一些国家和岛屿地区居民的主要饮用水源。而在中国,淡化后的海水多用于设备冷却。以色列的城市废水回收率达40%以上,每年大约有2.3亿 m^3 经过处理的废水用于农业生产,是世界上废水利用率最高的国家之一。在中国,北京、大连、徐州、太原等城市的污水回用率居全国前列,特别是北京鸟巢污水处理再生利用率达到100%。在雨水利用方面,北京利用封闭式蓄水池、渗透性地面和下凹式绿地等雨水利用工程,年利用雨水可达995.2万 m^3。

洪水向来被视为“猛兽”。但面对全球不断发生的严重洪涝灾害,人们逐渐意识到,若要最大程度地减轻洪涝灾害造成的损失,需要有意识地主动适应洪水,从过去“控制洪水”向“管理洪水”、“与洪水共处”、“利用洪水资源”转变。世界上许多国家在这方面已经进行了一些有益的尝试。如美国针对密西西比河洪水泛滥提出的扩大泛滥平原的管理对策,德国在山丘区及河流上游建设滞流盆地、延滞坑塘等措施加大雨洪水下渗及滞流,实行分散式防洪及雨洪水综合利用等。在我国,洪水资源化也引起了重视。如淮河干流洪水资源化的主要途径是有计划地利用沿淮蓄滞洪区的洼地引蓄当地及淮河干流洪水资源,减少蚌埠闸的弃水量,提高水资源的利用率;海河流域调整水库汛限水位、挖掘水资源潜力取得了较好的实效;山东省多个城市如烟台、青岛等,采取上游提高水库汛限水位、中游库河相连、下游利用地下水库蓄滞河道洪水、河口建设湿地等措施不断扩大洪水资源化利用规模。

非常规水资源的利用在缺水地区得到了最广泛的应用,事实表明,污废水通过深度处理可以很好地成为部分工业企业的供水水源,同时污废水排放量的减少又为生态环境的改善切断了污染源。

(四)河流生态修复成为水环境改善的关键技术举措

水是生态环境中最活跃的因素,以水生态修复为主题的河湖生态治理成为国内外科学家研究的重点。德国 Seifert 首先提出近自然河溪治理的概念,也成为河湖生态治理的理念。美国 Odum 提出了将生态系统自组织行为运用到工程之中,形成了"生态工程"的理念。随后德国、瑞士、日本等国的科学家相继发展了生物护岸、多自然型河道生态修复技术、近自然河道治理、近自然工事等河湖生态修复理念,认为河流生态治理要维持河流生态环境多样性、物种多样性及河流生态系统平衡。一些国家开展了大量实践并出版了相关的技术规范和标准,如美国的《河流管理——河流保护和修复的概念与方法》、英国的《水流导则》、欧盟的《欧盟水框架指令》以及澳大利亚的《河流生态修复手册》等。这些技术规范和标准为开展河流生态修复实践提供了相对统一的规范和完善的方法指导,大大促进了河流生态修复工作的开展。同时,也完善了河流生态补水、河流水质处理、河流形态修复、生态型护岸建设等河流生态修复的新技术和适应性管理方法。

莱茵河曾被认为是欧洲的"下水道",污染导致鲑鱼和小型动物大量死亡,但通过命名为"鲑鱼——2000 计划"的河流治理,各国政府和有关机构进行合作,因污染而在莱茵河消失的淡水鲑鱼现在又重现了。美国针对密苏里河生态问题,制定了包括上中下游、干流与支流、洪泛区在内的河流修复行动规划,至 2006 年,已有 8 处栖息地得到修复和保护。我国通过应急调水对塔里木河、黑河和扎龙湿地等进行生态补水,恢复急剧退化的河流生态系统,这是修复河流生态的一次有益的尝试。在城市河流生态修复方面,北京转河、四川府南河、杭州中东河、上海苏州河、南通濠河等一大批城市河道,按照"宜宽则宽、宜弯则弯、人水相亲、和谐自然"的治理思路,结合城市环境综合整治,极大地改善了水环境状况,达到了景观要求和河流生态恢复的目的。

(五)流域水资源综合管理,是水资源管理的成功模式

流域是自然水循环过程中相对独立的单元,也是把握水资源与水生态关系的最佳研究对象。流域综合管理是指在流域范围内,通过跨部门与跨行政区的协调管理,综合开发、利用和保护流域水、土、生物等资源,最大限度地适应自然规律,充分利用生态系统功能,实现流域的经济、社会和环境效益的最大化以及流域的可持续发展。美国的田纳西流域、德国的鲁尔流域等都是成功的流域管理的典范,《欧盟水框架指令》也是基于流域制定的。其共同特点是:流域管理是基于法律规定的流域综合管理,与流域有关的政府管理者、土地使用者、供用水单位等均按照法定程序参与流域管理。我国在流域水资源综合管理方面已经有了成功的经验。1998 年,国家发展计划委员会、水利部联合颁布实施《黄河水量调度管理办法》,授权黄河水利委员会根据国务院“87”分水方案,按照同比例丰增枯减的原则,统一管理与调度黄河水资源。沿黄的各省(区、市)根据引黄配额,优化配置当地地表水、地下水和黄河客水,实行水资源统一调度。该调度方案实施后,断流没有再发生,初步实现了黄河水资源的可持续利用。

(六)适应性管理可以较好地应对社会发展、气候变化等不确定性因素

人类社会持续、快速的发展呈现出日新月异的变化,对资源、能源的需求不断上升,过度的开采引起了生态危机,并在局部造成生态灾难。温室气体的排放加剧了全球气候的变化,极端天气频繁出现,特大干旱、洪灾时有发生,水资源开发利用面临着前所未有的挑战,水资源管理需要应对诸多不确定性因素。在此背景下,适应性管理模式应运而生。适应性管理最初是由生态学家 Holling 和 Walters 于 20 世纪 70 年代提出的,被定义为一种通过“管理学习”来提高管理策略和实践的一种系统过程或者学习管理方法。水资源适应性管理,就是探究水资源系统与经济社会系统结合在一起并使双方受益的途径,维持和提高水资源系统的修复能力,即水资源系统结构和过程对自然与人类社会干扰的持续性及适应性。近 10 年来,水资源适应性管理已得到了应用。Covert D Geldof 将水资源一体化管理的整体过程看成是一个复杂的适应系统,由此找到一种适应不断变化的平衡策略,进行适应性的水资源管理。佟金萍、王慧敏根据适应性管理研究情况,在分析流域水资源管理不确定性问题的基础上,提出用适应性管理模式解决此类问题,并构建了流域水资源适应性管理体系,从而为流域水资源管理研究提供了一个新方法。适应性管理要求针对不确定性因素保持一种动态、循环的管理路径,不断对比管理方案实施效果与期望目标,在“学习”过程中及时调整方案,保持系统稳定。这一管理理念与水循环过程十分相似,也是“自然 - 人工”二元水循环特征在水资源管理领域的体现和应用。

第二节　技术体系

人类在改善水资源与水生态关系方面已应用了诸多的技术,并积累了一定的成功经验。但是,与全面实现水资源与水生态协调发展相比,与实现人水和谐目标相比,仍缺乏系统性。本书在水资源与水生态协调发展概念与内涵的基础上,充分应用相关基础理论,提出一个系统的技术体系框架,并对各主要的体系构成进行说明。

一、体系框架

如果把水资源与水生态协调发展视为人类建设的一座宫殿,那么这座宫殿将主要由基础、支柱、筋梁、顶盖等部分组成,而各组成部分紧密联系,共同形成了一个协调、稳定的框架整体。在水资源与水生态协调技术框架中,顶盖是象征水资源与水生态协调、稳定发展状态的终极目标,也是人水和谐的主要标志;而基础应当是现代水网构建技术体系,自然水系、人工水网和信息网络成为促进水资源与水生态协调发展的载体和平台;支柱则分别为约束人类水资源开发活动的综合节水技术体系和恢复生态环境的水生态修复技术体系，代表着改善水资源与水生态关系的两个方面；筋梁则是将基础、支柱、顶盖密切联系起来的一系列管理性活动，鉴于当前对人类活动、气候变化等不确定性因素的关注，将之统称为适应性管理技术体系，该体系可确保各项技术的实施始终围绕目标展开。上述框架各组成部分及其联系如图 4-1 所示。

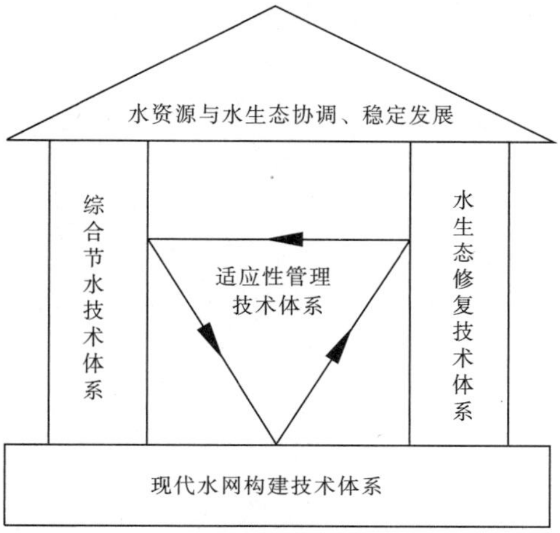

图 4-1　水资源与水生态协调技术框架构成

在实际运行过程中，上述技术体系并不是很鲜明地分开的，而是相互交叉、相互融合，形成一个有机整体，并共同发挥作用。

二、现代水网构建技术体系

(一)现代水网系统及其组成

现代水网是以科学、先进的治水理念为指导，以自然水系为基础，以水利工程网络为调控枢纽，以信息网络为智能化运行平台，以科学的管理和完善的法律法规为保障，利用工程和非工程措施构建而成的具有防洪、供水、生态等多种功能的多元复合系统。现代水网有两大重要的属性，即自然－人工－数字耦合、防洪－供水－生态多功能融合。

从系统构成来看，现代水网包括自然水网子系统、人工水网子系统和数字水网子系统，且子系统间相互依赖、相互影响。自然水网子系统和人工水网子系统之间存在最为密切的联系，一方面表现在部分构成要素的直接重叠，比如河道是自然水网子系统的主要构成要素，但在很多情形下会成为人工水网子系统中跨流域调水的通道，又比如山区水库依赖于人工建筑而发挥作用，但其建设本身又依附于有利的自然河流条件，且与自然河流融为一体；另一方面则表现在水资源在两大系统间频繁和复杂的交换，自然水网子系统同时扮演着水资源提供方和退排水承受方的角色，人工水网子系统则在获得水资源的同时向外界释放退水，两大水网子系统之间也会通过一系列的调水行为改变水资源的时空分布。由于人类活动的繁复，可以说一个纯粹的自然水系网络已经基本不存在了，自然水网多多少少受到人类活动直接或间接的影响，并总是和人工水网交织在一起的。数字水网子系统通过信息采集设备对自然水网子系统和人工水网子系统进行数字化处理，从而建立起覆盖上述两系统的信息网络。由于数字水网子系统能够在较短时间内获得反映自然水网子系统和人工水网子系统的信息，从而可以实现诸如实时监测、预报预警、动态模拟、资源配置、信息服务等功能。上述内在联系如图 4-2 所示。总体上来看，自然水网子系统是“自然 - 人工 - 数字”耦合动态水网子系统体系的物质基础，而人工水网子系统是为实现水资源开发利用而对自然水网子系统的补充和完善，数字水网子系统则是实现自然水网子系统和数字水网子系统动态管理的信息技术系统。

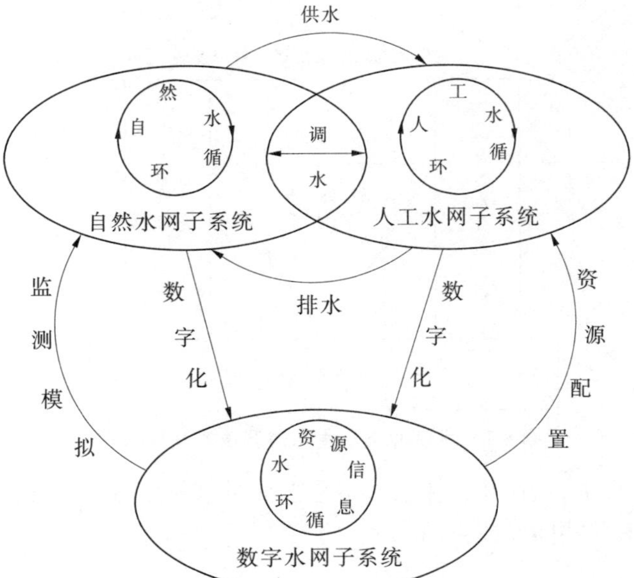

图 4-2　现代水网系统内在联系机制

从系统功能来看，现代水网具有供水、防洪、生态等功能融合的属性特点。现代水网使河湖库塘和渠(管)道得到连通，水网密度达到较高水平，不仅能够实现多种水源联网、蓄排兼顾、丰枯调剂、余缺互补，而且还可以实现水资源的优化配置、分洪调峰、改善生态环境，从而集供水、防洪、生态等多功能于一体。具体来说，地表水、地下水、外调水、回用水等各类水资源通过蓄水工程、引水工程、提水工程、防洪工程、水电工程、供水工程等实现调蓄、涵养、滞留等过程，进而利用天然河道、人工渠道、管网等实现调配、供水、分洪等过程，并为生产、生活、生态等各方面提供水资源保障，如图 4-3 所示。

(二)现代水网构建技术体系

依据现代水网的基本组成及功能特性，其构建关键技术体系包括自然水系保护与修复技术、人工水网连通技术和信息水网建设技术等三方面。其中，自然水系保护与修复，主要是保护自然水系的形态和通畅，对脆弱区段则实行封闭保护，通过保护和修复来维持自然水系的输水、蓄水等功能，具体包括水土保持、水源地保护、河道保护与修复等工程设施；人工水网连通技术，主要是围绕供水、防洪、生态补水等要求，建设水源收集、调蓄、传输、调度、蓄滞洪、连通等工程设施；信息水网建设，是为实施水网的信息化管理而建设的信息监测、传输、存储与发布等工程设施。各类工程设施在建设过程中，围绕水资源与水生态协调发展、人水和谐等要求，不断采用新工艺、新材料而形成了现代水网构建技术体

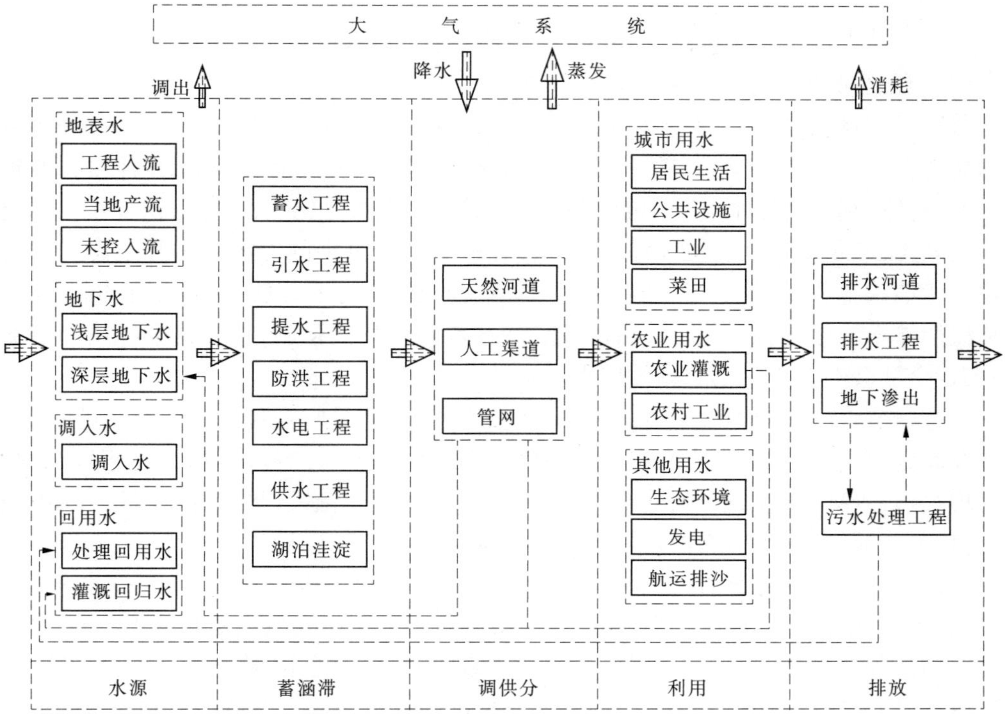

图 4-3　现代水网多功能融合示意图

系，如图 4-4 所示。

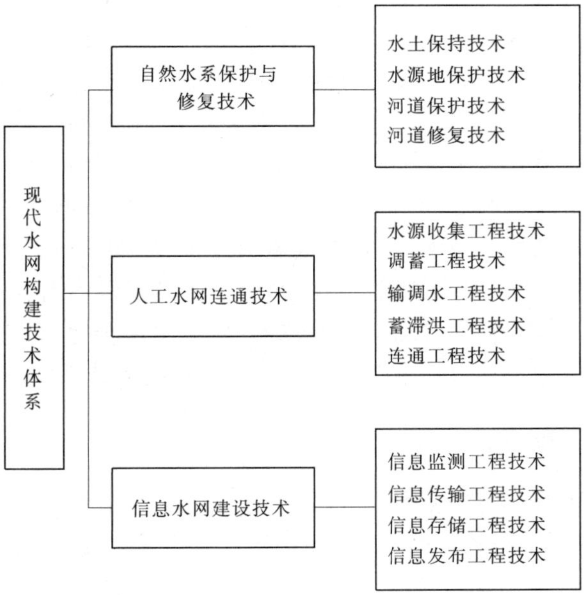

图 4-4　现代水网构建技术体系

三、综合节水技术体系

（一）综合节水的内涵与措施类型

节水，即节约水资源。大多数情况下，节水是指在经济社会活动过程中节约使用可更新的淡水资源。而节水至少包括三方面的内涵：一是指通过工程、生物等措施降低水资源的开发、传输、利用和排水过程中的无效损耗，提高有效水分比例；二是一次性水资源的循环再生利用；三是通过水资源合理配置等实现一定耗水量下的经济产出和生态产出的最大化。所谓综合节水，就是在政府、用水单位和公众的参与下，以完备的管理体制、运行机制和法律体系为保障，通过法律、行政、经济、技术和工程等措施，结合社会经济结构的调整，实现全社会的合理用水和高效用水。

从综合节水的措施类型来看，主要包括三个方面：一是宏观尺度的节水，如调整产业结构及其内部结构，改进生产力布局，完善生产制度，提高生产技术等；二是管理节水，包括管理政策、管理体制与机构，水价与水费政策，配水的控制与调节等；三是工程措施节水，包括节水灌溉技术、节水器具及节水产品等。

（二）综合节水的技术体系

依据节水的内涵及措施类型，可知综合节水技术体系主要包括宏观节水技术、管理节水技术和工程节水技术等三个方面。其中，宏观节水技术，是依据区域水资源承载能力，不断调整产业结构、优化生产力布局，使社会发展的水资源需求能够控制在水资源承载能力以内，换句话说，就是以有限的水资源支撑更多的经济社会发展总量。管理节水技术，是通过管理手段来引导和约束社会经济活动，以提高水资源的利用效率，如水资源优化配置技术、水价与生态补偿调节技术、区域用水总量红线控制技术与产品用水定额管理技术、用水效率红线控制技术等。工程节水技术，针对不同部门的用水特点，利用相应的工程设施实现节约取用和循环利用，又可分为工业节水、农业节水和生活节水等领域。工业节水，因生产工艺的不同，节水技术差别较大，主要包括工业用水重复利用技术、冷却节水技术、热力和工艺系统节水技术、洗涤节水技术、工业给水和废水处理回用技术、防漏与快速堵漏修复技术、非常规水源处理利用技术等；农业节水，因灌溉条件的不同而选取合适的节水技术，包括高效输配水技术、田间高效灌水技术、生物节水技术、农艺节水技术、多水源混灌技术等；生活节水，主要依赖社会公众的节水意识和参与意识，工程方面包括生活器具节水技术、城镇供水管网检漏与防渗技术、公共供水企业自用水节水技术、公共建筑节水技术、市政环境用水节水技术等方面。综合节水技术体系如图 4-5 所示。

四、水生态修复技术体系

（一）水生态保护与修复的途径

随着人类自身认识水平的提高，人类与生态环境共享水资源的思想日益得到接受和推广。水生态保护修复的途径主要有两方面：一是进行储水体自然形态的保护与修复，二是进行储水体水文与水资源特征的保护与修复。

1. 储水体自然形态的保护与修复

储水体的自然形态对水生态系统的影响十分明显，保持其形态的多样性往往就能保

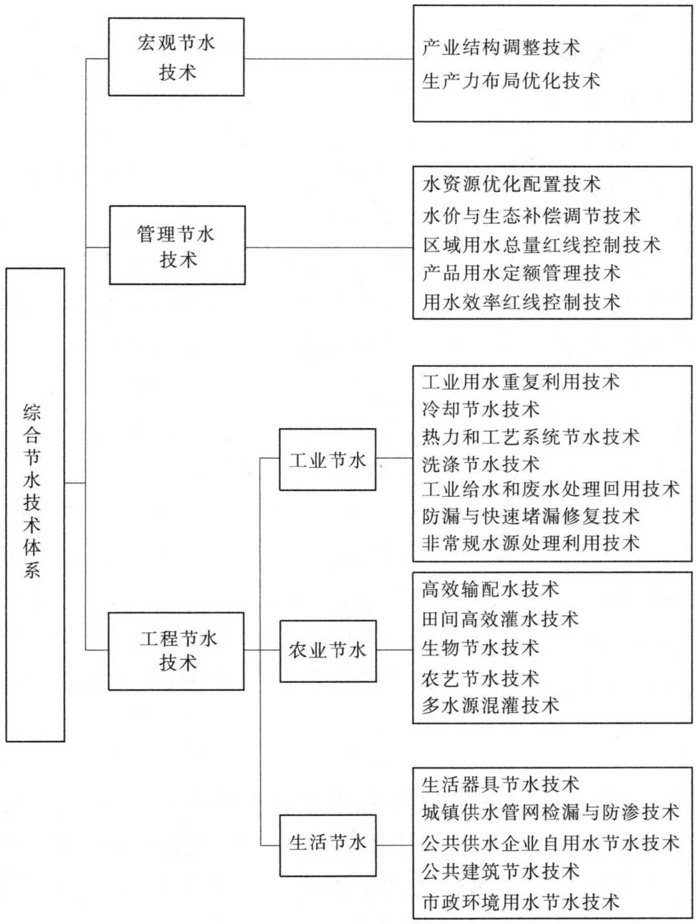

图 4-5　综合节水技术体系

护与之相适应的水生态系统。显然，自然形成的储水体形态是最符合水生态系统要求的。在欧洲，陆续有一批河流生态治理工程获得成功，相应出现了一些河流生态治理工程理论和技术，生态水工学及多自然型河流治理的理念逐渐深入人心，并逐步得到应用和发展。多自然型河流治理要求以“保护、创建生物良好的生态环境与自然景观”为建设前提，因而其本质就是保护与修复河流的自然形态，如河流纵向的蜿蜒性、断面形状的多样性、河床材料的透水性和多样性，等等。

瑞士、德国等国家于 20 世纪 80 年代末提出了全新的“亲近自然河流”概念和“自然型护岸”技术。德国莱茵河于 1993 年和 1995 年两次发生洪灾，主要是该河流生态遭到破坏，其水泥堤岸限制水向沿河堤岸渗透所致。因此，德国开始进行河流回归自然的改造，将水泥堤岸改为生态河堤，重新恢复河流两岸储水湿润带，并对流域内支流实施去直增弯的措施，延长洪水在支流的停留时间，降低主河道洪峰量。英国采用了“近自然”河道设计技术。荷兰强调河流生态修复与防洪的结合，提出了“给河流以空间”的理念。日本也在 20 世纪 80 年代开展创造多自然河川计划，于 1991 年开始推行重视创造变化水边环境的河道施工方法，即多自然型河流建设，有效促进了地下水的渗透和水的良性循环，提高了水边环境的自然净化功能。

2. 储水体水文与水资源特征的保护与修复

储水体水文与水资源特征的保护与修复，是针对水利工程对下游河道或储水体水文、水资源特征改变而提出的生态修复方法，其目标是恢复河流水文模式、储水体水资源量，改善生态环境条件，内容包括恢复水流流量、水文周期、洪水历时及洪峰流量等水文参数，保持一定数量和质量的水资源承纳力等。

上述方法已在许多国家得以实践，并取得了较好的效果。如为减轻伏尔加河上的伏尔加格勒坝对下游鱼类产卵场所的影响，自 1959 年开始，每年春季模拟春汛对大坝下游进行专门放水，以确保鱼类产卵场的淹没。南非潘哥拉水库为减轻大坝对下游鱼类产卵场所的影响，多次进行人造洪峰试验，得出保证下游鱼类产卵条件的洪峰流量及其适宜时间等参数。1995 年，为改善科罗拉多河生态和环境，美国首先提出格伦峡大坝适应性管理程序，并于 1996 年和 2000 年进行试验，通过改变大坝调度方式，模拟建坝前的自然水文模式，达到输沙、恢复生态环境和保护鱼类等综合效果。为减少大坝对水流特征改变造成的影响，至少有 29 个国家已提出采用环境需水量的方法。最初该方法规定将平均年径流的 10% 作为保证河流的“最小流量”，随后“最小流量”又包括了生态系统需求的含义，其水平取决于维持下游特殊生态系统的需水量。另外，为保证储水体水质能够维持在生态系统所需的必要水平，各国加大了污水收集及处理回用，尽量减少污染物进入自然水体。

（二）技术体系

从水生态修复的途径可以看出，其技术体系主要包括两个方面，即形态保护修复技术和水体特征保护修复技术。其中，形态保护修复技术，主要是对自然河流、湖泊、湿地等储水体的形态加以严格保护，禁止或减轻人类活动的干扰，并采用近自然工程技术对受损的形体进行修复，如边坡、河床、边滩、弯道，等等；水体特征保护修复技术，则是针对储水体的水文、水资源特征进行水量、水质的双重、协同的保护与修复，保护水生态能够获得最基本的水资源条件。水生态修复技术体系如图 4-6 所示。

五、适应性管理技术体系

受人类活动及气候变化等多种因素的影响，水资源与水生态系统面临诸多不确定性需求，只有采用动态的、循环的管理模式才能更好地适应，即所谓适应性管理。

（一）适应性管理的要素与模式

水资源与水生态适应性管理，就是针对不确定性因素展开的问题确认、措施设计、实施、监测、评价、调整等一系列行动的反复循环过程，通过不断调整水资源开发利用与水生态修复来提高水资源与水生态系统的适应性能力，促进水资源与水生态的协调、稳定发展，进而支撑经济社会的可持续发展。

适应性管理主要包括六大元素：管理目标、管理模型、管理范围、管理过程、决策机制和利益相关者的合作框架。就管理目标而言，适应性管理不仅仅是维持资源的一种优化状态，而且是制定一种优化管理的能力；管理模型是针对管理需要建立起来，并可用于评估、评价、预测等目的的各种形式的方案，可以是物理的，也可以是数学的；管理范围可以

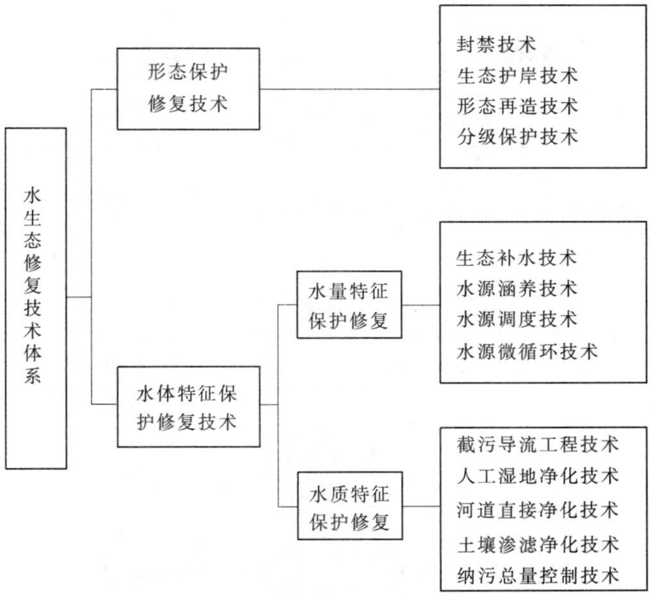

图 4-6　水生态修复技术体系

是区域的、局部的，也可以是大尺度的，乃至全球的；管理过程是适应性管理的关键，一般来说，适应性管理过程包括问题确认、措施设计、实施、监测、评价、调整等环节，并相互衔接形成循环结构，如图 4-7 所示；决策机制是一种综合的管理体制，同时也是有利于“预测—控制”的一种适应性体制，是学习基础上的决策；利益相关者的合作框架则是由不同利益相关者组成的合作平台，有时相互之间会有利益冲突，存在小派别利益相关方和强互惠方。

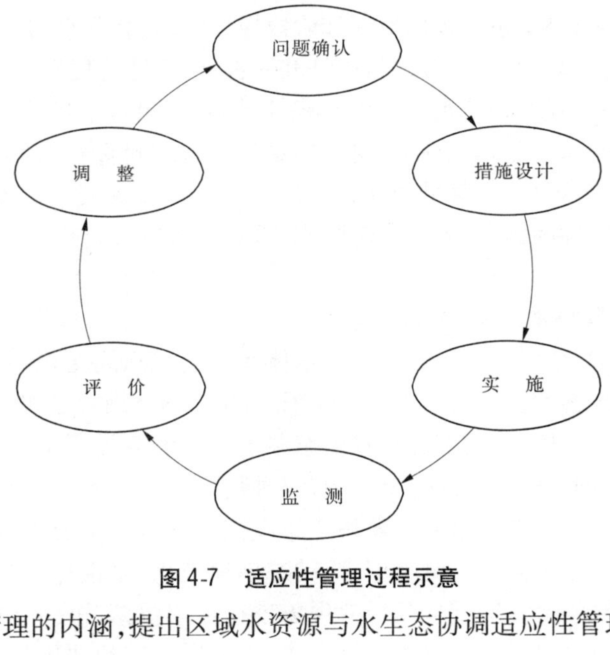

图 4-7　适应性管理过程示意

按照适应性管理的内涵，提出区域水资源与水生态协调适应性管理模式，如图 4-8 所

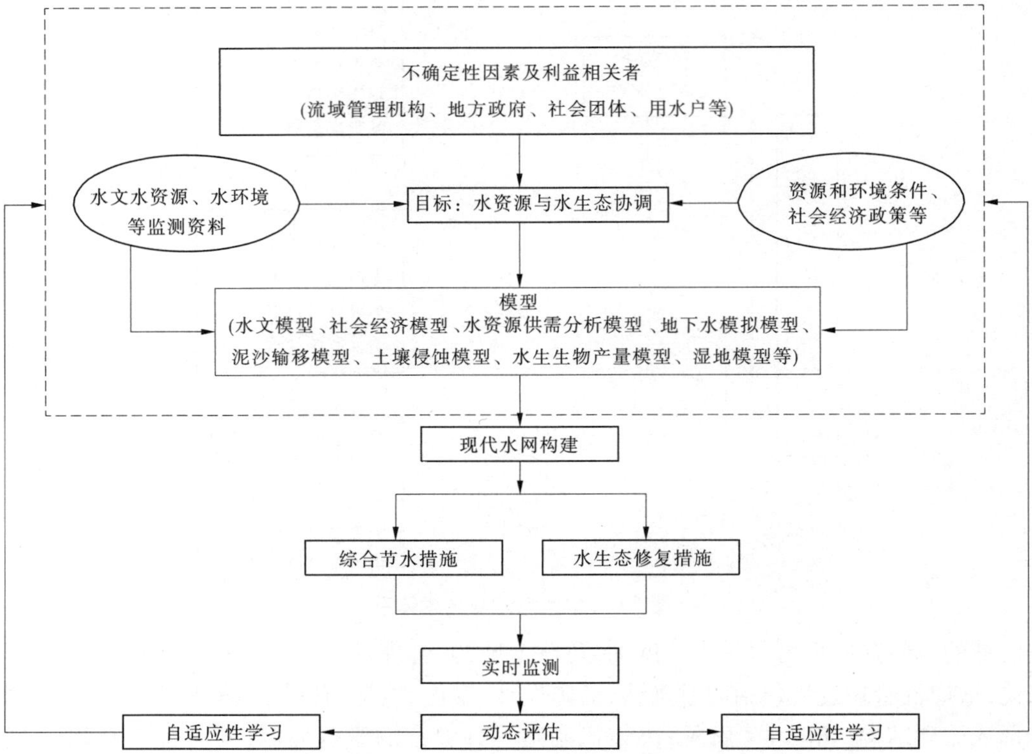

图 4-8　水资源与水生态协调适应性管理模式

示。在该管理模式中，就是由流域管理机构、地方政府、社会团体、用水户等利益相关者针对区域水文水资源、水环境，以及资源和环境条件、社会经济政策等不确定性因素，权衡后共同确定水资源管理目标，包括远期目标和阶段性目标，并利用水文、社会经济、水资源供需分析等一系列模拟模型对该目标进行验证和完善；阶段性管理目标制定后，在现代水网构建的基础上，不断加强综合节水和水生态修复措施；针对各项措施实施后的效果，采取专项的和综合的实时监测与动态评估，将评估结果与管理目标相对照并开展自适应性学习，确定调整措施和方案；将调整措施和方案作为下一阶段决策的输入条件，由利益相关者结合其他的不确定性因素，开展新一轮的水资源管理目标的确定。由此，形成循环反复的管理过程。

（二）适应性管理技术体系

从适应性管理的要素与过程来看，其技术体系主要包括问题识别、实时监测、动态模拟、评价评估、预报预警和优化配置等六个方面，如图 4-9 所示。其中，问题识别技术，是采用各类沟通和分析手段，对水资源与水生态系统存在的各类不确定性因素进行综合分析，从而确定影响管理目标实现的主要问题；实时监测技术，是针对水文、水资源及其开发利用、水生态、水环境等不同的监测对象科学布设监测站点并形成网络，利用相应的监测设备对相关要素进行全天候的监测和记录；动态模拟技术，是选择恰当的模型，对水资源与水生态系统某一时间节点的部分或局部现象进行再现模拟，进而寻求其发生发展的机制和规律；评价评估技术，是建立科学的指标体系，运用一定的评价方法对水资源与水生态发展状态进行专项或全面评价，评估其产生的影响，并与管理目标相对照以发现存在的问题和不足；预报预警技术，是在监测、模拟和评价的基础上，对未来存在的风险进行全面、细致的评估，作为预报分析，对可能造成的危害进行分级预警并提出有效的应对方案；优化配置技术，则是针对实施效果与管理目标间的偏差，综合运用模拟、评价、试验等手段对管理目标、措施方案等进行全面的分析，进而确定可行的调整和优化方案。

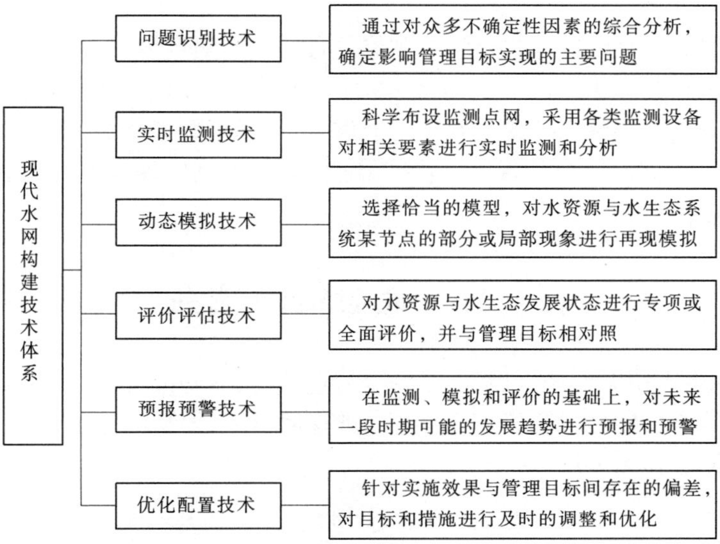

图4-9 水资源与水生态协调适应性管理技术体系

第五章　水资源与水生态协调社会保障体系及措施

人类社会从依附自然到改造自然，再到修复自然和回归自然，并不仅仅是思想认识的提高，其根本原因还是在于经济社会的持续发展，该过程符合“经济基础决定上层建筑”的普遍规律。因此，为促使水资源与水生态能够处于协调、均衡的发展状态，也需要从社会发展的角度，给予更加充分的保障。同时，结合当前水利发展需要提出相应的对策措施，也是十分必要的。

第一节　社会保障体系

水资源与水生态协调发展，已然不是一个行业问题，而是涉及人类可持续发展的社会问题，除了工程建设、技术发展、管理规范等行业保障，还需要从法律、市场、文化等多个方面给予社会保障，其体系如图 5-1 所示。

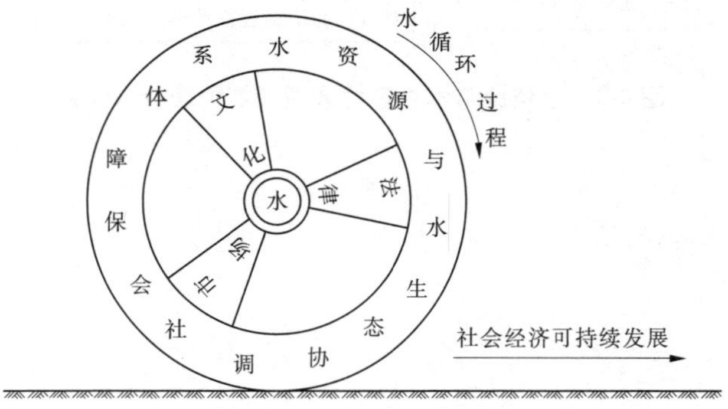

图 5-1　水资源与水生态协调社会保障体系

一、法律保障体系

法律是指各级国家机关依照立法程序制定的各类规范性文件，明确单位和个人在其各类活动中所需承担的义务。例如，2002 年颁布实施的《中华人民共和国水法》明确指出：在干旱和半干旱地区开发、利用水资源，应当充分考虑生态环境用水需要；国家对用水实行总量控制和定额管理相结合的制度。这实际上反映了国家对水资源利用和生态保护兼顾的总体要求。当前，我国已形成了以《中华人民共和国水法》、《中华人民共和国水污染防治法》、《中华人民共和国水土保持法》和《中华人民共和国防洪法》为主体的涉水法律体系，对水资源的开发利用和水生态环境的保护作出了相关规定。但随着水生态文明建设的推进，水资源开发利用与水生态保护不足的矛盾不断加剧，水生态保护法律体系建设相对滞后问题越来越突出。

构建法律保障体系，一是要建立水生态保护基本法律制度，从水资源开发利用及社会经济活动的各个环节来促进水资源与水生态的协调发展。二是要建立完善集中、统一高效的执法机制，避免多头管理，提高行政执法效能，在国家层面设立专门的行政管理机构，各级地方政府成立相应机构，建立包括各行业、各产业的协调机制，做到权责明确、运转顺畅；加强执法队伍建设，加强执法人员的专业技能培训和素质建设，打造一支作风优良、专业突出、素质较高的执法队伍。

二、市场保障体系

水是一种资源，在大多数情况下可以当作商品进行市场交易，因此为保障水资源利用的高效性和水生态保护的有效性，就应建立市场保障体系。一是利用市场机制，在保障基本公平的基础上促进水资源向高效率、高效益、低生态损害的用水户转移；二是利用市场途径，实现水资源开发利用的生态补偿，使得人们在共享水资源开发权益的同时，也能够共同承担水生态保护的责任；三是利用市场经济运行平台，为水生态保护的投入开辟融资渠道，吸引社会资金的积极参与。

三、文化保障体系

文化是一定社会政治和经济的反映，又会给社会的政治和经济带来重大影响。水文化的实质就是人与水关系的文化，是人类活动与水发生关系时所产生的以水为载体的各种文化现象的总和。水事观念和水事心理是水文化最基础、最核心的内容，它制约着人类在生存实践中与水相关的一切选择、一切愿望以及行为的方法和目标，从而调节和指导着人们具体的水事行为。通过水文化建设，可以培养广大群众树立自觉的爱水、惜水、节水以及高效用水的观念。建立水文化保障体系，就是要通过国民素质教育、社会宣传、艺术塑造等形式，引导民众对水生态保护的认同意识和参与意识。

第二节　保障措施

结合当前我国水资源开发利用和水生态保护形势，围绕水资源与水生态协调发展要求，提出以下保障措施。

一、加强河湖连通为主体的现代水网建设，完善水资源优化配置工程体系

通过水库、湖泊、河渠的连通，以自然水系为基础，以跨流域骨干输调水工程为骨干，以区域水系联网为补充，以先进的信息监测网络和决策支持系统为调度平台，以支撑涉水事务跨行业协同管理和为社会公众提供无所不在的个性化服务为手段，逐步构建起“城乡统筹、蓄泄兼顾、功能完备”的现代水网，基本实现“南北贯通、东西互济，蓄排结合、旱涝兼治，库河相连、河湖连通，信息管理、广泛服务”以及供水、防洪、生态等功能的融合。

在骨干调水工程基础上，加快建设配套工程和一批区域调配水工程、蓄水工程、雨洪水资源利用工程，尽早实现外调水与当地地表水、地下水的优化配置和联合调度。

一是继续推进水源工程建设。因地制宜地建设平原水库、山丘区水库和地下水库等；

调整地下水开采布局，在加大超采区限采、禁采措施的基础上，科学合理地建设一批地下水开采工程；加快非常规水源的开发利用，推进海水淡化及其直接利用工程实施，积极推进污水处理和中水回用工程建设，扩大矿坑水、微咸水利用。

二是大力完善供水管网工程。合理布局建设供水管网，加大城乡供水系统改造力度，加快推进"农村供水城市化、城乡供水一体化"步伐，对规划建设的新城区，要优化供水管网布局，做到优水优用，高效节能；对于农村地区，则要加强集中供水水源及其备用水源工程建设，确保饮水安全；对便于实现城乡供水一体化的地区，建设"同源、同质、同网"工程，提高供水保证率和供水水质。

三是加快水质净化处理工程建设。针对各地水源及水质特点、城市和农村集中供水的需求，建设水质净化处理工程，保障饮水安全，利用多水源的优化调度实现"优水优用"。

二、全面推进节水型社会建设

解决水资源短缺问题，必须把建设节水型社会作为一项战略性和根本性措施，建立以需水管理为核心，以水权、水市场为基础的制度体系，形成有利于节水的体制机制，建立自律式发展模式，大力推行节约用水，不断提高水资源的利用效率和效益，实现水资源可持续利用，促进经济、社会和人口、资源、环境协调发展。

一是要完善节水型社会制度。从制度建设入手，建立以需水管理为核心，以水权、水市场理论为指导的节水型社会制度体系，全面落实最严格水资源管理制度，实施用水总量控制，遏制不合理用水需求，推动经济社会发展与水资源承载能力相协调。充分发挥市场作用，在搞好初始水权分配、健全相关监管制度的基础上，积极探索水权流转的实现形式，鼓励水权合理有序有效流转，优化配置水资源。从实际出发，本着全面强化节水的原则，在用水上限范围内，进一步制定、修订和完善居民生活、工业、农业等用水定额，强化节水考核管理，力争逐步接近或达到世界先进节水水平。

二是要大力推行全社会节约用水。在农业节水方面，在合理调整农业种植结构、大力推广农艺节水措施基础上，积极发展管灌、喷灌、微灌等高标准农业节水工程；在工业节水方面，要大力调整产业结构布局，实行计划用水，遵循循环经济发展要求，推广企业内部以及企业间的循环用水、中水回用、分质供水，推进各类企业实施节水技术升级改造；在生活节水方面，主要是搞好城市管网维护与改造，大力推广应用各类节水器具。

三、不断加强农田水利建设，提高农田灌溉用水效率

农业是用水大户，要以大中型灌区续建配套与节水改造和小型农田水利工程为重点，加强农田水利建设，通过提高农田灌溉用水效率来缓解农业缺水矛盾。

一是按照"耕地灌溉化、灌区节水化、节水长效化"思路，加强灌区续建配套与节水改造，减少沿途输水损失，提高田间灌溉水利用系数。

二是抓好小型农田水利建设。实施小型农田水利重点县建设，坚持山、水、林、田、路、村统筹规划，旱、涝、碱、沙、荒、污综合治理，加强小型农田水利建设，重点实施机井、塘坝、小型灌溉泵站、引水堰闸等小水源工程建设，灌区末级渠系改造，小型灌区节水改造，小型

排水泵站、排水沟建设，高效节水灌溉及雨水集蓄利用等。平原区建设完善灌排体系，山丘区大力开展小水窖、小水池、小塘坝、小泵站、小水渠等“五小”水利工程建设，改善农田灌溉条件。整合农业开发等涉及农田水利项目，建设“旱能浇、涝能排”的高标准农田。

四、推进水生态保护和水环境治理

水生态保护和水环境治理是消除、避免人类活动对水资源与水生态系统伤害的主要途径，也是转变经济社会发展方式、促进水生态文明的重要任务。

一是按照“政府主导、社会参与、统筹治水”思路，加强生态水系建设，推进生态脆弱河流和地区水生态修复，改善生态环境。加强河道整治、河道建闸和河岸绿化等河道生态治理工程建设；开展以生态补水为核心的生态湿地恢复工程；加强综合治理，改善大中型水库周边生态环境；大力发展集防洪供水、旅游休闲、娱乐观光于一体的水利风景区；实施入海河口综合整治，打造生态海岸；加快污染严重河湖水环境治理，保护和改善生态环境。

二是加强地下水环境保护。加大地下水超采区和海水入侵区治理力度。依托现代水网，因地制宜，建设地下水回灌补源、地下水压采水源替代、灌浆截渗等工程，补充涵养地下水源，改善地下水生态环境。实施报废机井封填处置工程，启动实施地下水污染防治工程，开展地下水保护试点建设。

三是大力开展水土流失综合治理，以大流域为骨干、小流域为单元，山、水、林、田、路、村统一规划、综合治理，在坡面建设梯田，配套水系工程和水土保持措施，加强蓄水拦沙工程建设，进一步遏制水土流失。积极推进生态清洁小流域建设，开展坡面和沟道治理，强化面源污染防治，实施生态修复，加强雨水拦蓄，建成林茂粮丰、环境优美的生态农业区。积极开展城市水土保持，重点加强水源涵养区水土流失综合治理。强化开发建设项目水土保持工程建设及其监测工作，降低人为水土流失强度。

五、建立实施水生态补偿制度

水资源的开发可能引起水生态退化，在缺乏水生态补偿的情况下，水资源开发成为少部分地区、少部分用户的红利，不利于水资源与水生态协调发展。因此，应当尽快建立相应的水生态补偿制度，将水资源的开发利用与水生态保护紧密地联系起来。

一是要建立和完善有利于水生态补偿的收费体系。需要根据各地经济发展水平和水资源现状，适当提高水资源费、排污费、水土保持设施补偿费标准，建立环境税和生态补偿保证金制度，完善水价形成机制，进而从提高的收费增量中收取一定比例的费用，用于水生态补偿。

二是建立有利于水资源和水生态保护的财政转移支付制度。应当在转移支付项目中涵盖或补足水生态补偿项目，通过设立专项基金或奖惩机制使用水横向转移支付纵向化，确保水生态补偿获得长期的资金来源。

三是完善水生态补偿资金的筹集渠道。实行补偿主体多元化，在以政府为主导的同时，推动金融机构、民间组织、环保社团、民间基金会等社会力量参与水生态补偿。

四是拓宽水生态补偿方式。国家制定优惠政策，支持在水生态保护区和水生态脆弱区设立生态型工业园区，对符合条件的进园企业提供税收、贷款、土地利用和供水供电等方面的优惠。流域的上下游之间，水生态脆弱地区及其周边区域，加强合作，加快经济融合与一体化发展，通过产业结构的优化升级来实现水生态补偿。

六、贯彻落实最严格水资源管理制度

认真贯彻落实最严格水资源管理制度要求，确定用水总量、用水效率和水功能区限制纳污总量控制红线，并建立用水总量控制制度、用水效率控制制度、水功能区限制纳污制度和最严格水资源管理责任与考核制度。同时，还要做好以下工作：

一是严格水资源论证与取水许可审批管理。严格建设项目水资源论证管理，推进规划水资源论证；进一步完善论证评审制度和程序，建立首席专家制度和完善的、固定的水资源论证程序；严格取水许可审批管理，实施取水许可区域限批制度，重点落实节水和污水处理"三同时"规定。

二是严格计划用水与用水定额管理。严格计划用水，加强对各类用水户的日常监督管理，依据用水定额按年度制订用水计划，并按期考核。对工业和服务业用水超计划或者超定额部分，要累进加价征收水资源费；对农业灌溉超计划取水的，相应核减下一年度用水指标。

三是严格计量收费。主要是加强水资源费的征缴，确保应征必征执行到位、征收标准执行到位、计量收费执行到位、票款分离系统使用到位、水资源费按规定使用到位。

四是严格水资源监测与评估。建立健全科学完备的监测体系，加强对用水总量、重点用水户和水功能区水质的监测，并针对监测成果进行科学评估，包括原始数据的可靠性分析、数据核实对比分析与误差分析、实际监测数据与控制指标对比分析、原因分析及意见和建议等，为下一年度或规划期的区域用水控制指标制定及地方各级政府和相关部门考核提供依据。

五是严格水资源管理责任考核。与各级组织部门协作，把水资源管理纳入当地科学发展综合考核体系；依法落实地方行政首长负责制，把考核结果作为评价各级政府执政能力和发展实绩的重要依据；建立对事故相关责任人的问责制。

七、构建有利于水生态文明建设的体制机制与制度

一是完善法制体系。结合水生态文明建设需要，加快修订出台相关地方法规和政府规章，特别是针对最严格水资源管理制度建设要求，尽快制定相关的配套法规文件，为落实三条红线控制管理提供法律后盾。建立集中独立的执法队伍，保障其执法的有效性和综合性，即执法队伍能够集中《中华人民共和国水法》、《中华人民共和国水土保持法》、《中华人民共和国水污染防治法》、《中华人民共和国防洪法》等水利根本大法的执法权力，并拥有相对独立的执法权属。

二是构建稳定的投入机制，多渠道筹集资金。大幅度增加财政投入，提高水利建设资金在固定资产投资中的比重；足额提取土地出让收益，进一步加大水利建设投入；足额筹集地方水利建设基金，并确保用于水利建设；用足用好村级公益事业，建设"一事一议"财政奖补政策，积极吸引农民群众投资水利建设；制定优惠政策，鼓励符合条件的水利投融资平台公司进行融资，支持社会资本进入经营性水利项目、参与水利建设；综合运用财政

和货币政策，引导金融机构增加水利信贷资金。

三是构建综合水价形成机制。加快推进农业水价综合改革步伐，农业灌溉逐步推行终端水价与用水计量收费，灌排工程运行管理费用由财政适当补助。探索实行农业定额灌溉、定额内用水享受优惠水价、超定额累进加价的制度；按照“补偿成本、合理收益、优化水价、公平负担”的原则，逐步提高水利工程城市供水和工业供水水价，实行基本水价和计量水价相结合的两部制水价；工业与服务业用水严格执行行业用水定额，逐步实行超定额累进加价征收水资源费制度，拉开高耗水行业与其他行业的水价差距；合理确定城乡居民生活基本用水量和基本水价，稳步推行阶梯式水价制度；合理确定中水水价，促进污水处理和中水回用，鼓励使用再生水。

四是恢复基层水利服务体系。以乡镇和小流域为单元，采取水利局派出机构、管理所等多种形式建立健全基层水利服务机构。在有条件的村庄选配村水利员，具体承担水情观测、供水服务和小型农田水利设施管护等职责。大力发展农民用水者协会、水利合作社、供水联合体等合作组织，鼓励用水户对工程维护、用水管理、水费收缴等实行自主管理。

五是深化管理体制改革，推进水务一体化管理。加强水资源统一管理，建立权威高效、集中统一、城乡统筹的水资源管理体制，依法对地表水、地下水、空中水、区域外调入水等各类水资源统一规划、统一调度、统一配置。统筹安排生活、生产和生态用水，统筹城乡供水、水资源综合利用、水环境治理、防洪排涝等涉水事务管理，促进水资源合理开发、优化配置、全面节约和有效保护。

八、推进水文化建设

文化是最稳定的意识形态，水资源与水生态协调发展、实现水生态文明，都必须加强水文化建设，提高公众的认同感和参与意识。

一是深入开展水利普及教育。建设水博物场馆、水文化雕塑等公共设施，开展水文化展览；将水文化教育纳入国民素质教育体系和中小学课程教育体系；依托水利风景区和经典水利工程等开展科普教育；建设水利行业示范基地、试验基地、示范园等，宣传新材料、新工艺、新设备和新技术；利用“世界水日”、“中国水周”，开展知识竞赛、问卷调查、社区公益服务、文艺演出活动，加强水知识、水文化宣传；邀请名家名导进行艺术创作，充分利用广播、影视、网络等途径，把治水实践中的新认识、新做法、新经验凝练提升为共同的文化认知，促进社会公众对可持续发展治水思路和现代水利的支持。

二是结合节水型社会建设引导全社会形成自觉节水的行为方式。引导人们自觉遵守水法规，逐步形成符合生态文明建设要求的水资源开发利用模式，引导全社会建立有利于水资源可持续利用的生产生活方式。树立人水和谐的理念，提高全社会的水资源意识、水生态意识、水危机意识、爱水节水意识。通过建设先进水文化，突破传统水利对人们思想的束缚，冲破制约和影响水利科学发展的体制性、机制性障碍，加快建立完善有利于水资源节约保护的法律和政策，推动全社会走上生产发展、生活富裕、生态良好的文明发展道路。

三是大力提升水利工程的文化内涵和文化品位。在水利工程建设中注重展现建筑美学，在保障工程安全的基础上，努力使每一处水利工程都成为独具风格的水利建筑精品，成为展现先进施工工艺和现代管理水平的典范。用景观水利的理念去建设每一个水利工程，实现水利与园林、防洪与生态、亲水与安全的有机结合，使河道成为人们陶冶性情的好去处，水利工程成为人们赏心悦目的好风景，水利风景区成为人们休闲娱乐的好场所。

四是要加强传统水文化遗产的发掘和保护。摸清传统水文化遗产的内容、种类和分布等情况，梳理出来龙去脉和具体特征。深入挖掘、科学梳理传统水文化遗产的科学内涵，特别是蕴含其中的先进思想、科学精神和正确价值观念等，努力寻找优秀传统水利遗产与现实水利实践相联系的结合点，使已有的历史文化内容在当代水利实践中得到传承和发扬。

下篇　技术应用

在人类活动日益繁复的情况下,完全期望依靠自然的力量来实现水资源与水生态的协调发展是不可能的,关键还是人类的态度及行动。一方面,人类要加强对自身行为的约束,既要避免对水资源的过度开发利用,又要避免对水生态的破坏;另一方面,人类要在充分利用大自然自我修复能力的基础上,辅助实施水生态修复。

山东是我国的人口大省、农业大省和经济大省,但水资源总量不足,人均水资源占有量仅为322 m^3,不足全国人均水资源占有量的1/6,仅为世界人均水资源占有量的1/25,远远低于国际公认的人均1 000 m^3 水资源量的临界值。长期以来,水资源供需矛盾十分突出,并因此引发了一系列水生态环境问题。为统筹解决水资源短缺、水灾害威胁、水生态退化等突出水问题,山东省在建立实施最严格水资源管理制度、建设多功能融合的现代水网、创建水生态文明城市等方面开展了大量的探索,并取得了成效。在此过程中,水资源与水生态协调技术的应用与推广发挥了重要作用。

本篇结合应用实例,从不同尺度介绍了促进水资源与水生态协调发展最具代表性的几项技术,希望能为广大读者带来启发。

第六章 山东省水资源与水生态概况

山东省是我国的人口大省、农业大省和经济大省,同时也是北方地区最缺水的省份之一。随着经济社会的快速发展,水资源短缺、洪涝灾害、生态退化等问题日益得到重视,现代水网建设及最严格水资源管理制度的实施为实现水资源与水生态的内在协调创造了条件,也使之成为开展水资源与水生态协调研究与技术应用的理想区域。

第一节 自然及社会经济概况

一、自然概况

(一)地理位置与行政区划

山东省位于我国东部沿海,地处黄河下游,分属黄、淮、海三大流域,地理坐标为东经114°47′~122°43′,北纬34°23′~38°24′。东部的山东半岛突出于黄海、渤海之间,隔渤海海峡与辽东半岛遥遥相望,东与日本、朝鲜半岛隔海相望。西部大陆部分自北向南依次与河北、河南、安徽、江苏4省接壤。全省南北最宽处距离约420 km,东西最长处距离约700 km,总面积约15.67万 km^2,占全国总面积的1.6%。

至2012年底,全省辖济南、青岛、淄博、枣庄、东营、烟台、潍坊、济宁、泰安、威海、日照、莱芜、临沂、德州、滨州、菏泽及聊城等17个地市。

(二)地形地貌

山东省东临海洋,西靠大陆,水平地形分为半岛和大陆两部分,其中部突起,为鲁中南山地丘陵区;东部半岛大部是起伏和缓、谷宽坡缓的波状丘陵,为鲁东丘陵区;西部、北部是黄河冲积而成的平原,是华北平原的一部分,为鲁西北平原区。鲁中南山地丘陵区是全省地势最高、山地面积最广的地区。主峰在千米以上的泰、鲁、沂、蒙诸山构成全区的脊背,北坡陡,南坡缓。中低山外侧,地势逐渐降低,为海拔500~600 m的丘陵,多为山顶平坦的"方山"地形。丘陵的边缘则是海拔40~70 m、地表倾斜的山前平原,最后没入平坦的华北平原中。鲁东丘陵区位于沭河、潍河谷地以东,三面环海,除少数山峰海拔在700 m以上外,其余大部分是海拔200~300 m的波状丘陵,土层较厚,气候温湿,利于农、林、渔、牧业发展。全区地势东北部和西南部较高,海拔500~900 m,中部最低,海拔100 m左右,为断陷平原带。除黄河三角洲与莱州湾沿岸外,滨海地貌都是以断裂上升和海积作用为主的海岸,滨海平原宽3~5 km。鲁西北平原区位于河湖带以西,黄河、小清河以北,环布于鲁中南山地丘陵区西北两面,地势低平,高程一般在50 m以下,仅西部地区在60~70 m。

山东省土壤类型分为山丘沙岭地、山麓冲积洪积黄土地、黄泛平原潮土地、涝洼黑土地和盐碱地五大类(水田除外)。

(三)水文气象

山东省降水量年际变化大,年内分配很不均匀,地区分布差异很大。全省多年平均降水量为679.5 mm,各地最大年降水量一般是最小年降水量的3~6倍。年降水量多集中于汛期6~9月,约占全年降水量的72.2%,尤其集中于7、8月。年降水量分布总的趋势是由东南沿海向鲁西北内陆递减,多年平均年降水量鲁东南为810 mm左右,鲁西北为550 mm左右。年径流的地区变化更为突出,多年平均径流深东南沿海高值区为260~300 mm,鲁西北平原和湖西平原低值区只有30~60 mm。地下水资源山丘区与平原区差别较大。各地降水量、水资源量的年际变化幅度较大,存在着明显的丰、枯水年交替出现的现象,连续丰水年和连续枯水年的出现也十分明显。山东省具有60年左右的丰枯变化周期,水资源的年内分配具有明显的季节性。全年降水量约有3/4集中在汛期;全年天然径流量约有4/5集中在汛期,特别是7、8月,甚至集中在一两次大暴雨、洪水中。

山东省地处中纬度,受海洋和大陆的影响,属暖温带大陆性季风气候区。夏季盛行偏南风,炎热多雨;冬季多偏北风,寒冷干燥;春季天气多变,干旱少雨多风沙;秋季天气晴爽,冷暖适中。全省年平均气温11~14 ℃,由南而北、自西向东递减。鲁西南平均气温多在13 ℃以上,济南、枣庄等地达14 ℃以上,胶东半岛、黄河三角洲最低,多在12 ℃乃至11 ℃以下。1月全省平均气温-1~-4 ℃,7月全省平均气温24~27 ℃。山东各地冬季最长,夏季次之,春、秋两季较短,无霜期一般为180~220 d。

(四)河流水系

山东省地表水系发育,境内主要河流除黄河横穿东西、大运河纵贯南北外,其他中小型河流密布全省,河网密度平均0.24 km/km^2。全省干流长度大于10 km的河流1 552条,分属黄河流域、海河流域和淮河流域(片)。河流类型大致可分为山溪性河流和平原坡水性河流两大类。鲁中南山地和鲁东半岛发育形成的河流均为山溪性河流;鲁北平原区和鲁西南平原区的河流均属坡水性河流。发源于境内的河流多为雨源性河流,雨季流量大、枯季流量小为其主要特征。尤其是发源于山丘区的河流,在雨季河水暴涨暴落,在枯季河水锐减甚至干涸。正是由于这种变化特点,在雨季往往造成严重洪涝灾害,在枯季则常常出现干旱缺水局面。

山东省湖泊主要分布在围绕鲁中山地的山前倾斜平原与黄泛平原交接的低洼地带。省内最大的湖泊为南四湖,其次为东平湖,在小清河沿岸尚有白云湖、芽庄湖、青沙湖、麻大湖等。

(五)水文地质

山东省的水文地质条件与区域地质构造和地形地貌条件,具有明显的一致性。在大地构造上,山东省隶属于中朝准地台。在漫长的地质演变过程中,经受了多次造山运动的影响,形成了一系列地质构造、地层建造以及地形地貌特征。根据基底、构造等特征,可将山东省划分为鲁东迭台隆、鲁中南台隆、鲁西北台坳三个Ⅱ级构造单元,各自构成一个大的水文地质区。

地层发育比较齐全,从老到新有:太古界的泰山群,太古界—元古界的胶东群和胶南群，元古界的粉子山群和蓬莱群，古生界的寒武系、奥陶系、石炭系和二叠系，中生界的侏罗系和白垩系，新生界的第三系、第四系。此外，还有不同时期发生的地质构造运动形成的各种类型的侵入岩和喷出岩。

区域水文地质条件的形成和分布受气候、地形、地貌、岩性、构造等多种因素的制约，地质构造是决定因素。从上述的地质构造概况可以看出，山东省水文地质条件非常复杂，大致可划分为鲁东、鲁中南和鲁西北三大水文地质分区，各区内水文地质条件复杂，现分述如下：

(1)鲁东水文地质区。该区在大地构造上属鲁东迭台隆，为沂沭深大断裂带以东部分。该区基岩广泛出露，形成低山丘陵。基底为太古界—元古界胶东群和元古界粉子山群、蓬莱群变质岩类，并伴有不同时期的火成岩类；盖层主要是中生界侏罗系砂页岩和白垩系火山相及河湖相碎屑岩类，新生界第四系松散岩类仅分布于山间盆地、河谷地带及滨海地带。该区地下水主要为基岩裂隙水和第四系孔隙水两种类型。

(2)鲁中南水文地质区。该区在大地构造上属鲁中南台隆，位于沂沭深大断裂带及其以西鲁中南山地。该区是山东省地势最高的区域，基岩广泛出露，形成中低山及丘陵。基底为太古界泰山群古老变质岩系；盖层有古生界寒武、奥陶、石炭、二叠系海相或海陆交互相沉积岩类，中生界侏罗系、白垩系，新生界第三系陆相沉积或火山相岩类，第四系则多为冲洪积的松散岩类。可溶性碳酸盐岩类广泛分布，是其主要的水文地质特征。

(3)鲁西北水文地质区。该区在大地构造上属华北台坳的一部分，为中朝准地台的断裂沉降带，沉积了巨厚的上第三系和第四系松散岩类，形成孔隙含水层。地貌形态主要为山前倾斜平原、黄泛平原和滨海平原。山前冲洪积平原主要分布于泰沂山北部和西部山前地带，由众多大小河流冲洪积扇组成，并逐渐过渡为黄泛平原。

二、社会经济概况

山东省是我国的重要省份之一，总体经济实力和社会发展水平居全国前列。至2008年年底，全省总土地面积15.71万km^2，耕地面积751.08万hm^2(合11 266.20万亩)，有效灌溉面积486.67万hm^2(合7 300.05万亩)。全省总人口9 417万人，其中农业人口5 860万人，非农业人口3 557万人。2009年，全省共完成地区生产总值31 072.06亿元，人均地区生产总值32 996元，工业总产值62 958.53亿元，粮食产量4 260.5万t。2008年，全省农作物总播种面积1 076.40万hm^2，复种指数1.75，基本上是一年两熟或两年三熟。农作物生产主要包括三大部分：一是粮食作物，总产量居全国第二位。在粮食作物中，小麦是全省种植面积最大、总产量最高的作物，玉米次之，甘薯是第三大粮食作物。此外，还种植少量的水稻、谷子、高粱、大豆等。二是经济作物，主要是棉花和花生。三是其他作物，其中主要是蔬菜。

山东省境内交通发达，京沪、京九铁路贯穿南北，胶济、新日铁路横亘东西，蓝烟、桃威铁路纵横半岛，国家级、省级、乡间公路交错成网，海运、空运、陆运形成立体交通网络。山东半岛伸入渤海、黄海之间，面向太平洋，背靠欧亚大陆，是东西海陆纵深交通和南北陆路交通的重要枢纽。

第二节　水资源开发利用状况

一、水资源状况

(一)水资源量

山东省水资源的补给来源主要为大气降水,赋存形式为地表水、地下水和土壤水,可以通过水循环逐年得到更新。黄河是山东主要的客水资源,南四湖是山东最大的湖泊。另外,非常规水源主要包括雨洪水、矿井水、海水和污水处理回用水等。山东省多年平均降水量为679.5 mm,折合水量1 060亿m^3。多年平均河川径流量(地表水资源量)为198.26亿m^3,多年平均地下水资源量为165.46亿m^3。扣除地表水、地下水重复计算量,全省多年平均水资源总量为303.1亿m^3。

(二)水资源基本特点

1. 水资源总量不足,人均和亩均水资源占有量偏低

山东省当地淡水资源总量为303.1亿m^3,仅占全国水资源总量的1.1%,却养育着占全国7.1%的人口,灌溉着占全国7.7%的耕地,生产着占全国10%的粮食,完成了占全国9.3%的国内生产总值。全省人均水资源占有量322 m^3,不足全国人均水资源占有量的1/6,仅为世界人均水资源占有量的1/25,居全国各省(区、市)倒数第三位。山东省人均水资源量远远低于国际公认的维持一个地区经济社会发展所必需的1 000 m^3的临界值,属于人均占有量小于500 m^3的严重缺水地区。山东省亩均水资源占有量为263 m^3,也仅为全国亩均水资源占有量的14.3%。山东省当地水资源总量不足,人均、亩均水资源占有量偏低,这是山东省水资源供需矛盾突出的主要原因之一。

2. 水资源地区分布不均匀

全省各地降水量、径流量和水资源量差别较大,地区分布不均匀。山东省的降水特点是山脉的南麓大于北麓,山丘区大于平原区。总的分布趋势是从鲁东南沿海向鲁西北内陆递减,从胶东半岛东南部向半岛西北部递减。多年平均降水量从鲁东南的810 mm向鲁西北地区递减到550 mm;胶东半岛南部年降水量达800 mm以上,高值中心区超过900 mm,而半岛西北部的莱州湾一带,降水量只有600~650 mm,部分地区低于600 mm。降水的高值区比低值区大60%以上。年径流的地区变化更为突出,多年平均径流深东南沿海高值区为260~300 mm,高值区达350 mm以上;鲁西北平原和湖西平原低值区只有30~60 mm。地下水资源分布,山丘区与平原区差别较大,其中地下水资源模数岩溶山丘区高达15万~20万m^3/km^2,一般山丘区仅为8.6万m^3/km^2;平原地下水资源模数全省平均为16.1万m^3/km^2。

3. 水资源年际年内变化剧烈,开发利用难度大

山东省各地降水量、水资源量的年际变化幅度较大,存在着明显的丰、枯水年交替出现的现象,连续丰水年和连续枯水年的出现也十分明显。山东省具有60年左右的丰枯变化周期,水资源的年内分配具有明显的季节性。全省1956~2000年多年平均降水量为679.5 mm,各地最大年降水量一般是最小年降水量的3~6倍。全年降水量约有3/4集

中在汛期;全年天然径流量约有4/5集中在汛期,特别是7、8月,甚至集中在一两次特大暴雨、洪水中。因此,水资源开发利用难度较大。

4. 黄河水是最重要的客水资源,但黄河入境水量和可利用量有逐年减少的趋势

黄河客水资源的开发利用,在山东省国民经济和社会发展中发挥了巨大的作用。由于受流域降水丰枯变化和流域内引黄用水量逐年增加的影响,黄河下游来水量呈减少趋势,特别是进入20世纪90年代,平均入山东省水量骤减至222亿 m^3,比多年平均减少了42.4%,随着国家西部大开发战略的逐步实施,黄河上中游的引黄水量将大幅度增加,山东省黄河来水量可能会继续减少。自1999年小浪底水库运行以来,黄河下游实行了水资源统一管理,小浪底水库的建成运用对黄河下游山东段水资源的影响主要表现在两个方面:一是由于水库库容较大,受其调节影响,黄河下游汛末及冬季来水减少,春季来水增多,有利于下游水资源的开发利用;二是伴随水库的建成运用,引水条件明显改善,中游用水量将显著增加,虽然山东省引黄供水保证率有所提高,但是可引水天数仍受到上游河段用水影响。

二、水资源开发利用状况

(一)水利工程设施状况

根据《山东省第一次水利普查公报》,截至2011年底,全省共有水库6 424座、总库容219.18亿 m^3,其中已建水库6 408座、总库容215.98亿 m^3,在建水库16座、总库容3.20亿 m^3;共有设计蓄水量在10万 m^3 及以上的拦河闸坝1 181座,总设计蓄水量21.25亿 m^3;共有泵站9 396座,其中在规模以上泵站中,已建泵站3 033座,在建泵站47座;共有塘坝5.15万处,总容积12.30亿 m^3;窖池7.90万处,总容积389.56万 m^3;共有地下水取水井919.60万眼,地下水取水量共89.32亿 m^3;共有地下水水源地212处,其中特大型水源地1处(日取水量≥15万 m^3)、大型水源地12处(15万 m^3 > 日取水量≥5万 m^3)、中型水源地116处(5万 m^3 > 日取水量≥1万 m^3)、小型水源地83处(1万 m^3 > 日取水量≥0.5万 m^3)。

(二)供水状况

根据山东省2000~2008年水资源统计年报,山东省平均总供水量为229.30亿 m^3。其中,地表水供水量112.85亿 m^3,地下水供水量114.40亿 m^3,其他水源供水量2.05亿 m^3,分别占总供水量的49.22%、49.89%和0.89%。可见,山东省供水量中以地下水为主,地表水次之,而非常规水源的利用量仅占0.89%,见表6-1。

从供水总量统计结果来看,山东省近年来供水总量经历了下降再波动式缓慢上升的过程。其中,2003~2005年供水总量的减少得益于各类节水措施的推行,但2006年之后,随着社会经济的发展,社会需水总量缓慢增长,供水总量又重新处于波动式缓慢上升状态。这也表明,节水可降低需水总量的增长速度,但并不能阻止需水总量的增长。

(三)用水状况

山东省2000~2008年平均总用水量为226.47亿 m^3,其中农业、工业、生活、生态环境用水量分别为171.91亿 m^3、29.00亿 m^3、23.80亿 m^3、1.76亿 m^3,分别占总用水量的

表 6-1　山东省 2000 ~ 2008 年供水量统计　（单位：亿 m^3）

年份	地表水供水量	地下水供水量	其他水源供水量	供水总量
2000	114.40	131.81	3.25	249.46
2001	115.60	133.71	2.30	251.61
2002	117.66	132.96	1.77	252.39
2003	104.12	113.95	1.27	219.34
2004	106.28	107.40	1.20	214.88
2005	106.70	102.67	1.65	211.02
2006	119.77	103.90	1.86	225.53
2007	115.59	101.98	1.98	219.55
2008	115.51	101.23	3.15	219.89
平均	112.85	114.40	2.05	229.30

75.91%、12.80%、10.51%、0.78%。可见，山东省用水量以农业用水为主，其次是工业用水，再次是生活用水，最后是生态环境用水，见表 6-2。

表 6-2　山东省 2000 ~ 2008 年用水量统计　（单位：亿 m^3）

年份	农业用水量	工业用水量	生活用水量	生态环境用水量	总用水量
2000	179.84	43.65	20.61	0.26	244.36
2001	187.40	41.92	23.08	0.34	252.74
2002	192.87	36.59	14.98	0.29	244.73
2003	162.54	27.96	23.92	1.38	215.80
2004	160.14	24.81	24.67	1.68	211.30
2005	161.73	18.38	25.17	2.37	207.65
2006	175.07	18.93	25.62	2.62	222.24
2007	164.81	24.12	27.42	3.20	219.55
2008	162.76	24.69	28.71	3.73	219.89
平均	171.91	29.00	23.80	1.76	226.47

（四）水资源开发利用程度与水平

据统计，2008 年全省当地地表水资源开发利用率达 29.68%、地下水资源开发利用率为 61.18%，当地水资源总体开发利用率为 52.82%，全省水资源开发利用率（含引黄部分)为58.89%。

2008年,山东省万元GDP取水量为68.4 m^3(当年价)或85 m^3(2005年不变价),万元工业增加值取水量为14.7 m^3(当年价)或18 m^3(2005年不变价),农业节水灌溉率为42.6%,灌溉水利用系数为0.56,与国内发达地区相比仍有差距。

第三节　水生态状况

本次研究仅从水质、水土流失、河流泥沙淤积、地下水超采、海水入侵等方面来介绍山东省水生态状况。

一、水质状况

随着山东省经济社会的发展,人口不断增加,大量的工业污水、生活污水未经处理直接或间接地排入河流、湖泊。同时,为提高农作物产量,大量施用的化肥、农药随地表及地下径流排入水体,污染水质。

(一)地表水质状况

1. 河流

根据2008年的河流水质监测资料,2008年共评价监测河段66个,总评价河长4 627.1 km。其中,海河流域徒骇马颊(河)区1 211 km,黄河花园口以下地区379 km,淮河流域沿海诸河区1 280.5 km,沂沭泗区1 756.6 km。全省地表水河流水质评价的全年期的超标(指超过《地表水环境质量标准》(GB 3838—2002)的Ⅲ类标准,余同)河长4 041.6 km,占总代表河长的87.3%,劣Ⅴ类代表河长为3 200.7 km,占总代表河长的69.2%。汛期的超标河长3 877.2 km,占总代表河长的83.8%,劣Ⅴ类代表河长为2 642.0 km,占总代表河长的57.1%;非汛期的超标河长为4 092.6 km,占总代表河长的88.4%,劣Ⅴ类代表河长为3 092.2 km,占总代表河长的66.8%。

由以上可以看出,山东省的河流水质污染严重,主要超标污染参数为高锰酸盐指数、氨氮、化学需氧量和溶解氧等。

2. 湖泊

南四湖上级湖的全年期和非汛期为Ⅳ类水质,汛期为Ⅴ类水质,主要超标污染参数为总磷、化学需氧量和五日生化需氧量。南四湖下级湖三个时期均为Ⅲ类水质。大明湖全年期和非汛期水质为Ⅳ类,汛期水质为Ⅴ类,主要超标污染参数为总磷、化学需氧量和五日生化需氧量。

3. 水库

依据2008年水库水质监测资料,共评价大中型水库30座。水质分类评价的全年期评价中,Ⅰ类水质水库有1座,占总评价水库的3.3%;Ⅱ类水质水库有8座,占总评价水库的26.7%;Ⅲ类水质水库有17座,占总评价水库的56.7%;Ⅳ类水质水库3座,占总评价水库的10.0%;劣Ⅴ类水质水库有1座,占总评价水库的3.3%。主要超标污染参数是总磷、化学需氧量、氨氮。

(二)地下水质状况

全省平原区总面积为73 720 km^2,地下水优于Ⅲ类的面积占本区评价面积的48.1%,Ⅳ类和Ⅴ类分别占35.1%和16.8%,水污染项目主要是氨氮、亚硝酸盐氮、铁、高锰酸盐指数、硝酸盐氮和挥发酚。山丘区总面积为79 176 km^2,地下水优于Ⅲ类的面积占本区评价面积的66.7%,Ⅳ类和Ⅴ类分别占17.8%和15.5%,水污染项目主要是硝酸盐氮、氨氮、亚硝酸盐氮。

二、水土流失状况

山东省第二次水土流失普查数据显示,至20世纪90年代末全省还有35 987 km^2的水土流失面积。结合该次普查以来历年水土流失治理及治理设施的保存状况可知,截至2010年底,全省仍有水土流失面积21 154 km^2,其中水力侵蚀面积19 216 km^2,风力侵蚀面积1 938 km^2。在水力侵蚀面积中,轻度侵蚀面积4 049 km^2、中度侵蚀面积8 432 km^2、强烈侵蚀面积5 337 km^2、极强烈侵蚀面积1 245 km^2、剧烈侵蚀面积153 km^2。风力侵蚀全部为轻度侵蚀,中度侵蚀和强烈侵蚀地区主要分布在沂蒙山区和鲁东低山丘陵地带。此外,随着全省经济社会的发展,各类开发建设活动日益增多,“五通一平”、土石方挖填、植被破坏、采土取料、弃土弃渣等活动对地貌扰动严重,且点式项目与线性项目交错分布,水土流失总体呈现面广量大的特点,大部分建设项目的建设区域全部扰动且土壤侵蚀程度在中度侵蚀以上,未来10年,因生产建设项目导致的水土流失面积将达到1 540 km^2/a,治理任务仍很艰巨。

三、河流泥沙淤积状况

山东省河流多年平均含沙量在0.2~3.0 kg/m^3。最大含沙量,山丘区为2.0~11.0 kg/m^3;鲁北平原区受引黄泥沙的影响,含沙量偏大,一般为10.0~60.0 kg/m^3,最大含沙量为马颊河王铺闸站,1981年短时间达142 kg/m^3。其他平原区含沙量较鲁北平原区小,多年平均含沙量为0.18~2.90 kg/m^3,上游的大于下游的。山东省河流悬移质输沙模数的变化范围一般为50~600 t/km^2,其中,鲁北平原区受引黄泥沙的影响,输沙模数变化较大,为50~100 t/km^2;湖西平原区受引黄泥沙影响,上游地区多年平均输沙模数为100~600 t/km^2,受引黄泥沙影响较小的地区一般在100 t/km^2以下;鲁中山区、胶东半岛中部山区的沂沭河、大汶河、泗河、潍弥河、胶河、十字河、峄城沙河、大沽河、东五龙河、大沽夹河等河流的中上游多年平均输沙模数为100~500 t/km^2;以上河流的下游区和小清河、胶莱河的干流区多年平均输沙模数在100 t/km^2以下。

泥沙造成了较为严重的淤积问题。一是河道淤积,如马颊河王铺闸—大道王闸,1971~2000年总淤积量达4 250万 m^3;徒骇河刘桥闸—堡集闸河段,1970~2000年累计淤积量6 320万 m^3;东鱼河张庄闸—鱼城站42 km长河段,1967年的纵断面为新开挖断面,比降为1/10 600,2000年张庄闸比开挖时河底抬高了2.3 m,鱼城站比开挖时抬高了1 m多。二是水库淤积,据山东省水文水资源局历年水库库区淤积实测资料分析,仅沂蒙山区冶源、跋山、许家崖、岸堤等四座水库,每年平均淤积量就有574万 m^3,使用13~17年,库容损失程度在4.1%~7.5%;大汶河上游最大的雪野水库,1959年兴建,1981年测淤时已淤积 926 万 m^3,年淤积量 46 万 m^3,占兴利库容的 8. 1%;新中国成立以来,山东水土流失比较严重的沂蒙山区已有 110 座小型水库、2 000 多座塘坝因泥沙淤平报废。在风沙区,流沙造成河渠塌坡、河道淤积,严重降低了河道输水及行洪能力。

需要强调的是,山东省全年引黄指标近 70 亿 m^3,引黄必引沙。引黄泥沙中只有 40% 左右淤积在沉沙池内,其余 60% 淤积在各级河渠中,特别是平原骨干河道,淤塞已相当严重。为保证引水,每年都组织清淤,清出的泥沙又堆积占压耕地,造成土地沙化。

四、地下水超采状况

山东省地下水位大幅度下降始于 20 世纪 70 年代末,地下水的严重超采,造成地下水位的持续下降,进而造成地下水漏斗区不断扩大。1979 年全省地下水漏斗区总面积只有 2 831 km^2,到 2008 年漏斗区面积达到 12 279 km^2,扩大了 9 448 km^2,平均每年扩大 326 km^2。2008 年末,全省漏斗区面积最大的仍是淄博—潍坊漏斗,面积为 5 370 km^2,比 1979 年扩大了 3 966 km^2,漏斗中心地下水位埋深为 39. 14 m,比 1979 年加大了 11. 60 m;其次是莘县—夏津漏斗,面积为 3 958 km^2,中心地下水位埋深为 21. 63 m。此外,还有宁津地下水漏斗区,面积为 1 549 km^2,中心地下水位埋深为 16. 65 m;济宁—汶上漏斗,面积为 997 km^2,中心地下水位埋深为 13. 68 m;单县地下水漏斗区,面积为 405 km^2,中心地下水位埋深为 7. 79 m。

由于大量超采地下水,地下水位不断下降,在许多地方产生了地面沉降和塌陷,造成了地面和房屋裂缝、道路毁坏及河坝皲裂等危害。如济宁市区周围,自 20 世纪 80 年代中期已发现地面沉降,据 1988 ~ 1992 年水准测量结果,沉降面积达 79 km^2,最大沉降量为 109 mm,平均每年地面沉降范围向外扩展约 6 km^2,沉降中心下降速率为 26. 5 mm/a,地面沉降已引起房屋裂缝、地面塌陷等后果。1981 年,为解决青岛市区的用水问题,在大沽河两岸大量抽取地下水,致使 150 km 长的河堤上有 97. 9 km 出现皲裂和 231 个陷坑,影响了河道的行洪安全。

地下水超采,还导致机井大批报废,设备不断更新,经济损失巨大。由于地下水位的大幅度下降和漏斗区面积的不断扩大,原有的水井和机泵设备大批报废,水井由浅水井改为深水井,离心泵改为深水泵和潜水泵,出现了三代井、四代井,而出水量越来越少,不仅造成了原有设备的浪费,而且加大了能源消耗,提高了运行成本。

济南素以"泉城"闻名,1965 年前市区四大泉群,有泉眼 119 处,日涌水量 19 万 m^3 以上。由于大量开采地下水,1976 年后泉群日涌水量降至 9 万 m^3,并开始出现断喷现象,而 20 世纪 80 年代后期至 90 年代,泉水除汛期偶尔发生喷涌外,其余均长期无泉涌。泉水枯竭,破坏了泉城的自然景观,导致生态环境恶化,旅游资源遭到极大破坏。近几年,由于降水较丰富,并采取了"保泉"的各种措施,泉水又恢复了持续喷涌的状态。

五、海水入侵状况

山东省海岸线长达 3 121 km,北起与河北省交界的漳卫新河,南至与江苏省交界的绣针河口,以长山岛和蓬莱阁的连线为界,分属于渤海和黄海两大海域。滨海平原除去滨州市的黄泛平原,主要涉及东营、潍坊、烟台、威海、青岛、日照 6 个市的 29 个县(市、区),土地总面积 3.74 万 km^2，约占全省土地总面积的 24%。山东省海水入侵主要分布在滨海平原地区。根据地域大致可分为莱州湾南岸海水入侵区、莱州湾东岸海水入侵区和胶东滨海平原及河口海水入侵区，2005 年海水入侵面积达 1 141 km^2，如图 6-1 所示。

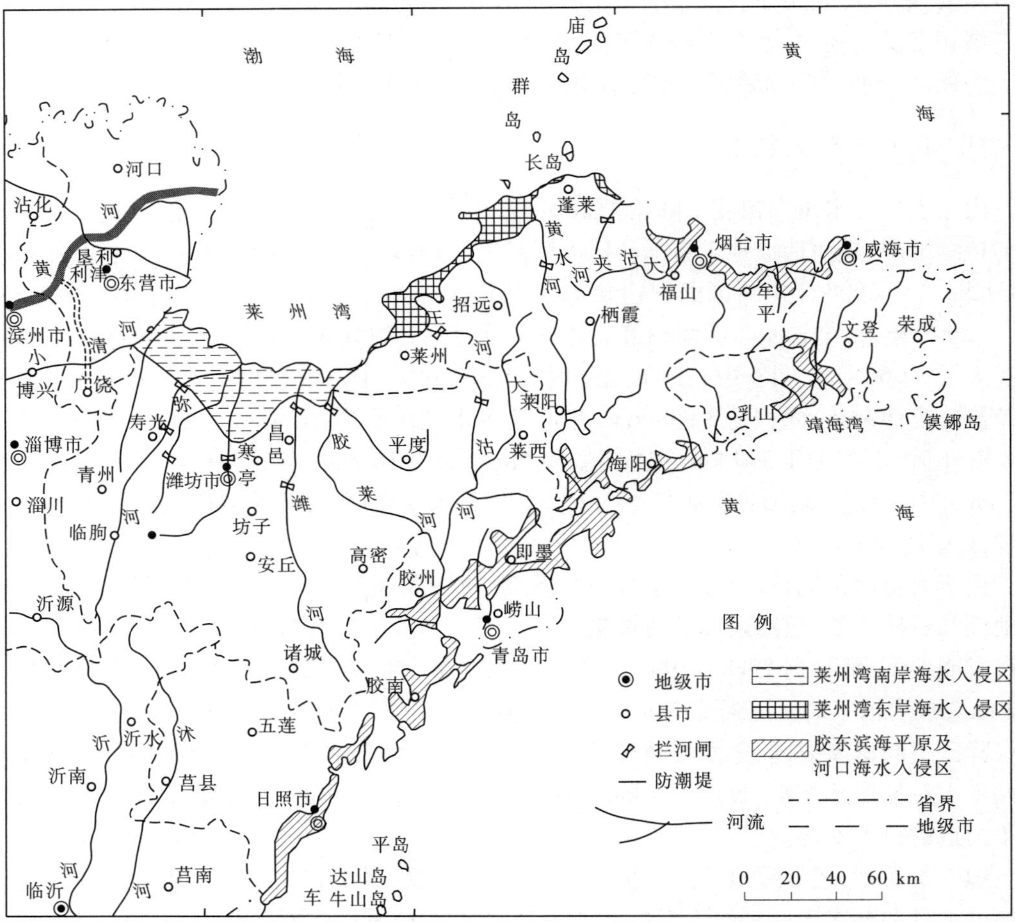

图 6-1　山东省海水入侵分布分区图

（一）莱州湾南岸海水入侵区

莱州湾南岸海水入侵区自西向东横跨广饶、寿光、寒亭、昌邑至平度新河—灰埠、莱州的土山，呈弧形展布于莱州湾南岸。近年入侵的前锋线（Cl^- 浓度为 250 mg/L 的等值线）大致在广饶寨村—颜徐、寿光市台头—赵家庄—南仉庄、寒亭区南村—固堤、昌邑北兴福—柳疃—姜伯—金山—卜庄、平度三苗家、莱州大泥河—海郑—虎头崖一线，入侵带平均宽度 3 km 左右，昌邑北部最大约 8 km。

（二）莱州湾东岸海水入侵区

莱州湾东岸海水入侵区呈南西—北东向展布于莱州湾东岸，在莱州虎头崖与潍北平原咸水入侵区相连，包括莱州、招远、龙口及蓬莱的沿海地带。海水入侵前锋线大致在莱州市大原—过西—西由、招远老店、龙口黄山馆—沙埠于家—洼里—东羔、蓬莱聂家南一带。

（三）胶东滨海平原及河口海水入侵区

胶东滨海平原及河口海水入侵区散布于除上述两区外的胶东一些重要河流河口扇及其附近地段，包括烟台大沽夹河和牟平辛安河—沁水河下游地区、青岛市白沙河—城阳河下游地区、青岛市大沽河下游地区以及其他河口平原地区。

第四节　水资源与水生态面临的挑战

山东省是我国东部沿海大省，2010 年全省实现国内生产总值（GDP）3.94 万亿元，居全国第三位，人均地区生产总值突破 6 000 美元。当前，黄河三角洲高效生态经济区和山东半岛蓝色经济区上升为国家战略，省会城市群经济圈、鲁南经济区、沿黄经济带发展也在扎实推进。面向未来，山东省已经描画出迈向现代化的宏伟蓝图。然而，随着经济和社会的快速发展，山东省水资源供需矛盾日趋突出，水资源开发利用与水生态环境保护修复间出现了诸多不协调的现象，水质污染、水土流失、地下水超采、海水入侵等已成为当地可持续发展的"瓶颈"因素。可以说，如何实现水资源与水生态的协调发展，已经关系到全省的水安全大局、经济发展大局和社会稳定大局。

然而，要实现水资源与水生态协调发展却面临诸多的挑战，包括但不限于以下方面：

（1）有限的水资源未得到合理高效的利用，尚未实现水资源的优化配置；

（2）非常规水资源开发利用不足，局部却出现了超采地下水、超引过境水等现象，甚至引发了严重的水生态问题；

（3）水生态保护与修复取得进展，但水污染形势依然严峻，地表水功能区达标率有待进一步提高；

（4）水利工程建设稳步推进，但融合"防洪、供水、生态"等多功能的水网工程体系仍需进一步构建完善；

（5）最严格水资源管理制度基本建成，但如何贯彻落实并产生实效还有待更细致的实践检验和完善；

（6）节水型社会建设得到普遍认可，但如何将相关的节水技术应用于生活和生产的各个环节仍需进一步强化；

（7）水管理粗放、体制机制不健全等与日趋严重的水安全危机不相适应，在很大程度上阻碍了水资源与水生态内在协调发展机制的形成。

面向未来，山东省应当抓住当前水生态文明建设的大好机遇，从重塑水资源与水生态关系、促进其协调发展入手，以水资源的可持续开发利用和水生态的有效保护修复支撑经济社会的可持续发展。

第七章 工业企业水资源与水生态协调监控技术

工业企业是社会经济系统中集中用水大户和排水大户，特别是工业生产的多样性造就了用水工艺及排放污废水污染物质组成的多样性，解决好工业企业水资源利用各环节对水生态的影响问题，是实现区域水资源与水生态协调发展的最基础工作。这项工作的关键在于实施工业企业用水环节的监控，而循环经济理论是其指导依据。

第一节 循环经济与工业企业水资源利用

循环经济发展能够缓解水资源短缺和保护水生态环境，是实现水资源高效及可持续利用的必然选择。众所周知，水是人类和一切生物赖以生存与发展的物质基础，同时水资源又是十分有限和稀缺的，因而需要按照循环经济的基本理论要求进行科学的、可持续的开发利用。2009 年，我国《循环经济促进法》正式实施，要求加强水资源利用与管理，规定国家对用水量超过国家规定总量的重点企业，实行水耗的重点监督管理制度，国务院循环经济发展综合管理部门牵头制定重点用水单位的监督管理办法；工业企业制订并实施节水计划，加强节水管理，产业园区企业进行水的分类利用和循环使用；提高水的重复利用率，鼓励和支持废水再生利用；推广节水灌溉，发展节水农业。

在水资源—生态—社会经济复合系统中，水的循环是一个统一整体，包括自然水循环系统和社会经济水循环系统。自然水循环是自然界的水在水圈、大气圈、岩石圈和生物圈中通过各环节连续运动的过程；社会经济水循环是社会经济系统中水资源开发利用各环节形成的水体运动过程。社会经济水循环系统的主要组成是给水、用水和排水 3 个子系统。循环经济作为一种生态型经济模式，运用于给水、用水和排水等子系统，优化社会经济水循环系统结构，节约保护水资源，形成水的健康循环。这就是说，人类根据水资源承载力（Water Resources Carrying Capacity，简称 WRCC）安排取水，并控制水足迹（Water Footprints）增长，使水的社会循环不损害其自然循环，流域水环境系统结构特征与功能不发生变化。同时，按照循环经济理念来发展，各种物质资源循环利用，其废弃物减少到最小限度，不仅能够保护水生态环境，而且还减少树木砍伐、矿藏开采和土地开垦，以保护地球自然景观和水的自然循环。可见，循环经济是人类对自身经济活动过失导致环境与资源约束问题认识的一种反省，是人类生态自然观的重要实践，也是对水资源高效利用与生态环境保护的必然选择。

第二节 工业企业水资源与水生态协调的基本原则

工业企业是发展循环经济的主力军，因而遵照循环经济理论要求实现水资源与水生态协调发展也最具必要性。在此过程中，工业企业需要遵循减量、回用及再生等三大原则。

一、减量原则

所谓减量，就是不断改善工艺或增强非常规水资源利用能力，尽可能少地从自然系统中取用淡水资源。其中，非常规水资源包括中水、海咸水、雨洪水等，中水和海咸水利用在山东省具有很大潜力。

工业企业通过工艺改造能够减少取用水量。近年来，山东省政府根据全省水资源实际和工业结构特点出台了一系列政策措施，引导产业结构调整，鼓励更新改造高耗水工艺设备。2005 年，全省万元 GDP 取水量减少至 125 m^3，万元工业增加值取水量 29 m^3，实现了增产增效不增水。2009 年，全省万元 GDP 取水量减少至 72 m^3，万元工业增加值取水量减少到 21 m^3。参照国内外先进标准，制定行业用水定额和节水标准，对工业企业全面实施计划定额用水和超计划累进加价管理。

开发利用非常规水资源，也是坚持减量原则的重要措施之一。山东省在海咸水利用方面具有得天独厚的条件，其中东部半岛地区海岸线全长达 3 121 km，占全国海岸线的 1/6；在鲁西北平原和北部滨海平原有 18 091 km^2 的微咸水和咸水区，约占全省平原总面积的 25%。根据国家海水利用发展规划，山东省引导扶持工业企业利用海水，发展海水淡化产业。山东黄岛发电厂是我国最早进行海水淡化的企业之一，2004 ~ 2006 年，先后有两台日产3 000 t 海水淡化设备投入使用，成为全国首家全部利用淡化海水的发电企业。随着一批大型电厂采用淡化海水发电，山东省电力发展和水资源短缺的矛盾得到缓解。此后，华能威海电厂海水淡化工程、山东石岛水产集团有限公司刘公岛海水淡化项目先后建成投产，2005 年海水淡化能力达到 1.8 万 t/d，接近市区日用水量的 1/5。截至 2006 年底，山东省海水直接利用量超过 20 亿 m^3，建成海水淡化工程 17 处，日淡化海水 3.5 万 m^3，占全国淡化水量的 1/4。根据山东省海水开发利用发展规划，2020 年海水淡化能力将达到 45 万 ~50 万 m^3/d，年直接利用海水 245 亿 m^3。

二、回用原则

所谓回用，就是在满足水质要求的前提下实现企业内部、区域企业间或生态园区企业间水资源的循环利用。

一是在企业内部建立水循环系统，从而加大水资源统筹循环利用能力。例如济南钢铁集团总公司（简称济钢，下同）探索确立“分质供应、分级处理、温度对口、梯级利用、小半径循环、分区域闭路”的分布式治理模式。根据各工序工艺要求，组成新水、软水、净环水、浊环水、生活处理水、回收再用水等 6 个质级，制氧、轧钢、炼钢、炼铁等 17 个小系统循环、13 个区域闭路的分布式水治理格局，水重复利用率由 90.3% 提高到 97.3%，实现了闭路循环用水和污水零排放。“九五”以来，济钢年产钢增长 5 倍多，而耗新水仅增长 8.8%。2005 年，济钢被国家发改委、环保总局、科技部等 6 部委确定为发展循环经济第一批试点企业，2007 年吨钢综合耗新水 3.36 m^3。

二是在区域企业间开展水资源循环利用。针对有些企业废水处理后形成中水，经利用后仍有大量剩余的情况,青岛市崂山区探索出了水资源区域循环利用的成功经验。该地区分地段建立企业间中水循环利用系统,将食品企业使用后剩余的中水用于机械、电子行业。如可口可乐、顶益和顶津等食品企业的废水经处理后,被青岛欧特美交通设备有限公司、青岛朗讯科技通讯设备有限公司利用;青岛啤酒第五公司剩余的中水供给崂山玻璃有限公司冲洗碎玻璃和其他企业进行再利用。2006 年,崂山区规模以上工业企业水重复利用率仅为 69.27%,低于青岛市全市的平均水平;由于建立企业间水循环,2007 年,崂山区规模以上工业企业水重复利用率提高到 74.10%,高于青岛市全市的平均水平 0.28 个百分点。

三是实施生态园区水资源梯级循环利用。依据循环经济原则,规划和建立入园企业水资源循环利用链接关系,把上游企业产生的“废水”转化为下游企业的原料,实现园区废水零排放。2005 年,烟台经济技术开发区万元 GDP 取水量 11.7 m^3,是生态市标准的 7.7%,万元 GDP 的 COD 排放量 1.73 kg,是生态市标准的 43.3%,被联合国环境规划署列为中国工业园区环境管理试点区域。山东潍坊滨海经济开发区创造了海水“一水五用”,实现区域废水再生资源化闭路循环,即海水首先被用来养殖贝类、鱼虾等海产品;初级卤水放牧卤虫;中级卤水和抽取的地下卤水先送纯碱厂、硫酸钾厂等供工艺冷却,吸收了化工废热之后的卤水送到溴素厂吹溴;吹溴后的卤水送到盐场晒盐;晒盐后的卤水送到硫酸钾厂、氢氧化镁厂生产硫酸钾、氯化镁、氢氧化镁等产品。

三、再生原则

所谓再生,就是对废污水进行处理,尽可能实现资源化利用,减少对生态环境的损害。再生的过程就是废污水资源化利用的过程。

发电、煤矿、造纸及化工等企业废污水经深度处理,均可以实现资源化循环利用。较成功的例子有:山东黄岛发电厂每天收集工业废水及生活污水约 4 000 m^3,全部进行资源化利用,实现厂区废污水对外零排放,仅此一项每年节省排污费 50 多万元,年收益 120 万元;兖矿集团兴隆庄煤矿于 2006 年建成污水资源化综合利用工程,矿井水全部回收利用,年综合利用中水 430 万 m^3、COD 减排达 150 t,节约水资源费 280 万元;山东贵和显星纸业有限公司建成废水深度处理工程,废水处理后 90% 回用于生产,吨纸耗水由 24 m^3 降到 4.7 m^3,年节约清水 440 万 m^3,COD 减排 355.3 t。

另外,工业污水资源化后还可用于农业灌溉。由于一些污水处理要达到工业利用标准成本高、技术难度大,而达到《农田灌溉水质标准》(GB 5084—2005)却成本相对低,技术难度也较小。同时,有些工业用水需要去除的物质往往对植物具有营养价值。工农业结合发展,提高水资源利用率,可以降低农业生产成本。山东泉林纸业有限责任公司污水达标处理后用于农业灌溉,形成分流处理资源化模式。首先,对企业生产产生的黑液进行高浓度提取和 3 个等级过滤,黑液提取率达 90% 以上,实现黑液达标处理,并资源化(用作农业灌溉及肥料);其次,对生产过程中含有难溶物质的中段水进行预处理和氧化塘深度处理,排放水 COD 达到 150 mg/L 以下,符合《农田灌溉水质标准》(水作、旱作),用于灌溉;再次,利用污水处理分离的难溶物质——木质素,作为营养元素载体,成功研制木素肥,用于三倍体毛白杨林业基地,生产的木材又用于造纸。

第三节　工业企业水资源与水生态协调监测控制指标

一、控制指标体系

参照循环经济“3R”原则，兼顾简捷性、可操作性要求，建立工业企业水资源利用效率控制指标体系，用于对企业用水总量控制及取水许可管理。本次研究选取的指标包括单位产品取水量、单位产品取新水量、重复利用率以及排水率，其中单位产品取水量和单位产品取新水量用于反映企业用水减量化程度，重复利用率用于反映企业用水回用程度，而排水率用于反映企业用水再生程度。

（一）单位产品取水量

不同企业产品千差万别，其单位产品计量也各不相同，包括吨、米、件等多种形式。单位产品取水量用于反映企业生产某一产品的总体用水水平，其中取水量包括取自地表水（以净水厂供水计量）、地下水、城镇供水工程，企业自取的海水、淡化海水、再生水、企业内部再生水，以及企业从市场购得的其他水或水产品（如蒸汽、热水、地热水等），但不包括企业为外市供给的水产品（如蒸汽、热水、地热水等）而取用的水量。因此，单位产品取水量计算公式为：

$$V_{ui总} = \frac{V_{i总}}{Q} \tag{7-1}$$

式中　$V_{ui总}$——单位产品取水量，m^3/单位产品；

$V_{i总}$——在一定的计量时间内，生产过程中取水量总和，包括新水量和非常规水量，m^3；

Q——在同一计量时间内的产品产量。

（二）单位产品取新水量

单位产品取新水量用于反映企业生产某一产品取用新水的水平。在此状况下，取用新水量仅包括取自地表水（以净水厂供水计量）、地下水、城镇供水工程以及企业从市场购得的其他水或水产品（如蒸汽、热水、地热水等），不包括企业自取的海水、淡化海水、再生水、企业内部再生水以及为外市供给的水产品（如蒸汽、热水、地热水等）而取用的水量。因此，单位产品取新水量计算公式为：

$$V_{ui新} = \frac{V_{i总} - V_{i非常规}}{Q} \tag{7-2}$$

式中　$V_{ui新}$——单位产品取新水量，m^3/单位产品；

$V_{i总}$——在一定的计量时间内，生产过程中取水量总和，m^3；

$V_{i非常规}$——在一定的计量时间内，生产过程中取用的非常规水量，m^3；

Q——在同一计量时间内的产品产量。

（三）重复利用率

重复利用率用于反映企业生产某一产品过程中用水的重复利用程度。其计算方法为：

$$\begin{cases} R = V_{i重}/V_{i用} \\ V_{i用} = V_{i取} + V_{i重} \\ V_{i取} = V_{i耗} + V_{i排} \\ V_{i重} = V_{i串} + V_{i循} \end{cases} \tag{7-3}$$

式中　R——重复利用率,%;

$V_{i重}$——重复利用水量,m^3;

$V_{i用}$——总用水量,m^3;

$V_{i取}$——总取水量,m^3;

$V_{i耗}$——耗水量,m^3;

$V_{i排}$——排水量,m^3;

$V_{i串}$——串联回用水量,m^3;

$V_{i循}$——冷却循环水量,m^3。

(四)排水率

排水率反映企业用水过程对外排放废水的情况,其计算方法为:

$$P = V_{i排}/V_{i用} \tag{7-4}$$

式中　P——排水率,%;

$V_{i排}$——排水量,m^3;

$V_{i用}$——总用水量,m^3。

二、典型企业水资源与水生态协调评价

(一)典型企业概况

山东光华纸业集团有限公司始建于1978年,位于山东临沂市费县上冶镇埠后村南300 m,上冶镇驻地以南2 km,厂址距离费县县城13 km,2005年10月由恒联集团整体并购。恒联集团是一家多元化经营的综合性控股公司,现有职工1 000人,总资产3.5亿元,麦草制浆生产线1条,4台1760长网纸机、2台2640长网多缸纸机、1台880型和1台950型涂布纸机,形成制浆能力3.5万t,抄纸能力10万t,2006年实现利税7 000万元。该公司主要生产经营双胶纸、书写纸、电话号簿专用纸、静电复印纸、涂布原纸、铜版纸、卫生纸、离型原纸等。该公司自1994年起,先后建设了国内先进水平的麦草浆黑液资源化处理、碱回收治污节能工程和中段废水处理工程,实现了废水的达标排放。

2007年,该公司对原生产设施进行了技术改造。在原有制浆和抄纸车间生产规模保持不变的基础上,制浆车间现有日产100 t漂白麦草浆改造为日产100 t漂白麦草木片混合浆(淘汰原有的漂白麦草浆制浆生产线,建设一条日产30 t木片粗浆备料蒸煮生产线,建设一条日产90 t麦草粗浆备料蒸煮生产线,建设一条日产100 t漂白麦草和木片混合浆生产线)。将现有的一座日处理1.2万m^3造纸白水处理设施,改造建设为日处理1.2万m^3造纸白水同相流处理车间;将现有的一座日处理1.5万m^3废水深度处理厂,改造建设为日处理2.0万m^3废水处理厂,并且配套建设一座日处理2.0万m^3废水深度处理厂及公用配套设施等。

公司技术改造前后水量平衡图如图7-1、图7-2所示。

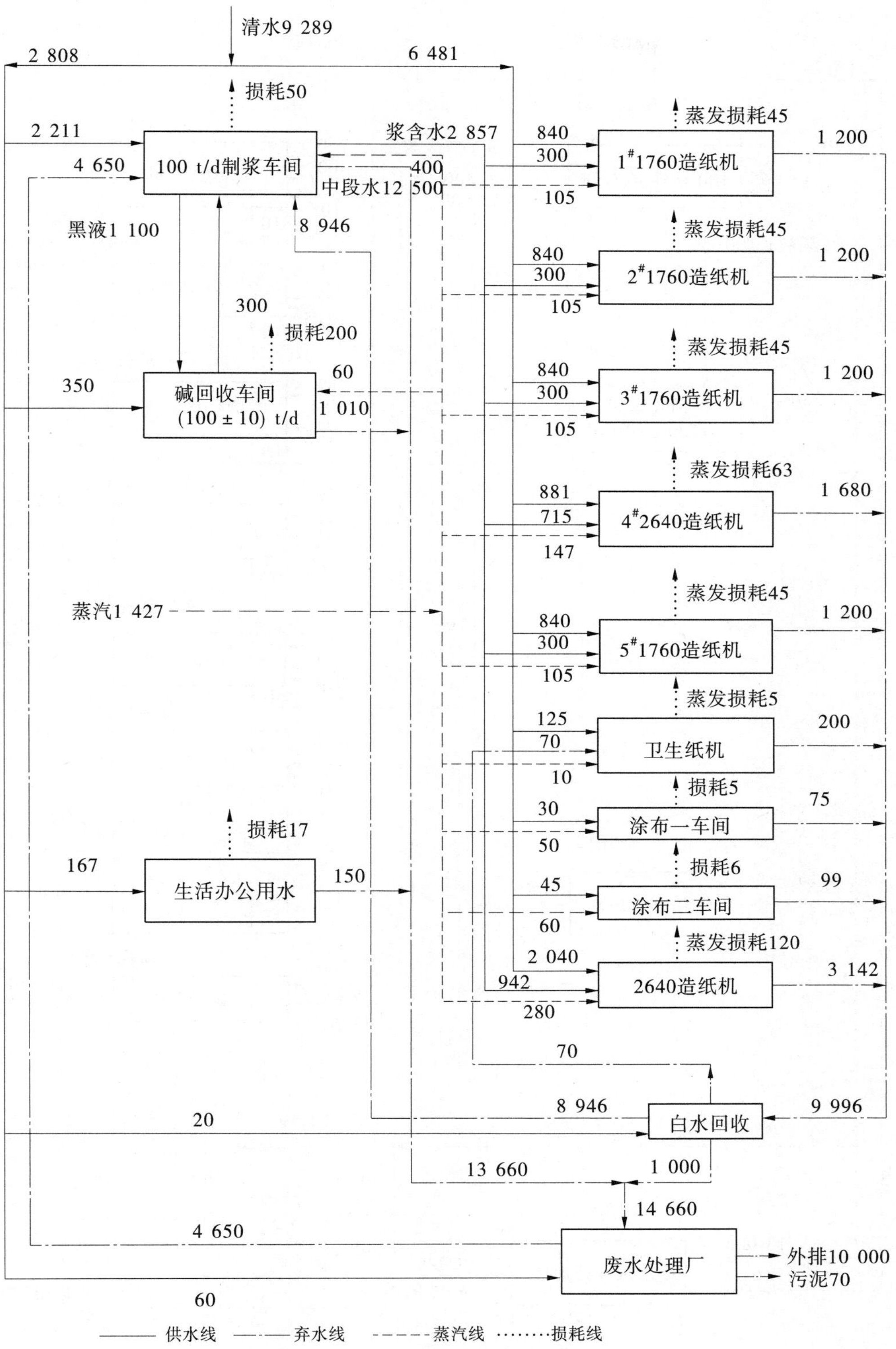

图 7-1　技术改造前水量平衡图　（单位：m^3/d）

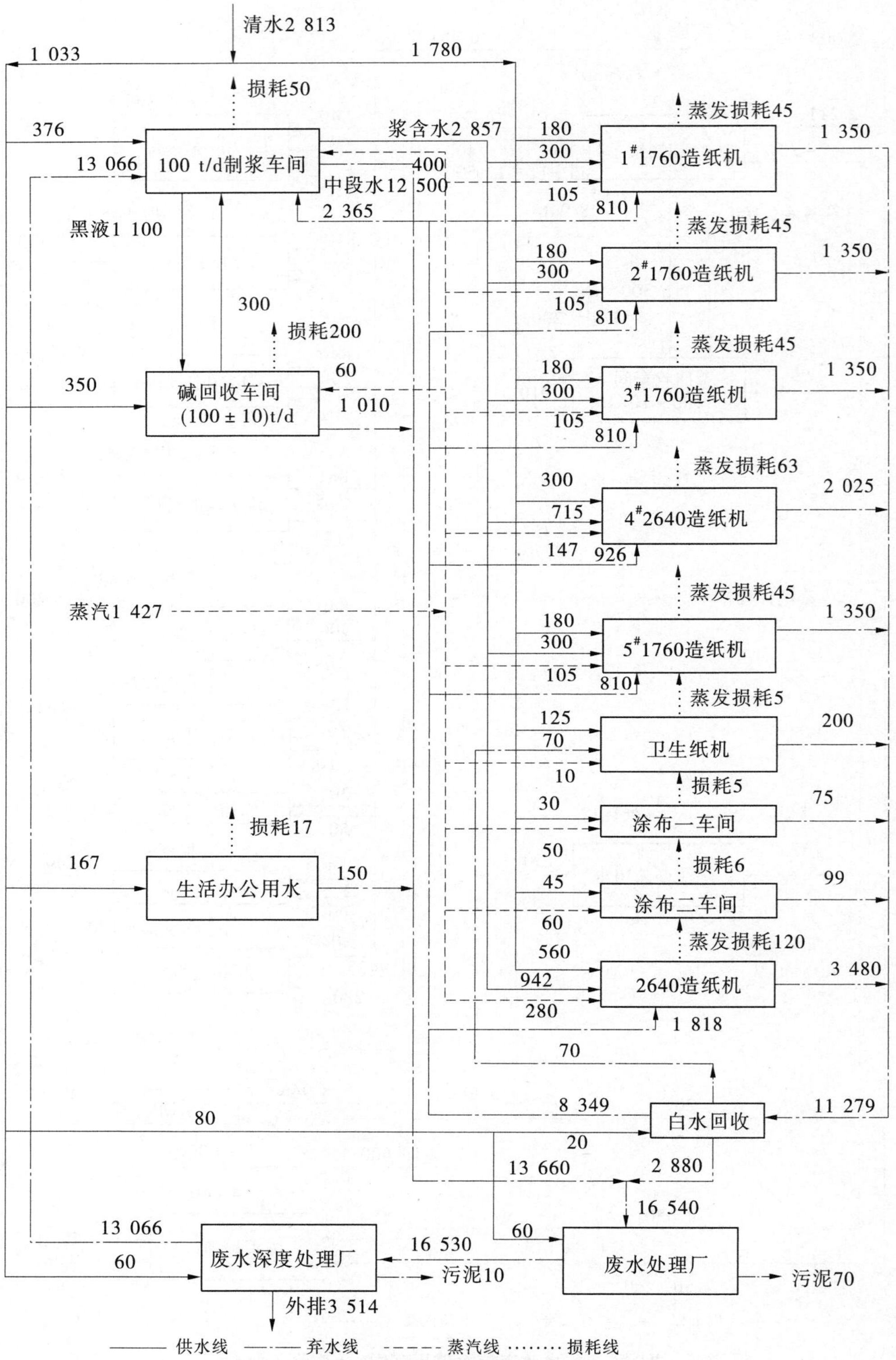

图 7-2　技术改造后水量平衡图　（单位：m^3/d）

(二)用水效率评价

根据建立的企业用水效率评价指标体系，对山东光华纸业集团有限公司技术改造前后用水效率进行评价，结果如表7-1所示。

表7-1　山东光华纸业集团有限公司技术改造前后用水效率评价成果

项目	单位产品取水量(m^3/t)	单位产品取新水量(m^3/t)	重复利用率(%)	排水率(%)
技术改造前	165.07	26.11	79.89	93.97
技术改造后	165.07	7.76	94.30	84.76

注:产品以制浆为例。

由评价结果可以看出，该公司通过技术改造，提高了水资源的重复利用率，降低了排水率；供水水源结构调整后，单位产品取新水量由26.11 m^3/t下降为7.76 m^3/t，降幅达70.28%，效果十分明显。同时，还应注意到，该技术改造主要是加强了对企业外排污废水的处理回用，产品生产环节的用水效率并没有提高，单位产品取水量在技术改造前后没有发生变化。另外，排水率在技术改造后仍达到84.76%，表明仍然具有扩大处理回用的空间。

依据上述评价结果，企业将有针对性地采取进一步的技术改造措施。

第八章　地下水源地开采控制红线技术

位于生态环境敏感地区的地下水源地，往往因地下水资源过度开采而诱发严重的水生态环境问题。为此，可根据关键的生态环境敏感因素来确定该水源地的地下水位控制红线。在地下水位触及红线之前，允许地下水资源的开采利用，以保障社会经济系统的正常供水需求；但当地下水位降低至控制红线时，就要以水生态保护为首要目标而实施严格的禁采措施。龙口市黄水河地下水库建成后，仍受海水入侵威胁，维持一定的地下水位是水生态保护的重要一环。该地下水源地开采控制红线的划定，正是以预防海水入侵作为主要的控制因素的。

第一节　黄水河地下水库概况

一、地理位置

黄水河地下水库建成于 1995 年，坐落在龙口市黄水河下游冲积平原上，距海岸线 1.2 km，总库容 5 359 万 m^3，最大调节库容 3 929 万 m^3，地下水库控制面积 52 km^2。库区涉及诸由观镇、兰高镇等。北面濒临渤海，以地下坝为界；东西两侧为低山丘陵，总的地形特征是东南高、西北低；南部为低山丘陵区，北部为山前平原，地面高程 1.7 ~43 m。具体位置如图 8-1 所示。

由于北临大海，加之地下水的超量开采，早在 20 世纪 90 年代初，黄水河地下水库所在区域就出现了 21.5 km^2 的海水入侵面积。因此，地下水库大坝被赋予了蓄水和阻止海水向南侵入的双重任务。根据《烟台市重点地下水源地地下水位警戒线划定成果》，黄水河地下水库地下水开采控制红线水位为 -2.7 m。但该红线对地下坝附近海水入侵的敏感性考虑不足，应当加以完善。

二、地层概况

库区地层出露从老到新依次为太古界胶东群、元古界蓬莱群、中生界白垩系、新生界第三系和第四系。

(1)太古界胶东群民山组(Ptljm)：花岗片麻岩，零星出露于库区东南侧岭高家附近。

(2)元古界蓬莱群(Pt)岩性以南庄组(Ptn)和香夼组(Ptx)为主，分别分布在库区的南端东解家村以及北沟—玲珑断裂以东残丘区。

(3)中生界白垩系下统青山组(Klq)岩性为安山凝灰角砾岩，含砾粗砂岩、细砂岩，零星出露于本区南端残丘区。

(4)中生界燕山期侵入岩($r_5{}^2$)岩性为花岗岩，分布于东南小宋庄一带。

(5)新生界下第三系黄县组岩性以黏土岩、砂岩、砂砾岩为主，零星出露于小河口村

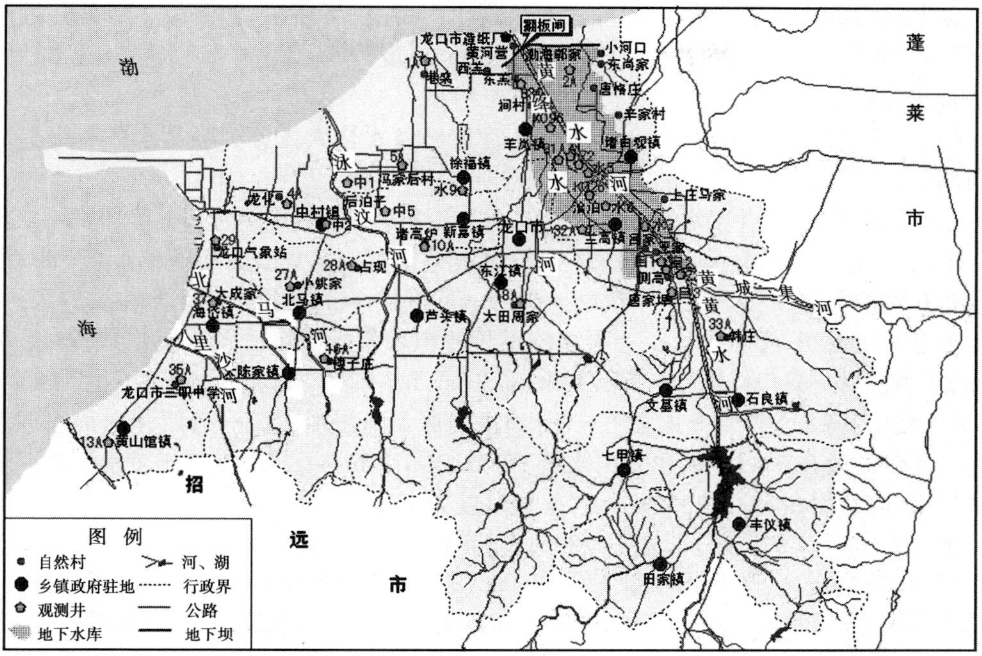

图 8-1　黄水河地下水库位置

及东羔村北玄武岩台地边缘。

(6)新生界上第三系唐棚组(Nt)岩性为砂砾岩，主要出露于北沟—玲珑断裂西侧曲家庄—洼沟一带。

(7)新生界第四系中更新统玄武岩分布于试驾庄—苏家沟—大姜家—冷王两玄武岩地。

(8)第四系松散堆积物(Q)，沿黄水河两岸呈连续分布，从海边沿河流上游长达 20 km，东起诸由观镇、西抵黄城，东西宽 5 ~ 6 km；堆积厚度不一，总厚度为 20 ~ 50 m。

三、含水层及富水性特征

黄水河地下水库库区内含水层为第四系孔隙潜水含水层，分布于黄水河河床、漫滩、Ⅰ级阶地、Ⅱ级阶地及黄水河故道内。

根据勘探资料，黄水河河床、漫滩、Ⅰ级阶地，含水层岩性主要为砾质粗砂，局部夹中、细砂薄层，呈松散—稍密状态，成分以石英、长石为主，该层厚 3 ~ 12 m；据抽水试验资料，渗透系数为 44 ~ 237 m/d，为强—极强透水层。其中，Ⅰ级阶地呈双层结构，上部为 1 ~ 2 m亚砂土、亚黏土，下部为砾质粗砂，局部夹淤泥质土。

黄水河两岸Ⅱ级阶地，含水层岩性主要为砾质粗砂，局部夹有卵砾石层及细砂薄层，成分以长石、石英为主；据抽水试验资料，渗透系数为 108 ~ 145 m/d，为强—极强透水层。

黄水河故道李程杨—冶基东一带，含水层岩性主要为含砾中粗砂，局部为卵砾石，中等密实，分选较好，层厚 1.7 ~ 5.5 m；据抽水试验资料，渗透系数为 28 ~ 130 m/d，为较强—强透水层。

含水层沿黄水河呈带状分布，其分布呈现出上游宽、下游窄，西部厚、东部薄，近河处厚、远河处薄等特点。区内宽度 1 000 ~ 6 000 m，厚度为 5 ~ 30 m。含水层以透水性微弱的基岩作为隔水底板。

根据含水层的厚度及岩性特征，地下水库库区富水性大体分为强富水区和中等富水区两部分：

（1）强富水区（单井出水量 > 1 000 m^3/d）广泛分布于黄水河床、漫滩、Ⅰ级阶地、Ⅱ级阶地内。其中，河东岸分布在魏家—西张家—诸由观—庄头—后柞杨—郭家一带；河西岸分布在沿泊—镇沙村—达善—清汶—涧村—黄河营一带，为区内地下水主要开采区，含水层由全新统冲积、海积堆积及上更新统洪积冲积堆积砾质粗砂含水层组成，厚度 10 ~ 30 m，在镇沙村—龙口电镀厂一带厚度超过 30 m，最厚达 37 m。沿河床两侧呈条带状分布，多埋藏于亚砂土、亚黏土层之下，部分地段河床及河漫滩直接与砂层连通。地下水位埋深近几年一般在 6 ~ 15 m，单井出水量 1 500 ~ 4 517 m^3/d。其中，位于黄水河电厂水源地的抽水井，井深在 38.4 ~ 55.8 m，含水层厚度为 15 ~ 30 m，抽水降深为 1.3 ~ 9.2 m，单井出水量 2 017 ~ 4 517 m^3/d，地下水位埋深近几年一般在 10 ~ 15 m。

（2）中等富水区（单井出水量 500 ~ 1 000 m^3/d）主要呈带状分布于黄水河两岸冲积平原的边缘、强富水区外围。其中，东岸分布于上庄曲家—观张家—新华印刷厂—冶基—王会一线，西岸分布于兰高—大李家—邹家—小姜家—东羔一线，在李程杨—冶基黄水河故道内亦有分布。这些地带冲积颗粒相应变细，含水层厚度变薄，富水性减弱。含水层由上更新统洪积冲积砂质粗砂、中更新统洪积冲积中粗砂、全新统海积堆积粗中细砂组成，也是区内主要地下水开采区。单井出水量 370 ~ 1 230 m^3/d。

四、地下水补给、径流、排泄条件

目前，库区内地下水以降水入渗补给及河水渗漏补给为主；地下水排泄则以人工开采为主，其次还有部分潜水蒸发排泄。地下水径流方向总体流向由东南向西北，与黄水河流向基本一致。

第二节　黄水河地下水库地下水流数值模拟模型

利用 Visual Modflow 地下水软件建立黄水河地下水库地下水流数值模拟模型，并进行参数率定，为地下水开采控制水位线的确定提供技术依据。

一、数学模型与解法

软件采用的数学模型为：

$$\begin{cases} \dfrac{\partial}{\partial x}\left[K(h-B)\dfrac{\partial h}{\partial x}\right]+\dfrac{\partial}{\partial y}\left[K(h-B)\dfrac{\partial h}{\partial y}\right]+Q_E(x,y,t)-P(x,y,t)=\mu\dfrac{\partial h}{\partial t} \quad (x,y)\in D \\ h|_{t=0}=h_0(x,y) \\ h|_{\Gamma_1}=h_1(x,y) \quad (x,y)\in\Gamma_1 \\ K(h-B)\dfrac{\partial h}{\partial n}|_{\Gamma_2}=-q(x,y,t) \quad (x,y)\in\Gamma_2 \end{cases} \tag{8-1}$$

式中　K——渗透系数,m/d;

h——水头,m;

h_1——期末水位,m;

B——潜水含水层底板高程,m;

h_0——初始水位,m;

Q_E——垂向补给强度;

P——垂向排泄强度;

μ——给水度;

t——时间,s;

q——单位时间内通过边界单位长度的侧向补给量,$m^3/(d \cdot m)$;

Γ_1, Γ_2——第一、第二类边界;

D——模拟区间;

x、y——地理坐标。

Visual Modflow 4.2 软件利用有限差分方法来解模型。首先,进行网格剖分,在每个单元中都建立一个有限差分水均衡方程,然后利用迭代法计算水位。其次,方程右端表示单元的储水能力,其中水头是时间的函数,根据有限差分计算的方法,可以将水头对时间的偏导数用差商来近似表示:

$$\frac{\Delta h_{i,j,k}}{\Delta t} \approx \frac{h_{i,j,k}^{m} - h_{i,j,k}^{m-1}}{t_m - t_{m-1}} \tag{8-2}$$

式中　$h_{i,j,k}$——计算单元水头值;

t_m——时段 m 结束的时间;

t_{m-1}——时段 m 前一个时段结束的时间;

$h_{i,j,k}^{m}$、$h_{i,j,k}^{m-1}$——与 t_m、t_{m-1} 这两个时刻相对应的水头值。

二、地下水库地下水流数值模拟模型构建

(一)模型输入

1. 空间剖分

考虑精度问题,采用矩形网格剖分,在平面上剖分成 50 行、50 列,共计 2 500 个单元,有效面积为 52 km^2。垂向上分为一层。

项目区概化三维效果如图 8-2、图 8-3 所示。

2. 模拟时间

根据计算区抽水井和观测井的水位观测资料,确定模拟期为 2003 年 1 月 1 日至 2007 年 12 月 31 日,进行逐月模拟计算。其中,选取 2003 年 1 月 1 日至 2005 年 12 月 31 日为模型识别期;2006 年 1 月 1 日至 2007 年 12 月 31 日为模型检验期。

3. 边界输入

根据水文地质条件可知,模拟区北部边界以地下坝为边界,是一隔水边界;南部为一开口,定为流量边界,接受山前侧流和王屋水库渗漏补给;东西边界为隔水边界。

图 8-2　黄水河地下水库概化三维立体图

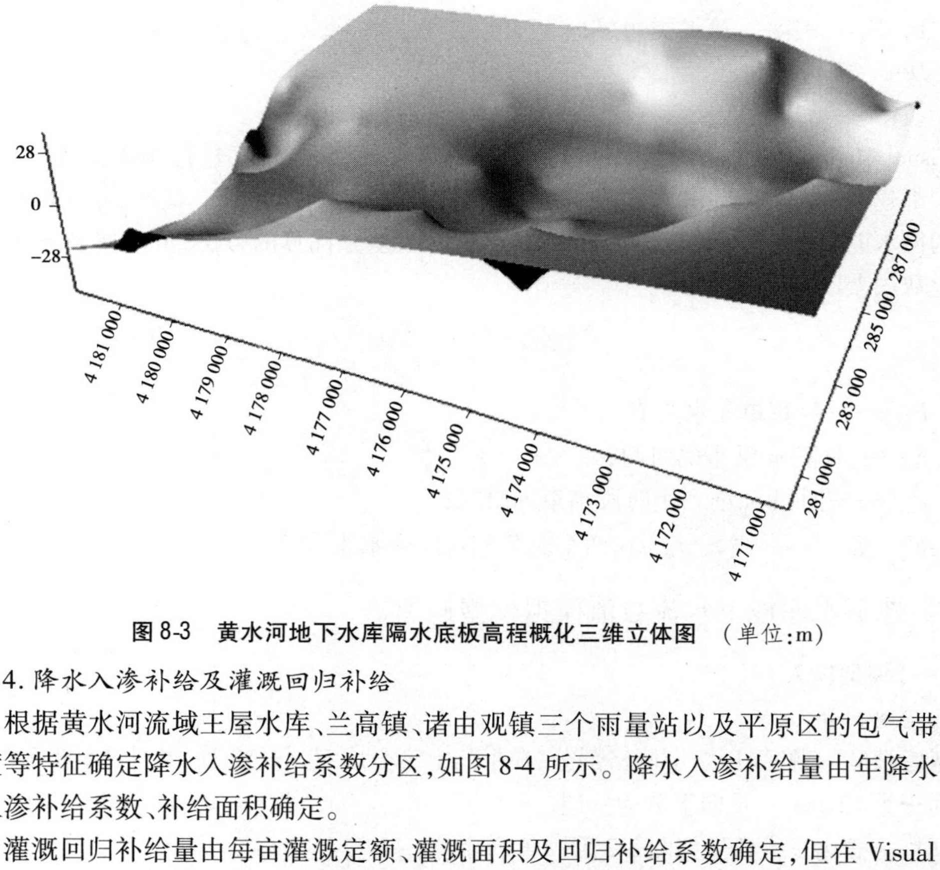

图 8-3　黄水河地下水库隔水底板高程概化三维立体图　（单位:m）

4. 降水入渗补给及灌溉回归补给

根据黄水河流域王屋水库、兰高镇、诸由观镇三个雨量站以及平原区的包气带岩性、厚度等特征确定降水入渗补给系数分区,如图 8-4 所示。降水入渗补给量由年降水量、降水入渗补给系数、补给面积确定。

灌溉回归补给量由每亩灌溉定额、灌溉面积及回归补给系数确定,但在 Visual Modflow 4. 2 软件中没有涉及降水入渗补给系数和灌溉回归补给系数,在输入模型时,是将降水入渗补给量和灌溉回归补给量换算成单位面积、单位时间上的补给强度,以面状形式加到模型中的。

5. 河流输入

模型利用河流子程序包(RIV)来模拟黄水河,参数确定如下。

(1)河宽:经过现场断面测量,河宽为 100 ~ 102 m。

(2)河流有水时间:根据王屋水库水文站资料,黄水河属于季节性河流,一般年份只

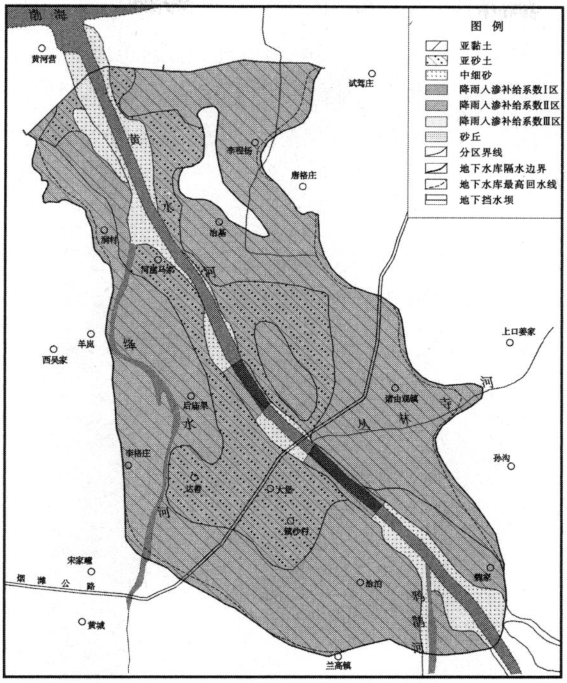

(a)降水入渗补给系数分区

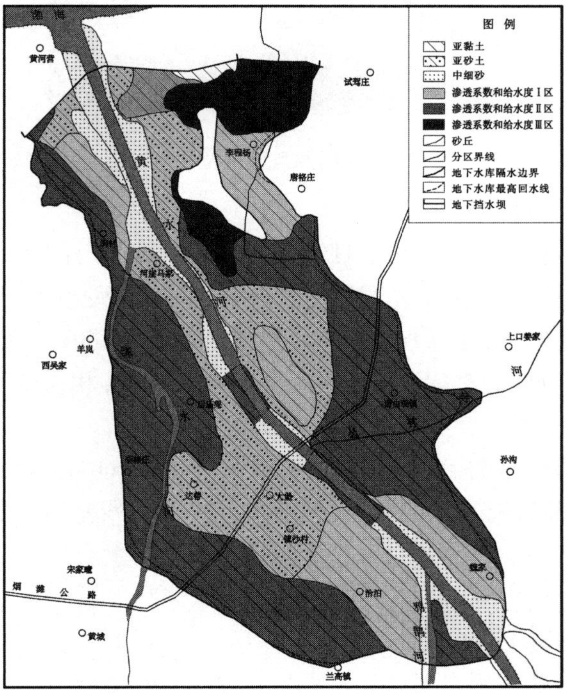

(b)渗透系数及给水度分区

图 8-4　模型参数分区

有汛期有水，非汛期除拦河闸坝前常年有水外，河道大部分时段干涸，在模型中设置一般年份汛期为 60 d，非汛期为 305 d 或 306 d。

(3)河流水位：河流水位一般为 6 ~ 12 m。另外，根据黄水河地下水动态观测资料，中下游河床标高常年高于两侧地下水位，因此只要河道有水，就将补给地下水。

(4)河床底积物：河床底有 2 m 厚的亚黏土，其渗透系数设置为 0.1 m/d。

(5)计算区域河流长度：约 25 km。

6. 观测井输入

根据收集资料情况，研究区内共选择 14 眼观测井，其位置分布如图 8-5 所示。

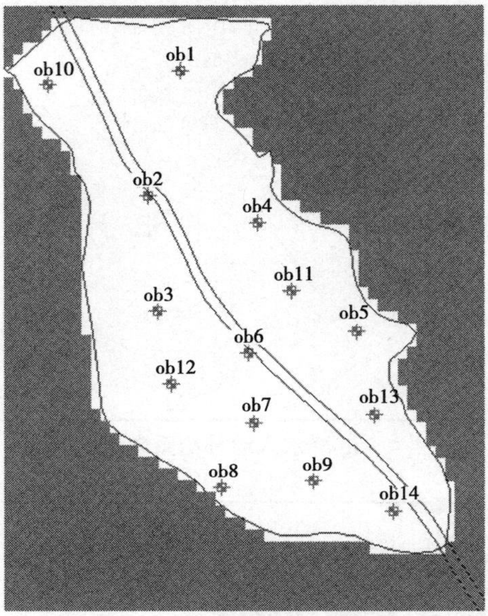

图 8-5　观测井点地理位置分布

(二)模型识别与检验

模型识别时段采用 2003 年 1 月 1 日至 2005 年 12 月 31 日。模型运行之后，将模拟值与实测值进行拟合对比，经过反复调整参数，得到了比较理想的结果。例如，第 365 天，14 个拟合点的绝对误差均位于 ±1 m范围内，相关系数为 99.3%。类似地，第 731 天和第 1 096 天，14 个拟合点的绝对误差均位于 ±1 m 范围内，相关系数分别为 99.6% 和 99.8%。

此外，Visual Modflow 软件自带统计功能，采用 RMS(Root Mean Squared Residual，简称 RMS)和 Normalized RMS 两个参数分析模拟结果。RMS 为残差均方根，计算公式为：

$$\text{RMS} = \frac{1}{n}\sqrt{\sum_{i=1}^{n} R_i^2}$$

式中　n——计算拟合点个数；

R——单个拟合点的绝对误差。

通过调参得出第 365 天、731 天、1 096 天的 RMS 分别为 0.84 m、0.72 m、0.579 m。由于 RMS 没考虑拟合水位对模型精度的影响，所以有另外一个参数即标准残差均方根

Normalized RMS,计算公式为：

$$\text{Normalized RMS} = \frac{\text{RMS}}{(X_{ob})_{max} - (X_{ob})_{min}}$$

计算得出第 365 天、731 天、1 096 天的 Normalized RMS 分别为 3.475%、2.674%、2.095%。

通过上面两个参数来分析,模型拟合较为理想。2005 年末地下水位等值线拟合结果与实测数据对比如图 8-6 所示,1#、5#观测井地下水位拟合结果与实测数据对比如图 8-7 所示。

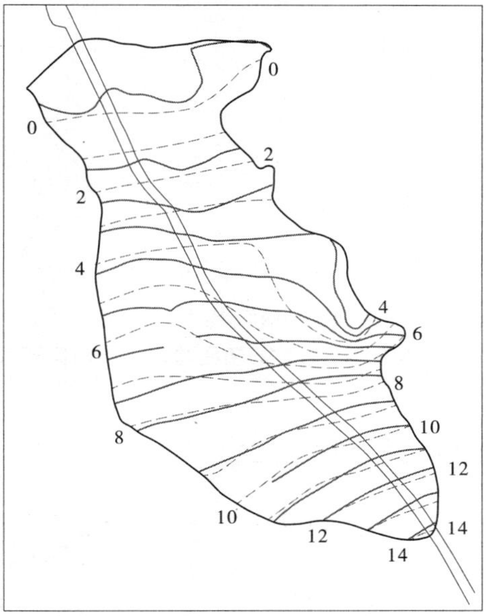

注：实线为实测值,虚线为计算值。

图 8-6　2005 年末地下水位等值线拟合结果与实测数据对比

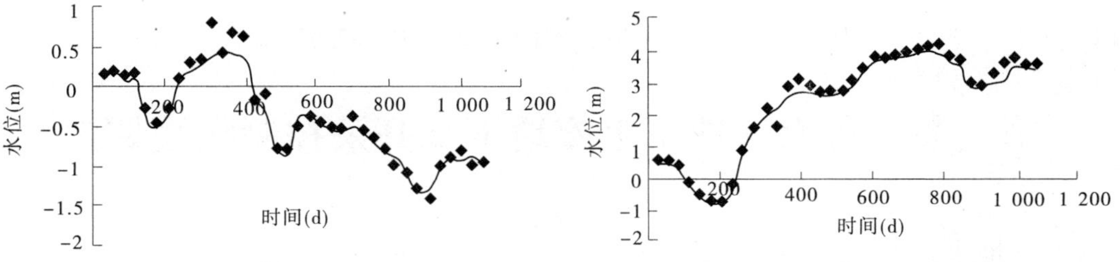

(a)1#观测井　(b)5#观测井

图 8-7　1#、5#观测井地下水位拟合结果与实测数据对比

在拟合的基础上,再对 2006 年 1 月 1 日至 2008 年 12 月 31 日数据进行模型检验,检验结果通过等值线拟合和观测井拟合直观显示,如图 8-8、图 8-9 所示。

从图 8-6 ~ 图 8-9 中可以看出,模型模拟结果与实际测量结果较为吻合,表明建立的模型可以用于地下水开采控制水位研究。

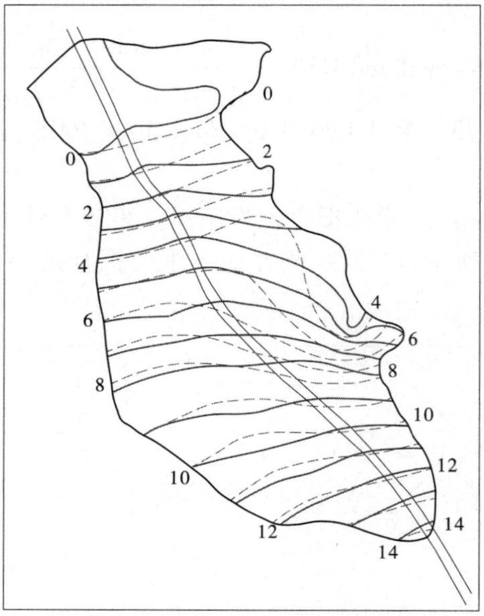

注:实线为实测值,虚线为计算值。

图 8-8　2008 年末地下水位等值线检验结果与实测数据对比

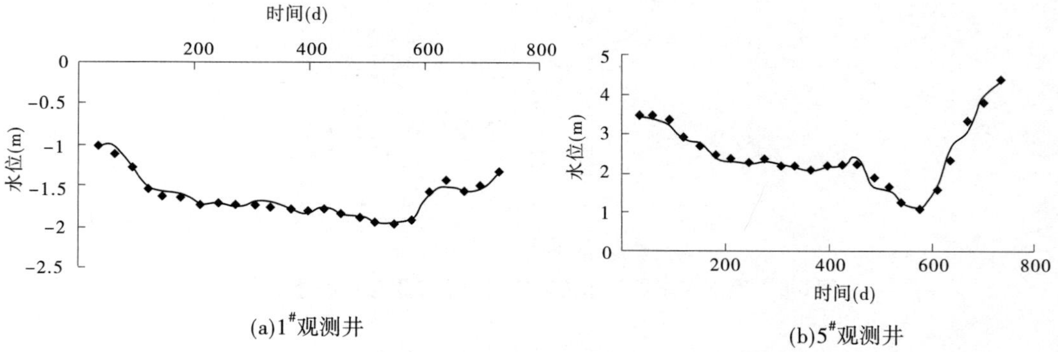

图 8-9　1#、5#观测井地下水位检验结果与实测数据对比

第三节　黄水河地下水库地下水开采控制红线划定

一、地下水开采控制约束条件

为了保护地下水源地的生态环境,黄水河地下水库开采需要服从以下约束条件:

(1)能够实现多年平均状况下的采补平衡;

(2)不会诱发海水入侵向南发展。

对于第(1)条约束条件,烟台市有关部门已按照黄水河地下水库的兴利库容、补给条件及长系列补给量,确定了地下水开采的控制红线,即 -2.7 m。

对于第(2)条约束条件,需要在满足第(1)条约束条件的基础上继续对黄水河地下水库地下坝南端附近的部分区域实施更加严格的水位控制，即确保地下坝两侧水压差平衡。一般而言，地下坝具有较好的阻水性，通常情况下即使库外咸水水头略高于库内淡水水头，也能够较好地阻止海水入侵。但是，考虑到地下坝阻水效果难以实现全断面绝对均匀，同时为加强对坝体的保护，在预防海水入侵时，坝址内侧淡水区地下水位仍应常年保持在0 m以上。

二、模拟方案

由上可知，-2.7 m的控制红线已满足地下水采补多年平均状况下的平衡要求，本次研究是在上述基础上利用地下水流数值模拟模型在地下坝南侧划定更为严格的控制红线来满足预防海水入侵的要求。

具体模拟方法是沿地下坝南侧布设一排开采井，在持续开采的情况下，使井点所在地地下水位达到-2.7 m的临界值，同时坝根附近地下水位在0 m上。

三、控制红线划定

根据上述模拟方案，经模型反复模拟得到黄水河地下水库地下水开采控制红线成果，如图8-10所示。

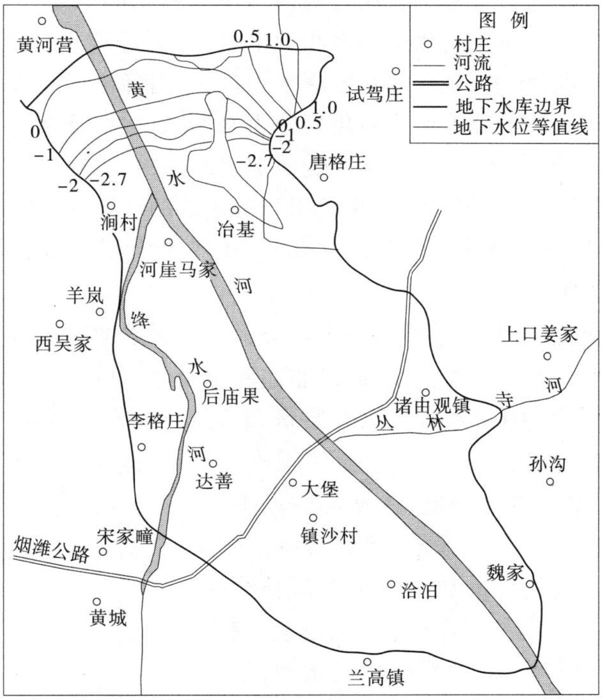

图8-10　黄水河地下水库地下水开采控制红线成果　（单位：m）

由图8-10可知，在地下坝南侧1.5 km范围以内，应当更加严格地控制地下水开采，地下水位控制红线为-2.7 ~0 m。而此区域以南，地下水位控制红线设定为-2.7 m即可。

第九章　水库灌区井渠联合灌溉技术

随着城市化发展的不断推进,城镇居民生活及工业生产需水迅速增加,大量原来以农业灌溉供水为主的水库已逐步转向城镇供水。而农业供水的变化,一方面是通过扩大农业节水灌溉规模来压减,另一方面是通过地下水开采来补充。一些有条件的灌区采用了井灌与渠灌相结合的灌溉模式,取得了良好的效果。其实质是充分利用灌区地下水库的调蓄功能,以多水源的联合灌溉来提高水资源利用效率。那么,在遵循"保持地下水资源多年平均状态下的采补平衡"原则前提下能否满足农业灌溉需求?如何实施地表水库与地下水库的调度?在此选择峡山水库灌区进行模拟分析研究,探讨井、渠联合非充分灌溉的优化技术。

第一节　水库灌区灌溉系统

大气降水、地表水、地下水和土壤水之间存在极为密切的联系,并在一定条件下互相转化。其中,地表水由大气降水、冰川融水和地下水补给,经河川径流、水面蒸发、土壤入渗等形式转化为大气水、海水、地下水和土壤水;地下水由降水和地表水的下渗补给,以河川基流、潜水蒸发、地下水潜流等形式转化为地表水和大气水;土壤水为存在于包气带的水量,它既承受降水和地表水的补给,又接受地下水的补给,主要通过土壤蒸发、植物吸收和蒸腾而耗散,一般只有在土壤含水量超过田间持水量的情况下,才下渗补给地下水或形成壤中流汇入河川,因而土壤水是一种长周期的中间过渡形式,具有供给植物水分并连通地表水和地下水的作用。

在水库灌区中,土壤水系统是地面以下水分运动最频繁的区域,这个水分运动最活跃的区域控制着地表水和地下水的交换,通过非饱和渗流区的再分配,降水和灌溉水量在这个区域被分为入渗量、地表径流、地下水补给量和蒸发蒸腾量。在地下水浅埋带,由于土壤水分的强烈蒸发和蒸腾作用,土壤含水率迅速降低,在水势驱动下,地下水通过毛细作用上升补给土壤水,起到缓解土壤墒情的作用。潜水接受大气降水和灌溉水下渗补给,在不考虑侧渗影响时主要通过人工机井开采排泄。在水库灌区,如采用井渠联合灌溉,则灌溉回归水包括水库引水灌溉下渗量和机井提水灌溉下渗量两部分,但机井提水灌溉下渗量在灌区地下水资源评价过程中属于重复计算量,如图 9-1 所示。

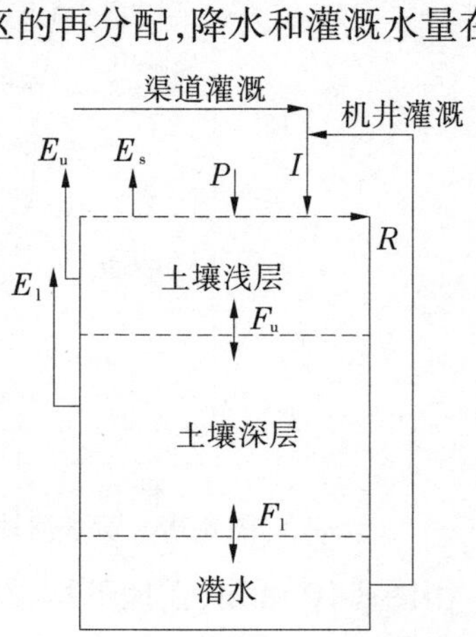

图 9-1　灌区灌溉系统概化示意

在各层的水量平衡关系中,土壤浅层水量平衡关系为:

$$\theta_u \cdot H_u = W_{u0} + P + I - R - E_u - F_u - E_s \tag{9-1}$$

式中 θ_u——土壤浅层含水率；

H_u——土壤浅层厚度，mm；

W_{u0}——土壤浅层初始蓄水量，mm；

P——降水量，mm；

I——灌溉量，mm；

R——田面排水和地表径流量，mm；

E_u——浅层土壤蒸发和植被蒸散量，mm；

F_u——土壤水势梯度差异引起的土壤浅层和土壤深层的水分交换量，mm；

E_s——地表蒸散发量，mm。

土壤深层水量平衡关系为：

$$\theta_l \cdot H_l = W_{l0} + F_u - E_l - F_l \tag{9-2}$$

式中 θ_l——土壤深层含水率；

H_l——土壤深层厚度，mm，随着潜水位变化；

W_{l0}——土壤深层初始蓄水量，mm；

E_l——土壤深层植被蒸散量，mm；

F_l——土壤水势梯度差异引起的土壤水与潜水之间的水分交换量，mm；

其他符号含义同前。

在忽略蒸发、下渗及侧渗影响的情况下，潜水层水量平衡关系为：

$$\Delta W = F_{lw} - I_{jw} \tag{9-3}$$

式中 ΔW——水库蓄变水量，mm；

F_{lw}——上层土壤下渗量，万 m^3；

I_{jw}——提水灌溉水量，万 m^3。

由于土壤水转换关系非常复杂，多采用作物净需水量与有效降雨量之间的关系来简化该过程。考虑到在大范围的农田灌溉过程中仍参照一定的灌溉制度实施灌溉，本次在进行水库灌区井渠联合灌溉模拟时，只考虑大气降水、作物灌溉、地表水库水源以及潜层地下水库水源间的水量平衡关系。

第二节 峡山水库灌区井渠联合灌溉模拟模型

一、灌区概况

峡山水库灌区依托峡山水库，涉及潍坊的昌邑市、高密市、安丘市、寒亭区、坊子区以及潍北农场的一部分。峡山水库灌区分布如图 9-2 所示。

峡山水库位于山东半岛潍河的中下游，地处潍坊市的昌邑、安丘、高密、诸城 4 个县级市交界处，东经 117°23′、北纬 36°16′，控制流域面积 4 210 km^2。该水库总库容 14.05 亿 m^3，兴利库容 5.01 亿 m^3，死库容 0.49 亿 m^3，是目前山东省最大的集防洪、灌溉、城市及工业供水、发电、养殖等综合功能于一体的大(1)型水库。据 1964 ~ 2007 年统计资料，水库流域多年平均降水量 615 mm,年均来水量 4.56 亿 m^3。降雨年际变化大,最大年降水量为1 298.3 mm,发生在 1964 年;最小年降水量为 331.4 mm,发生在 1981 年。降水年内分配也很不均匀,枯季少雨,汛期降水集中,6 ~9 月降水量占年降水量的 72%,形成春旱、夏涝、秋后又旱的局面。峡山水库的径流由大气降水补给,径流在时间上的变化特点与降水相似,但年际、年内变化更大。据调节计算,峡山水库在 50%、75% 和 95% 保证率下,可供水量分别为 4.14 亿 m^3、2.56 亿 m^3 和 0.34 亿 m^3。

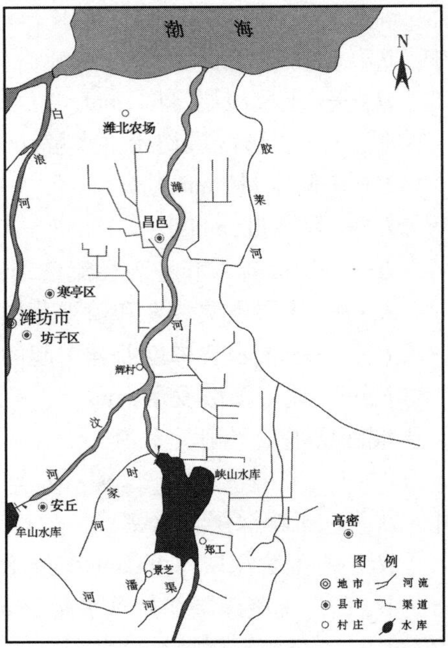

图 9-2　峡山水库灌区分布

峡山水库现状用水户除灌区农业灌溉外,还包括潍坊市自来水公司、森达美水务有限公司、高密水业阚家水厂、潍坊发电厂、昌邑热电厂、潍坊钢铁集团公司、万家屯供水管理所、海天生物化工有限公司等,年总供水量达 1.44 亿 m^3。

灌区内主要粮食作物有小麦、玉米、谷子、高粱等。水库原设计灌溉面积 153 万亩,有效灌溉面积 104 万亩。到目前为止,灌区已建成总干渠 6 条,总长度 138 km;干渠 37 条,总长度 376 km,防渗护砌长度 29 km;支渠 416 条,总长度 759 km,防渗护砌长度 34 km。

二、灌区水资源系统概化

将峡山水库各城镇用水户概化为一个用水单元,灌区概化为一个用水单元,灌区的地下水概化成一个相对独立的地下水库,即潜水层地下水库。这样,峡山水库在接受潍河上游来水的同时向城区和灌区供水,弃水则经潍河下泄,一部分补给潜水层地下水库、一部分流入海洋;潜水层地下水库既向灌区供水,又接受灌区灌溉水的下渗补给;灌区产生的尾水,也通过潍河向下游排泄,直至流入海洋。峡山水库灌区水资源网络概化如图 9-3 所示。

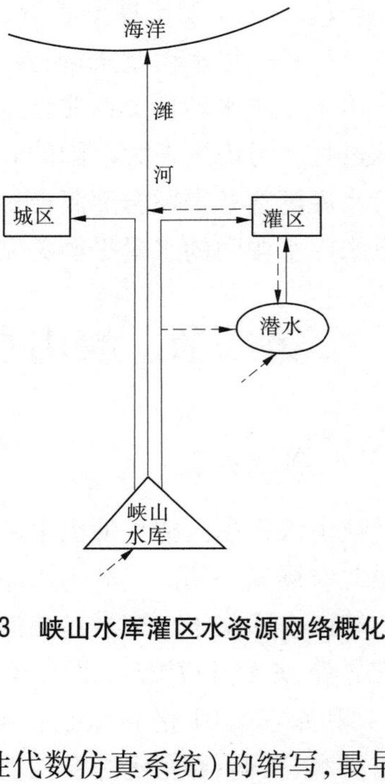

图 9-3　峡山水库灌区水资源网络概化

三、灌区水资源系统模拟模型

利用 GAMS 编写计算机程序,建立峡山水库灌区 1970 ~2007 年水资源灌溉系统模拟模型。

GAMS 是“General Algebraic Modeling System”(一般性代数仿真系统)的缩写,最早是

由世界银行(World Bank)的 Meeraus 和 Brooke 所发展。GAMS 事实上并不代表任何最佳化数值算法,而只是一个高级语言的使用者接口,利用 GAMS 可以很容易建立、修改、除错、最佳化模型输入文档,经进一步编译后,即成为较低阶的最佳化数值算法程序所能接受的格式,执行后即可写出输出文档。数值算法方面,对线性与非线性规划问题,GAMS 使用由新南韦尔斯大学的 Murtagh 及史丹福大学的 Gill、Marray、Saunders、Wright 等所发展的 MINOS 算法。MINOS 是"Modular In-core Non-linear Optimization System"的缩写,这个算法综合了缩减梯度法和准牛顿法,是专门为大型、复杂的线性与非线性问题设计的算法。对混合整数规划问题,则采用亚利桑那大学的 Marsten 及巴尔第摩大学的 Singhal (1987)共同发展的 ZOOM(Zero/One Optimization Method)算法。GAMS 是针对数学规划的高阶建模系统,包含了编译器和高效能的求解引擎。它由一种计算机编译程序和多种(一组)稳定的综合高效的数学求解器组成,是为线性、非线性和整合优化问题而特别设计的。GAMS 模型框架包括设置、数据、初始或边界条件、方程式、模型和求解、输出(包括错误信息、基准图、方程清单、情况报告、结果)等模块。在模型求解方法上,GAMS 内嵌了多种程序包,用户只需根据问题直接调用,包括线性规划、非线性规划、松弛混合整数规划、混合整数规划、松弛非线性混合整数规划及非线性混合整数规划等。线性规划和非线性规划的计算最为常见。

(一)目标函数

在有限的水资源条件下,确定以整个系统供水缺水量最小作为最基本的运行目标,即以地表水库和地下水库联合供水后城市及灌区用水缺水最小为基本要求,其函数形式为:

$$OBJ = \min \sum_{i=1}^{12} (\lambda_1 ZW_{ci} + \lambda_2 ZW_{gi}) \tag{9-4}$$

式中 ZW_{ci}——月城市缺水量;

ZW_{gi}——月灌区缺水量;

i——月时段;

λ_1、λ_2——权重,由于城市供水保证率要远高于灌区供水保证率,本次计算中 $\lambda_1 > \lambda_2$,其实质是反映了峡山水库供水的优先顺序。

(二)约束条件

1. 水库地表水库容水平衡方程

$$XRSV_t = XRSV_{t-1} + PRSF_t - \sum (XCSC_t + XCSG_t) - \sum XCSO_t - P^t \cdot \frac{1}{2}(XRSV_{t-1} + XRSV_t) \quad \forall t \tag{9-5}$$

式中 $XRSV$——水库地表水库容;

$PRSF$——工程入流量;

$XCSC$——向城市供水量;

$XCSG$——向灌区供水量;

$XCSO$——水库弃水量;

P——蒸发渗漏系数;

t——时间系列集合。

2. 城市供水水平衡方程

$$PZWC_t = XCSC_t + XCMC_t \quad \forall t \tag{9-6}$$

式中　$PZWC$——城市需水量；

$XCSC$——向城市供水量；

$XCMC$——城市缺水量；

t——时间系列集合。

3. 地下水库容水平衡方程

$$XZGV_t = XZGV_{t-1} + \alpha \cdot PZPW_t + \gamma \cdot XCSG + \beta \cdot XDSG_t - XDSG_t \quad \forall t \tag{9-7}$$

式中　$XZGV$——地下水库容；

$PZPW$——降水量；

$XCSG$——地表水库向灌区供水量；

$XDSG$——地下水库向灌区供水量；

α,γ,β——降雨入渗系数、渠灌渗漏系数和井灌渗漏系数；

t——时间系列集合。

4. 地下水开采限制方程

$$\begin{cases} \sum XDSG_t \leqslant \overline{P}_{r年总} \\ XDSG_t \leqslant \dfrac{1}{12}\mu \overline{P}_{r年总} \end{cases} \quad \forall t \tag{9-8}$$

式中　$XDSG$——地下水库向灌区供水量；

$\overline{P}_{r年总}$——多年平均地下水补给水量；

μ——年内允许调节系数，$1 < \mu < 2$；

t——时间系列集合。

四、模型输入与模拟方案

（一）模型输入

模型输入主要包括水文系列逐月的补给水量和需水量。

1. 峡山水库来水量

采用峡山水库1970～2007年实测来水量还原、还现后的逐月来水量，如表9-1所示。

2. 灌区大气入渗补给水资源量

峡山灌区大气入渗补给水资源量采用多因子变参方程评价方法进行计算。该方法利用经验公式综合考虑降水、地形、岩性、土壤等因素直接给出降水形成的区域地下水资源净补量，从而避免了对水资源量的重复计算，其公式为：

$$\begin{aligned} P_r &= \alpha_g F P_i \\ \alpha_g &= A_g \lg P_i - D_g \end{aligned} \tag{9-9}$$

式中　P_r——降水入渗补给量；

α_g——降水入渗补给系数；

F——计算面积，按有效灌溉面积104万亩（合693.3 km^2）计算；

P_i——降水量；

A_g——地形、岩性指数，取 0.110；

D_g——土壤蓄水转化参数，取 0.06。

表 9-1　峡山水库历年来水量

年份	来水量(万 m^3)	年份	来水量(万 m^3)	年份	来水量(万 m^3)
1970	62 256.3	1983	3 870.4	1996	29 375.9
1971	160 593.1	1984	4 319.7	1997	19 472.9
1972	31 305.2	1985	30 413.3	1998	57 515.5
1973	38 593.8	1986	6 563.1	1999	77 972.3
1974	150 835.1	1987	1 261.6	2000	12 057.7
1975	153 886.8	1988	2 412.2	2001	39 364.9
1976	71 708.3	1989	189.6	2002	7 654.0
1977	11 801.0	1990	70 647.0	2003	70 549.8
1978	23 236.3	1991	22 123.4	2004	41 593.0
1979	42 353.1	1992	1 067.0	2005	68 228.4
1980	42 190.8	1993	31 052.2	2006	12 166.2
1981	13 338.3	1994	40 660.1	2007	63 265.4
1982	22 389.6	1995	40 934.2	平均	41 558.4

由此可得峡山水库灌区历年大气降水净补地下水资源量，多年平均补给量为 10 330.4万 m^3，如表 9-2 所示。

表 9-2　峡山水库灌区历年大气降水净补地下水资源量

年份	降水量(mm)	净补地下水资源量(万 m^3)	年份	降水量(mm)	净补地下水资源量(万 m^3)	年份	降水量(mm)	净补地下水资源量(万 m^3)
1970	802.6	16 860.9	1983	448.6	6 296.5	1996	540.9	11 526.9
1971	703.3	14 770.1	1984	465.7	9 118.3	1997	474.5	8 705.1
1972	466.5	8 097.3	1985	707.4	11 588.9	1998	527.1	8 790.7
1973	629.1	11 270.9	1986	387.8	6 467.9	1999	520.4	12 143.1
1974	882.0	19 822.5	1987	606.0	10 019.3	2000	404.5	7 171.5
1975	655.3	12 608.5	1988	417.2	4 457.4	2001	634.6	10 049.7
1976	653.8	9 780.3	1989	461.4	6 974.4	2002	348.9	6 594.0
1977	377.2	5 509.5	1990	939.4	16 070.0	2003	748.9	14 804.3
1978	672.5	11 093.8	1991	478.2	6 536.6	2004	701.8	13 641.4
1979	611.4	11 526.9	1992	507.9	8 191.9	2005	654.0	13 764.1
1980	609.2	9 926.0	1993	651.2	12 047.4	2006	351.3	6 180.7
1981	343.2	4 991.3	1994	568.9	14 277.6	2007	614.9	12 272.3
1982	580.9	11 176.2	1995	669.3	10 499.6	平均	574.2	10 330.4

3. 峡山水库向周边城市供水规模

目前,峡山水库向周边城市供水规模达到 1.44 亿 m^3,根据各用水户特点,在年内逐月平均分配作为城市用水需水量。峡山水库现状水平年用水户用水量统计如表 9-3 所示。

表 9-3 峡山水库现状水平年用水户用水量统计 (单位:万 m^3)

用水户	7 月	8 月	9 月	10 月	11 月	12 月	1 月	2 月	3 月	4 月	5 月	6 月	全年
潍坊市自来水公司	304	304	304	304	304	304	304	304	304	304	304	304	3 648
森达美水务有限公司	262	262	262	262	262	262	262	262	262	262	262	262	3 144
高密水业阚家水厂	122	122	122	122	122	122	122	122	122	122	122	122	1 464
潍坊发电厂	87	87	84	87	84	87	87	78	87	84	87	84	1 023
昌邑热电厂	50	50	29	29	29	29	29	26	29	29	29	50	408
潍坊钢铁集团公司	96	96	96	97	96	96	96	97	146	96	96	97	1 205
万家屯供水管理所	125	125	125	125	125	125	125	125	125	125	125	125	1 500
海天生物化工有限公司	168	168	163	168	163	168	168	152	168	163	168	163	1 980
合计	1 214	1 214	1 185	1 194	1 185	1 193	1 193	1 166	1 243	1 185	1 193	1 207	14 372

4. 灌区灌溉需水量

本次研究采用作物变动净需补水量法计算灌溉需水量,即先利用彭曼公式计算出不同作物生长期逐月的需水量,并考虑到各种作物实际试验需水量进行作物系数修正;然后计算出逐月有效降雨量;作物需水量减去有效降雨量即为作物净需补水量。

考虑到山东省水资源短缺,作物很难达到充分灌溉的实际情况,实际作物需水量参考山东省水利科学研究院"主要农作物高产省水灌溉技术的研究"试验提出的作物系数 K_c 值,利用公式 $ET_c = K_c \cdot ET_0$ 计算出峡山水库灌区冬小麦需水量为 481.8 mm、夏玉米为 388.8 mm。峡山水库灌区作物净需水量如表 9-4 所示。

表 9-4 峡山水库灌区作物净需水量

月份	1	2	3	4	5	6	7	8	9	10	11	12	合计
冬小麦需水量(mm)	26.3	35.2	50.5	96.2	129.8	47.8				32.9	36.8	26.3	481.8
夏玉米需水量(mm)						34.8	105.2	157.6	91.2				388.8

有效降雨量采用经验公式法计算,有效降雨量 P_t 的计算公式为:

$$
\begin{cases} \text{当 } P_t' \geq 100 \text{ mm 时} & P_t = 10P_t'^{0.5} \\ \text{当 } P_t' < 100 \text{ mm 时} & P_t = P_t' \end{cases} \tag{9-10}
$$

其中，P_t^y为年降雨量，mm。

经计算，峡山灌区104万亩灌溉用地1970～2007年多年平均净灌溉需水量为2.08亿m^3。

灌区灌溉需水量由净灌溉需水量除以灌溉水利用系数得到，其中渠灌时根据渠道衬砌的程度灌溉水利用系数取0.55～0.65，井灌时灌溉水利用系数取0.70。

（二）模拟方案

结合峡山水库灌区实际情况确定5个模拟方案，如表9-5所示。

表9-5　峡山水库灌区井渠联合灌溉模拟方案

措施		方案Ⅰ	方案Ⅱ	方案Ⅲ	方案Ⅳ	方案Ⅴ
灌区水源	地表水	√	√	√	√	
	地下水		√	√	√	√
渠道衬砌程度	低		√(0.58)			
	中			√(0.62)		
	高	√(0.65)			√(0.65)	

五、模拟结果分析

利用模拟模型，对上述方案进行供需平衡模拟，得到各方案的模拟结果，如表9-6～表9-11所示。

表9-6　峡山水库灌区井渠联合灌溉方案Ⅰ模拟结果　（单位：万m^3）

年份	城市用水			灌区用水				
	需水量	供水量	缺水量	需水量	总供水量	地表水供水量	地下水供水量	缺水量
1970	14 372	14 372	0	13 471	12 162	12 162	0	1 309
1971	14 372	14 372	0	16 352	16 352	16 352	0	0
1972	14 372	14 372	0	24 928	24 928	24 928	0	0
1973	14 372	14 372	0	18 287	18 287	18 287	0	0
1974	14 372	14 372	0	13 225	9 689	9 689	0	3 536
1975	14 372	14 372	0	17 837	17 837	17 837	0	0
1976	14 372	14 372	0	19 306	19 306	19 306	0	0
1977	14 372	8 178	6 194	30 222	2 265	2 265	0	27 957
1978	14 372	7 754	6 618	18 529	6 479	6 479	0	12 050
1979	14 372	14 372	0	19 257	11 381	11 381	0	7 876
1980	14 372	14 372	0	20 133	17 058	17 058	0	3 075
1981	14 372	14 372	0	32 313	8 365	8 365	0	23 948
1982	14 372	8 830	5 542	21 802	8 580	8 580	0	13 222

续表 9-6

年份	城市用水			灌区用水				
	需水量	供水量	缺水量	需水量	总供水量	地表水供水量	地下水供水量	缺水量
1983	14 372	4 362	10 010	26 928	0	0	0	26 928
1984	14 372	4 306	10 066	18 641	0	0	0	18 641
1985	14 372	7 838	6 534	16 048	2 345	2 345	0	13 703
1986	14 372	14 372	0	33 117	5 973	5 973	0	27 144
1987	14 372	1 262	13 110	16 278	0	0	0	16 278
1988	14 372	2 397	11 975	35 630	0	0	0	35 630
1989	14 372	190	14 182	26 237	0	0	0	26 237
1990	14 372	7 621	6 751	10 891	4 298	4 298	0	6 593
1991	14 372	14 372	0	23 632	23 632	23 632	0	0
1992	14 372	5 457	8 915	19 282	0	0	0	19 282
1993	14 372	7 187	7 185	21 795	10 299	10 299	0	11 496
1994	14 372	14 372	0	18 973	4 783	4 783	0	14 190
1995	14 372	14 372	0	21 136	17 202	17 202	0	3 934
1996	14 372	14 372	0	22 894	19 596	19 596	0	3 298
1997	14 372	12 689	1 683	23 130	4 469	4 469	0	18 661
1998	14 372	14 372	0	17 506	17 506	17 506	0	0
1999	14 372	14 372	0	18 614	10 384	10 384	0	8 230
2000	14 372	14 372	0	25 402	1 799	1 799	0	23 603
2001	14 372	12 827	1 545	25 359	9 502	9 502	0	15 857
2002	14 372	14 372	0	23 396	2 709	2 709	0	20 687
2003	14 372	8 256	6 116	9 586	1 994	1 994	0	7 592
2004	14 372	14 372	0	14 255	14 255	14 255	0	0
2005	14 372	14 372	0	16 298	16 298	16 298	0	0
2006	14 372	10 914	3 458	25 244	743	743	0	24 501
2007	14 372	9 232	5 140	15 773	2 773	2 773	0	13 000
多年平均	14 372	11 082	3 290	20 834	9 033	9 033	0	11 801
保证率（%）	54			23				

表 9-7　峡山水库灌区井渠联合灌溉方案Ⅱ模拟结果　（单位：万 m^3）

年份	城市用水			灌区用水				
	需水量	供水量	缺水量	需水量	总供水量	地表水供水量	地下水供水量	缺水量
1970	14 372	14 372	0	13 471	13 471	7 626	5 845	0
1971	14 372	14 372	0	16 352	16 352	10 314	6 038	0
1972	14 372	14 372	0	24 928	24 928	15 200	9 728	0
1973	14 372	14 372	0	18 287	18 287	11 151	7 136	0
1974	14 372	14 372	0	13 225	13 225	7 645	5 580	0
1975	14 372	14 372	0	17 837	17 837	12 432	5 405	0
1976	14 372	14 372	0	19 306	19 306	9 790	9 516	0
1977	14 372	8 178	6 194	30 222	17 566	2 071	15 495	12 656
1978	14 372	7 754	6 618	18 529	18 529	3 034	15 495	0
1979	14 372	14 372	0	19 257	19 257	3 762	15 495	0
1980	14 372	14 372	0	20 133	20 133	4 638	15 495	0
1981	14 372	14 372	0	32 313	30 523	15 473	15 050	1 790
1982	14 372	8 830	5 542	21 802	19 756	5 232	14 524	2 046
1983	14 372	8 295	6 077	26 928	6 297	0	6 297	20 631
1984	14 372	4 306	10 066	18 641	9 118	0	9 118	9 523
1985	14 372	7 838	6 534	16 048	13 934	1 430	12 504	2 114
1986	14 372	14 372	0	33 117	16 537	6 140	10 397	16 580
1987	14 372	1 262	13 110	16 278	10 019	0	10 019	6 259
1988	14 372	2 397	11 975	35 630	4 457	0	4 457	31 173
1989	14 372	190	14 182	26 237	6 974	0	6 974	19 263
1990	14 372	7 621	6 751	10 891	10 891	2 620	8 271	0
1991	14 372	14 372	0	23 632	23 632	10 424	13 208	0
1992	14 372	1 067	13 305	19 282	8 192	0	8 192	11 090
1993	14 372	7 187	7 185	21 795	21 795	6 300	15 495	0
1994	14 372	14 372	0	18 973	18 973	6 011	12 962	0
1995	14 372	14 372	0	21 136	21 136	7 575	13 561	0
1996	14 372	14 372	0	22 894	22 894	8 528	14 366	0
1997	14 372	14 372	0	23 130	23 130	8 796	14 334	0
1998	14 372	14 372	0	17 506	17 506	10 926	6 580	0
1999	14 372	14 372	0	18 614	18 614	9 671	8 943	0
2000	14 372	10 087	4 285	25 402	9 016	1 125	7 891	16 386

续表 9-7

年份	城市用水			灌区用水				
	需水量	供水量	缺水量	需水量	总供水量	地表水供水量	地下水供水量	缺水量
2001	14 372	13 289	1 083	25 359	19 552	5 794	13 758	5 807
2002	14 372	14 372	0	23 396	15 020	5 138	9 882	8 376
2003	14 372	8 256	6 116	9 586	9 586	1 994	7 592	0
2004	14 372	14 372	0	14 255	14 255	11 833	2 422	0
2005	14 372	14 372	0	16 298	16 298	1 3201	3 097	0
2006	14 372	10 914	3 458	25 244	16 174	679	15 495	9 070
2007	14 372	9 232	5 140	15 773	15 773	883	14 890	0
多年平均	14 372	11 014	3 358	20 834	16 288	5 985	10 303	4 546
保证率（%）	54			59				

表 9-8　峡山水库灌区井渠联合灌溉方案Ⅲ模拟结果　（单位：万 m^3）

年份	城市用水			灌区用水				
	需水量	供水量	缺水量	需水量	总供水量	地表水供水量	地下水供水量	缺水量
1970	14 372	14 372	0	13 471	13 471	11 137	2 334	0
1971	14 372	14 372	0	16 352	16 352	12 784	3 568	0
1972	14 372	14 372	0	24 928	24 928	18 807	6 121	0
1973	14 372	14 372	0	18 287	18 287	11 722	6 565	0
1974	14 372	14 372	0	13 225	13 225	8 037	5 188	0
1975	14 372	14 372	0	17 837	17 837	14 784	3 053	0
1976	14 372	14 372	0	19 306	19 306	13 743	5 563	0
1977	14 372	14 372	0	30 222	30 222	19 776	10 446	0
1978	14 372	11 629	2 743	18 529	18 529	6 479	12 050	0
1979	14 372	14 372	0	19 257	19 257	11 107	8 150	0
1980	14 372	14 372	0	20 133	20 133	13 150	6 983	0
1981	14 372	14 372	0	32 313	26 072	10 577	15 495	6 241
1982	14 372	8 830	5 542	21 802	21 802	6 307	15 495	0
1983	14 372	7 184	7 188	26 928	11 547	0	11 547	15 381
1984	14 372	4 306	10 066	18 641	9 118	0	9 118	9 523

续表 9-8

年份	城市用水			灌区用水				
	需水量	供水量	缺水量	需水量	总供水量	地表水供水量	地下水供水量	缺水量
1985	14 372	7 838	6 534	16 048	13 934	1 503	12 431	2 114
1986	14 372	14 372	0	33 117	16 524	6 446	10 078	16 593
1987	14 372	1 262	13 110	16 278	10 019	0	10 019	6 259
1988	14 372	2 397	11 975	35 630	4 457	0	4 457	31 173
1989	14 372	190	14 182	26 237	6 974	0	6 974	19 263
1990	14 372	7 621	6 751	10 891	10 891	2 751	8 140	0
1991	14 372	14 372	0	23 632	23 632	8 137	15 495	0
1992	14 372	1 067	13 305	19 282	12 658	0	12 658	6 624
1993	14 372	7 187	7 185	21 795	21 795	6 584	15 211	0
1994	14 372	13 733	639	18 973	18 799	3 304	15 495	174
1995	14 372	10 223	4 149	21 136	17 269	3 598	13 671	3 867
1996	14 372	8 742	5 630	22 894	20 214	7 980	12 234	2 680
1997	14 372	11 677	2 695	23 130	16 936	4 469	12 467	6 194
1998	14 372	14 372	0	17 506	17 506	10 240	7 266	0
1999	14 372	14 372	0	18 614	18 614	8 304	10 310	0
2000	14 372	14 372	0	25 402	18 002	2 507	15 495	7 400
2001	14 372	12 772	1 600	25 359	24 997	9 502	15 495	362
2002	14 372	7 482	6 890	23 396	12 087	0	12 087	11 309
2003	14 372	8 256	6 116	9 586	9 586	1 278	8 308	0
2004	14 372	14 372	0	14 255	14 255	3 201	11 054	0
2005	14 372	14 372	0	16 298	16 298	3 728	12 570	0
2006	14 372	10 914	3 458	25 244	7 295	714	6 581	17 949
2007	14 372	9 232	5 140	15 773	15 229	2 759	12 470	544
多年平均	14 372	10 822	3 550	20 834	16 528	6 458	10 070	4 306
保证率（%）	46			51				

表 9-9 峡山水库灌区井渠联合灌溉方案Ⅳ模拟结果 （单位：万 m^3）

年份	城市用水			灌区用水				
	需水量	供水量	缺水量	需水量	总供水量	地表水供水量	地下水供水量	缺水量
1970	14 372	14 372	0	13 471	13 471	8 244	5 227	0
1971	14 372	14 372	0	16 352	16 352	10 445	5 907	0
1972	14 372	14 372	0	24 928	24 928	14 228	10 700	0
1973	14 372	14 372	0	18 287	18 287	10 232	8 055	0

续表 9-9

年份	城市用水			灌区用水				
	需水量	供水量	缺水量	需水量	总供水量	地表水供水量	地下水供水量	缺水量
1974	14 372	14 372	0	13 225	13 225	6 974	6 251	0
1975	14 372	14 372	0	17 837	17 837	11 540	6 297	0
1976	14 372	14 372	0	19 306	19 306	11 834	7 472	0
1977	14 372	8 178	6 194	30 222	17 760	2 265	15 495	12 462
1978	14 372	7 754	6 618	18 529	18 529	6 479	12 050	0
1979	14 372	14 372	0	19 257	19 257	11 380	7 877	0
1980	14 372	14 372	0	20 133	20 133	13 649	6 484	0
1981	14 372	14 372	0	32 313	26 841	11 346	15 495	5 472
1982	14 372	8 830	5 542	21 802	21 802	7 499	14 303	0
1983	14 372	5 922	8 450	26 928	12 454	0	12 454	14 474
1984	14 372	4 306	10 066	18 641	9 118	0	9 118	9 523
1985	14 372	7 838	6 534	16 048	13 933	1 563	12 370	2 115
1986	14 372	14 372	0	33 117	16 497	6 686	9 811	16 620
1987	14 372	1 262	13 110	16 278	10 019	0	10 019	6 259
1988	14 372	2 397	11 975	35 630	4 457	0	4 457	31 173
1989	14 372	190	14 182	26 237	6 974	0	6 974	19 263
1990	14 372	7 621	6 751	10 891	10 891	4 297	6 594	0
1991	14 372	14 372	0	23 632	23 632	14 826	8 806	0
1992	14 372	1 067	13 305	19 282	15 495	0	15 495	3 787
1993	14 372	7 187	7 185	21 795	21 795	6 866	14 929	0
1994	14 372	14 212	160	18 973	18 275	2 780	15 495	698
1995	14 372	12 033	2 339	21 136	16 285	3 742	12 543	4 851
1996	14 372	8 742	5 630	22 894	20 214	5 791	14 423	2 680
1997	14 372	14 372	0	23 130	13 829	3 416	10 413	9 301
1998	14 372	14 372	0	17 506	17 506	11 886	5 620	0
1999	14 372	14 372	0	18 614	18 614	12 784	5 830	0
2000	14 372	14 372	0	25 402	10 842	2 447	8 395	14 560
2001	14 372	13 289	1 083	25 359	19 552	6 335	13 217	5 807
2002	14 372	14 372	0	23 396	14 999	5 603	9 396	8 397
2003	14 372	8 256	6 116	9 586	9 586	1 994	7 592	0
2004	14 372	14 372	0	14 255	14 255	9 904	4 351	0
2005	14 372	14 372	0	16 298	16 298	11 772	4 526	0
2006	14 372	10 914	3 458	25 244	16 238	743	15 495	9 006
2007	14 372	9 232	5 140	15 773	15 773	1 003	14 770	0
多年平均	14 372	10 850	3 522	20 834	16 191	6 330	9 861	4 643
保证率（%）		46				51		

表 9-10　峡山水库灌区井渠联合灌溉方案Ⅴ模拟结果　（单位：万 m^3）

年份	城市用水			灌区用水				
	需水量	供水量	缺水量	需水量	总供水量	地表水供水量	地下水供水量	缺水量
1970	14 372	14 372	0	13 471	13 471	0	13 471	0
1971	14 372	14 372	0	16 352	15 495	0	15 495	857
1972	14 372	14 372	0	24 928	12 448	0	12 448	12 480
1973	14 372	14 372	0	18 287	11 271	0	11 271	7 016
1974	14 372	12 928	1 444	13 225	13 225	0	13 225	0
1975	14 372	14 372	0	17 837	15 495	0	15 495	2 342
1976	14 372	14 372	0	19 306	13 491	0	13 491	5 815
1977	14 372	8 178	6 194	30 222	5 510	0	5 510	24 712
1978	14 372	7 754	6 618	18 529	11 094	0	11 094	7 435
1979	14 372	11 098	3 274	19 257	11 527	0	11 527	7 730
1980	14 372	11 155	3 217	20 133	9 926	0	9 926	10 207
1981	14 372	14 372	0	32 313	4 991	0	4 991	27 322
1982	14 372	14 372	0	21 802	11 176	0	11 176	10 626
1983	14 372	14 372	0	26 928	6 297	0	6 297	20 631
1984	14 372	14 372	0	18 641	9 118	0	9 118	9 523
1985	14 372	9 560	4 812	16 048	11 589	0	11 589	4 459
1986	14 372	14 372	0	33 117	6 468	0	6 468	26 649
1987	14 372	11 081	3 291	16 278	10 019	0	10 019	6 259
1988	14 372	2 397	11 975	35 630	4 457	0	4 457	31 173
1989	14 372	190	14 182	26 237	6 974	0	6 974	19 263
1990	14 372	7 621	6 751	10 891	10 891	0	10 891	0
1991	14 372	14 372	0	23 632	11 715	0	11 715	11 917
1992	14 372	1 067	13 305	19 282	8 192	0	8 192	11 090
1993	14 372	7 187	7 185	21 795	12 047	0	12 047	9 748
1994	14 372	14 372	0	18 973	14 278	0	14 278	4 695
1995	14 372	14 372	0	21 136	10 500	0	10 500	10 636
1996	14 372	14 372	0	22 894	11 527	0	11 527	11 367
1997	14 372	14 372	0	23 130	8 705	0	8 705	14 425
1998	14 372	14 372	0	17 506	8 791	0	8 791	8 715

续表 9-10

年份	城市用水			灌区用水				
	需水量	供水量	缺水量	需水量	总供水量	地表水供水量	地下水供水量	缺水量
1999	14 372	14 372	0	18 614	12 143	0	12 143	6 471
2000	14 372	11 941	2 431	25 402	7 172	0	7 172	18 230
2001	14 372	14 201	171	25 359	10 050	0	10 050	15 309
2002	14 372	7 482	6 890	23 396	6 594	0	6 594	16 802
2003	14 372	8 256	6 116	9 586	9 586	0	9 586	0
2004	14 372	14 372	0	14 255	14 255	0	14 255	0
2005	14 372	14 372	0	16 298	15 495	0	15 495	803
2006	14 372	12 336	2 036	25 244	9 055	0	9 055	16 189
2007	14 372	9 232	5 140	15 773	12 272	0	12 272	3 501
多年平均	14 372	11 608	2 764	20 834	10 456	0	10 456	10 378
保证率(%)	51			13				

表 9-11　峡山水库灌区井渠联合灌溉模拟结果综合分析

措施		方案Ⅰ	方案Ⅱ	方案Ⅲ	方案Ⅳ	方案Ⅴ
城市用水	多年平均缺水量(万 m^3)	3 290	3 358	3 550	3 522	2 764
	供水保证率(%)	54	54	46	46	51
灌区用水	多年平均地表水供水量(万 m^3)	9 033	5 985	6 458	6 330	0
	多年平均地下水供水量(万 m^3)	0	10 303	10 070	9 861	10 456
	多年平均缺水量(万 m^3)	11 801	4 546	4 306	4 643	10 378
	供水保证率(%)	23	59	51	51	13

从模拟结果来看：

(1)峡山水库在优先向城市供水情况下，灌区年均缺水量达到 1.18 亿 m^3，供水保证率仅 23%，表明水资源使用权的转移导致农业灌溉缺水。

(2)峡山水库灌区在保障地下水不超采，即按多年平均采补平衡控制的情况下，利用潜水水源进行灌溉，多年平均缺水量为 1.04 亿 m^3，供水保证率为 13%，表明仅依赖于灌区当地的地下水并不能保障农业灌溉用水。

(3)采用地表水与地下水联合向灌区供水的情况下，三个方案(Ⅱ、Ⅲ、Ⅳ)模拟结果农业灌溉保证率均达到50%以上，城市用水多年平均缺水量比较接近，供水保证率变化幅度也不大，表明农业灌溉利用水库水源主要集中于丰水和平水年份，对城市供水影响有限。

(4)在灌区采取井渠结合的灌溉方式时,渠道衬砌对供需平衡结果有影响,从低、中、高三种衬砌程度方案模拟结果来看,灌区多年平均缺水量呈下抛物线特点,由此也表明灌区衬砌程度并非越高越有利于灌区多水源联合灌溉。

(5)从井渠联合供水结果来看,地表水供水量占 1/3 左右,因此灌区内可保留 1/3 为纯渠灌区,其他区域逐步发展为井渠双灌区。

第三节　水库灌区井渠联合灌溉对策

由于城市化发展的需要,大型水库水源将不可避免地由灌区灌溉向城市供水转移,采用井渠联合非充分灌溉的方式是解决灌区用水安全的重要选择。具体包括以下对策:

(1)对于城市供水任务较大的大中型灌区,积极建设井渠联合灌溉设施,包括引水渠道和机井配套。

(2)对灌区科学划分成渠灌区、井渠双灌区和井灌区,滨河地带或地下水补给较好的区域以发展井灌为主,而对于补水条件差或渠系末端区域,则应大力改善渠灌条件。

(3)实施井渠联合供水的灌区在实施节水改造工程建设时,科学控制渠道衬砌强度,衬砌宜集中于干渠和主要的支渠,以保障渠系末端在引水时保存下渗补源条件。

(4)建设灌区墒情、雨情、地下水位监测与预报机制,开展精细化灌溉管理,充分利用灌区含水层的调蓄作用,提高供水保证率。

(5)设置水库向城市供水规模的上限,保障灌区在采用井渠联合灌溉并按照地下水多年平均采补平衡的情况下,供水保证率能达到 50% 以上。

(6)利用灌区内的沟渠设施,增设阻滞水隔坝,进一步提高雨洪水集蓄、促渗能力。

第十章　季节性河流人工生态补水技术

河流是接纳污废水的主要场所，保持其自净能力是实施河流系统水资源与水生态协调发展的关键环节。然而，对于北方季节性河流，在枯水季节受自身来水量减少及梯级拦蓄开发等因素影响，河道自净能力往往丧失殆尽，此时需要通过人工干预实施生态补水来确保其水功能区水质达标。小清河干流济南段，依据其生态需求进行了多次生态补水，取得了明显成效。

第一节　季节性河流水功能区水质达标可能性分析

按照当前最严格水资源管理制度建设要求，实施水功能区限制纳污红线控制管理，就是要确定各河道水功能区纳污总量控制指标，以水功能区水质达标作为流域水资源保护的重要抓手，严格控制主要污染物入河总量。总体目标是到 2015 年，国家级重要江河湖泊水功能区水质达标率提高到 60% 以上，检测指标为 COD 和氨氮达标率。就山东省来看，要求到 2015 年全省重要水功能二级区达标率达到 44. 6%，其中饮用水源区 95. 0%、工业用水区 100. 0%、农业用水区 50. 0%、渔业用水区 50. 0%、景观娱乐用水区 33. 3%、过渡区 20. 0%、排污控制区 20. 0%。

在正常情况下，污染物进入水体后，立即受到平流输移、纵向离散和横向混合作用，同时与水体发生物理、化学和生物生化作用，水体中污染物浓度逐渐降低，水质逐渐好转，这就是污染物在水体中的稀释降解过程。因此，健康的河流自身对污染物都有一定的自然净化能力，即污染物在水环境中通过物理降解、化学降解和生物降解等使水中污染物的浓度降低。一般来说，河流的流量越大，那么径污比也越大，也越有利于污染物的混合稀释，自净程度相对就较高。相比较来说，由于季节性河流的流量受大气降水影响十分明显，在枯水季节甚至出现断流，因而其河道自净能力年际、年内波动较大，断流时则失去自净能力。此时，进入河流的污废水水质状况直接决定了其水环境状况。然而，按照当前我国执行的《污水排入城镇下水道水质标准》（CJ 343—2010）、《污水综合排放标准》（GB 8978—1996）以及《城镇污水处理厂污染物排放标准》（GB 18918—2002 一级 A 标准），即使进入河流的污废水均经过污水处理厂处理后达标排放，也无法达到《地表水环境质量标准》（GB 3838—2002）中Ⅴ类水标准，也就是水功能区达标中的最低要求。各相关水质标准 COD 及 NH_3-N 指标对比如表 10-1 所示。

可以看出，对于季节性河流，在断流时只要有污废水进入河流就无法满足水功能区达标要求；而在枯水月份，也有可能因来水量过低而无法满足自净功能。换句话说，仅通过污水收集处理、减少污水排放等措施并不能保证季节性河流枯水月份水功能区水质达标。解决上述难题的唯一出路就是在河流水功能区限制纳污总量控制的基础上实施动态补水调节。

表 10-1　水质标准 COD 及 NH_3-N 指标对比

指标	地表水环境质量标准（GB 3838—2002）			城镇污水处理厂污染物排放标准（GB 18918—2002）一级 A 标准	污水综合排放标准（GB 8978—1996）		污水排入城镇下水道水质标准（CJ 343—2010）		
	Ⅲ	Ⅳ	Ⅴ		一级	二级	A 等	B 等	C 等
COD（mg/L）	20	30	40	50	100	150（综合）	500	500	300
NH_3-N（mg/L）	1.0	1.5	2.0	5	15	25	45	45	25

注：污水综合排放标准中，排入地表水环境质量标准Ⅲ类水域执行一级标准，排入Ⅳ类和Ⅴ类水域执行二级标准。

第二节　小清河流域及济南段干流概况

一、小清河流域概况

小清河横贯鲁中腹地，北临被称为“地上悬河”的黄河，南依泰沂山地，西起济南市西郊玉符河东堤睦里闸，东流经历城、章丘等县，至寿光羊角沟镇以东注入渤海莱州湾，全长 237 km（含羊口港以下 21 km），是山东省境内的一条重要河流，也是全省唯一的排洪、除涝、灌溉、航运等多目标利用的河流。流域面积 10 572 km^2，约占全省面积的1/15，包括济南、惠民（滨州）、淄博、东营、潍坊等 5 市的历城、章丘、邹平、高青、桓台、周村、张店、淄川、临淄、博山、益都、博兴、广饶、寿光等 18 个县（市、区），如图 10-1 所示。

小清河流域地处平原山丘交界地带，地形较复杂，各支流下游至小清河干流之间主要由山前冲积洪积扇和黄河冲积平原所组成，多为湖泊洼地。流域地势由南向北倾斜，地面坡降由 1/500 逐渐减小为 1/1 500 ~ 1/3 000。沿岸的支流绝大部分从南岸注入，形成极不对称的羽状水系。一级支流有 20 条，主要有韩仓河、巨野河、绣江河、杏花河、孝妇河、乌河、淄河、新塌河、老预备河等。小清河流域的地质构造属于华北陆台的一部分。在主要支流的上游山区，岩石主要有片麻岩、花岗岩和石灰岩，其中上寒武纪和奥陶纪石灰岩分布较广。中游分布着石炭 - 二叠纪地层及侏罗纪碎屑岩类地层。北部平原区为第四纪沉积层。在胶济铁路以北的冲积洪积扇和古河道带，覆盖着较厚的卵石、砂砾层，富水性强，是山东省地下水资源较丰富的地区之一。

根据《山东省水功能区限制纳污控制指标（试行）》，小清河干流有 4 个水功能区，水质目标在地表水质量Ⅲ类水至Ⅴ类水之间，限制纳污指标中 COD 为 2.16 万 t/a、NH_3-N 为1 011 t/a，如表 10-2 所示。

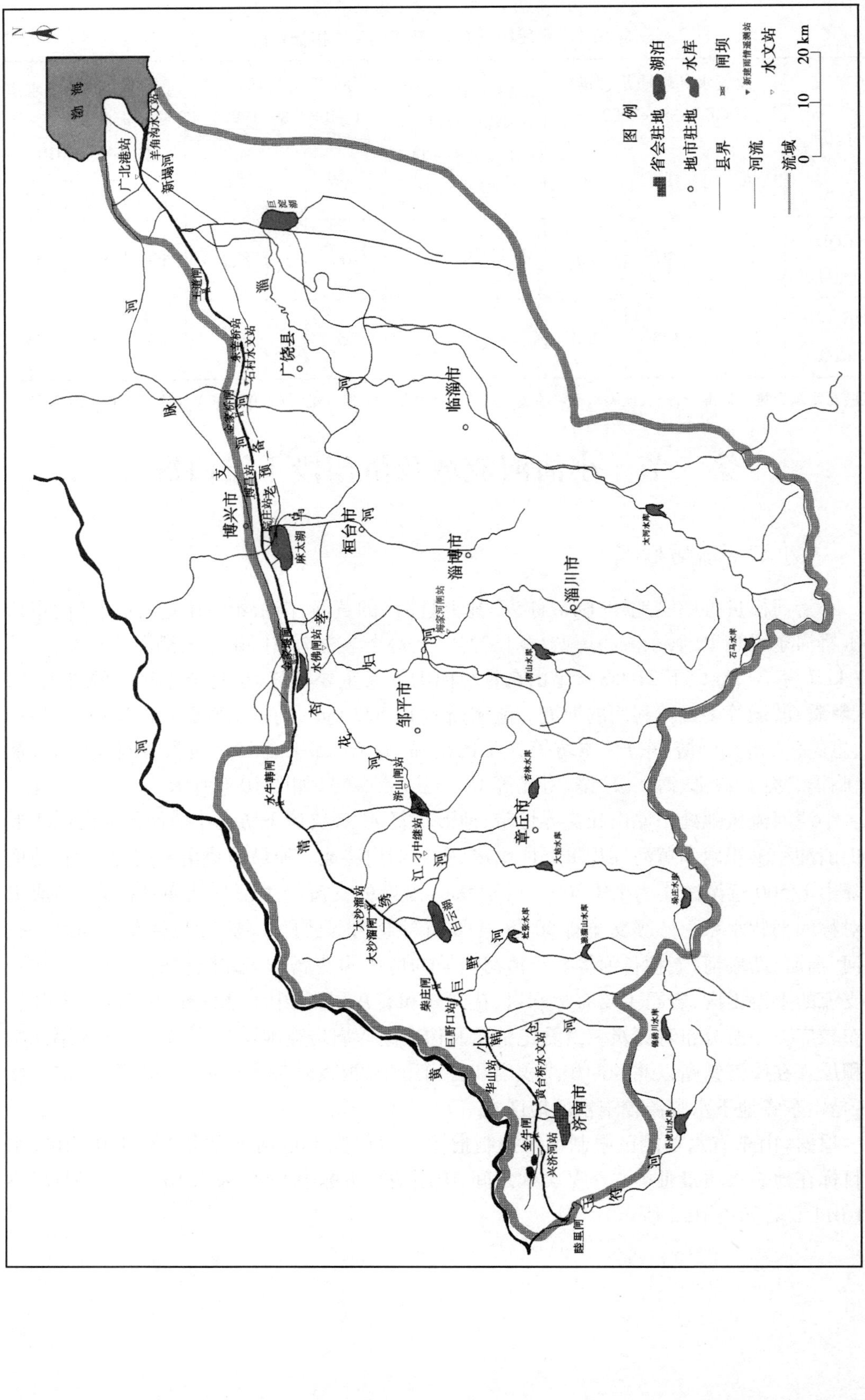
渤海
广北港站
羊角沟水文站
新塌河
巨淀湖
广饶县
临淄市
博兴市
桓台市
淄博市
淄川市
邹平市
章丘市
济南市
麻太湖
白云湖
图例
省会驻地
地市驻地
县界
河流
流域
湖泊
水库
闸坝
水文站
0　10　20 km

图10-1　小清河流域图

表 10-2　小清河干流水功能区限制纳污控制指标

水功能二级区	起始断面	终止断面	长度(km)	水质目标	限制纳污指标(t/a)	
					COD	NH_3-N
小清河济南饮用水源区	睦里闸	柴庄闸	52	Ⅲ	3 748	194
小清河济南农业用水区	柴庄闸	五龙堂	18.4	Ⅴ	4 333	212
小清河滨州淄博农业用水区	五龙堂	博兴西营	95.5	Ⅴ	9 744	443
小清河东营农业用水区	博兴西营	寿光市羊口镇	71.2	Ⅳ	3 761	162
小计	睦里闸	寿光市羊口镇	237.1	—	21 586	1 011

二、小清河干流济南段概况

小清河济南段全长 70.4 km,流域面积 2 792 km^2,占济南市面积的 34%。整个流域地形复杂,呈南高北低之势,南部是植被较好的山丘区,高程一般在 100 ~ 500 m,东、西部为山前冲积平原,北部为黄泛平原,高程一般在 25 ~ 50 m,济南市城区即处于山丘和平原的过渡带上,涉及槐荫、天桥、市中、历下、历城、章丘等 6 区(市)。

小清河干流济南段右岸支流有腊山河、兴济河、工商河、西泺河、东泺河、柳行河、全福河、大辛石河、巨野河等,多为季节性山洪河流,其上游坡降较大,汛期泄洪迅速,年内有水期较短,长期处于干涸状态。进入市区,坡降变缓,成为城区工业、生活污水的排泄河道。左岸支流有南太平河、北太平河、虹吸干河等平原性人工河流。这些河道多受引黄灌溉影响,汛期排洪,枯季排引黄尾水及部分地下水,除虹吸干河外,其他均常年有水。

小清河上游左岸有美里湖、洋涓洼、华山洼等湖泊洼地,城区内有著名的观赏性湖泊——大明湖。过去这些湖泊洼地对洪水起着重要的蓄滞作用,但随着经济社会的发展,美里湖、洋涓洼等洼地已逐步辟为经济开发区,华山洼也因开发、工程老化等,其蓄滞能力大大降低。小清河济南段流域水系图见图 10-2。

由于小清河已成为济南市主要的排污通道,其干流水质受排污总量及污染物浓度影响,据《山东省重点水功能区水质通报》中对吴家铺、黄台桥、柴庄闸等断面的水质监测结果,现状水质均为劣Ⅴ类水,超标项目包括 COD 和氨氮等多个指标。

为提高小清河行洪能力并改善其生态环境,2007 年 11 月济南市开始实施小清河综合治理工程。该工程西起睦里闸、东至济南高速公路桥,长 31 km,按照百年一遇防洪流量疏浚、扩挖并进行包括防洪除涝、城市排水、截污治污、河道补水、景观营造等多方面的综合治理。一期工程为林家桥至济青高速段,长 13 km,沿线主河道由 50 m 拓宽到 75 ~ 90 m,计划于 2010 年底完成。而为促使小清河水功能区达标,在枯水期可以根据河道原有流量、污染物浓度等实施生态补水。有关部门专门组织开展了《小清河调水补源研究》,提出了玉符河(卧虎山水库)、引黄、引湖(东平湖)等补水方案。本次研究将建立河流水质数值模拟模型,在限制纳污总量控制指标基础上,结合补水水源的水质确定水功能区达标时所需的补水量及补水方案。

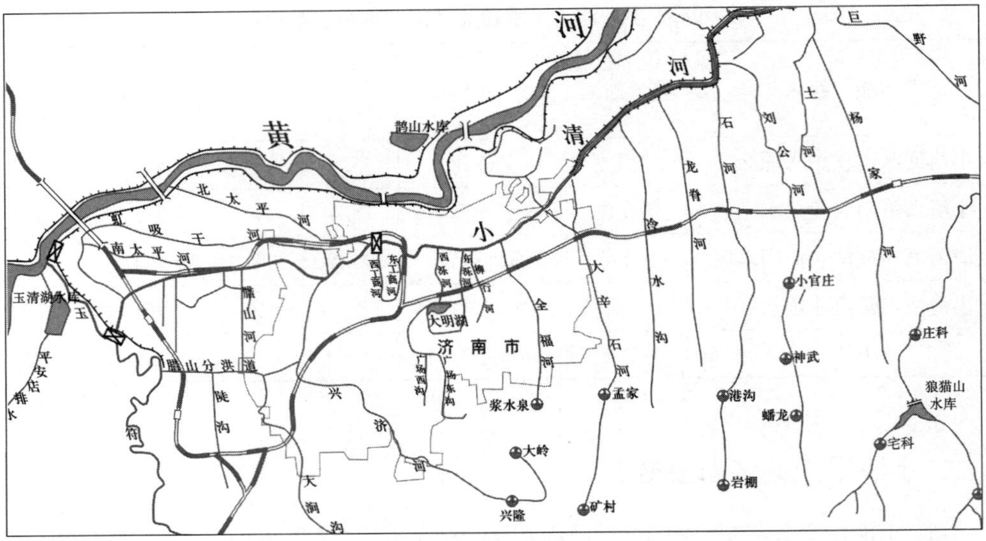

图 10-2　小清河济南段流域水系图

第三节　河流水质数值模拟模型

一、模拟原理

水环境模拟数学模型的建立是基于物量平衡原理。

（一）水体污染和自净

自然界中的水，包括空中水、地表水和地下水，都不是完全纯净的，它们在水文循环中由于与各种各样的物质接触，而使某些物质混入和溶入其中，并经历着不断的物理、化学、生物等变化过程，使水体存在着种类繁多的不同物质。向河流或湖泊排放污染物质，在不超过一定限度的情况下，存在着一种正常的生态平衡，如图 10-3 所示。一旦排入河流或湖泊的废水超过一定限度，正常的生物循环或生态平衡将被破坏，河流或湖泊即被污染。

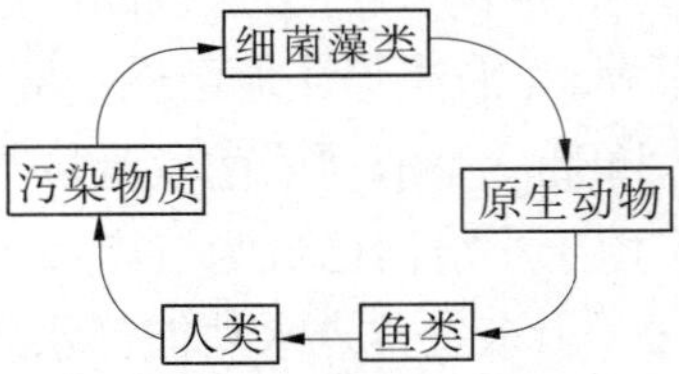

图 10-3　河流中的正常生物循环

另外，水体自身也有一定的净化废水中污染物质的能力，即水体自净能力。自净能力是指水体能够同化某些污染物质而保证水质满足其功能要求的能力。水体自净过程十分复杂，涉及污染物在水体中的迁移转化规律，它与物理、化学等因素有关。

（二）污染物的迁移转化过程

污染物在河流或湖泊中的迁移转化是一种物理的、化学的和生物的综合过程。物理迁移过程，是指随着河水的推移，污染物与河水混合，与泥沙悬浮颗粒吸附、解析、沉淀、再悬浮，污染物传热与蒸发及底泥中污染物以泥沙为载体被输送等物理作用下浓度降低的现象；化学净化过程，是指水体中的污染物在分解和化合、氧化与还原、酸碱反应等化学作用下,污染物浓度降低或毒性丧失的现象,例如水在流动中不断溶入大气中的氧气,使铁、锰等离子氧化成难溶的盐类而沉淀,从而减少了它们在水中的含量;生物净化过程,是指污染物在水体中的微生物群分泌的各种酶的作用下,发生分解和转化成为无害物质的现象。

一般污染物(包括无机的和有机的)变为溶解状或胶体状颗粒,它们在与河水相混合时,被分散和稀释。混合作用主要由河水的推移平流、湍流扩散或者紊流扩散,以及弥散或者离散所决定。推移平流也称平流,是由水流的平移作用所形成的。在推移平流过程中,各层水流都以相同的顺序通过,相互间不发生任何的混合和干扰,或者说,河流或湖泊各断面上各点流速处处相等。扩散是指流体中分子或质点的随机运动所产生的分散现象,它又分为分子扩散(指分子的无规则运动所产生的分散现象,服从菲克定律)、湍流扩散(受湍流中涡旋作用所产生的分散现象)、紊流扩散(紊流流场中各变量的瞬时值和平均值之间的随机脉动而产生的分散现象)和弥散(由于横断面上各点的实际流速不等而引起的,可以用菲克定律表示)。

(三)污染物的衰减变化

进入环境中的污染物可以分为两大类:守恒物质和非守恒物质。

守恒物质进入环境以后,随着介质的运动而不断变换所处的空间位置,还由于分散的作用不断向周围扩散而降低其初始浓度,但它不会因此而改变总量。

非守恒物质进入环境以后,除了随着环境介质而改变位置,并不断扩散而降低浓度外,还因自身的衰减而加速浓度的下降。非守恒物质的衰减有两种方式:一种是由其自身的运动变化规律决定的,如放射性物质的蜕变;另一种是在环境因素的作用下,由于化学的或者生物的反应而不断衰减,如可以生化降解的有机物在大气或者水体的微生物作用下的氧化分解过程。

为了反映污染物的稀释降解过程,常引入污染物综合降解系数这一参数,即将污染物受水体的物理、化学和生物等作用通过综合降解系数来表征,其反映了污染物自净过程的快慢程度,一般情况下其精度能够满足研究和管理的要求。

二、数学模型

采用 MIKE 11 建立相关模型进行河流水质模拟。目前,MIKE 11 被誉为动态模拟河流和水道水力的世界级标准,由丹麦 DHI 公司开发,具有无限的河流模拟能力。该软件系统以河流作为起点,可以使用 MIKE 11 设计、管理和运行河流系统。使用 MIKE 11 可以轻松地将分析扩大至泥沙输运和水质问题。MIKE 11 为河流水动力和环境模拟提供功能强大的和最全面的方法。目前,MIKE 11 已成功应用于河流和湿地的生态及水质评价、洪水风险分析和洪泛图绘制、排水和灌溉研究、河流和水库优化运作、实时洪水预报、泥沙输运及河床演变研究等领域。MIKE 11 主要包含水动力模块 HD、对流扩散模块 AD、降雨径流模块 RR 等。其中,水动力模块 HD 主要用于求解明渠流完全非线性 St. Venant 方程、扩散波和动力波简化方程、简化的河道演算、自动匹配次临界流和超临界流计算等;对流扩散模块 AD 主要用于求解溶解物或悬浮物的一维对流扩散方程,能精确计算较大浓度梯度,模拟黏性泥沙的侵蚀和沉积(视其为源/汇项);降雨径流模块 RR 包括众多降雨径流模型,如 NAM 集中型、概念型模型用于连续降雨径流模拟,UHM 单位水文过程线技术用于单一暴雨事件无河流流量记录的地区降雨径流模拟，SMAP 月度土壤湿度计算模型以及 FEH 英国 CEH Wallington 开发的洪水估算手册等。

MIKE 11 水质模块描述一维非恒定流是基于垂向积分的物质和动量守恒方程，即圣维南方程组，方程离散利用 Abbott 六点隐式格式，离散后的线性方程组用追赶法求解。MIKE 11 中描述物质在水体中对流扩散的一维方程为：

$$\frac{\partial AC}{\partial t} + \frac{\partial QC}{\partial x} - \frac{\partial}{\partial}\left(AD\frac{\partial C}{\partial x}\right) = -AKC + C_2 q \tag{10-1}$$

式中 C——浓度；

D——离散系数；

A——断面面积；

K——线性衰减系数；

C_2——源/汇浓度；

Q——横向入流；

q——与 C_2 对应的侧向入流；

x——空间坐标；

t——时间坐标。

对流扩散方程采用中心和空间的隐式差分格式。水质过程与对流扩散过程耦合计算的过程如下：

(1)由对流扩散模块计算第 $n+1$ 时间步的某一水质组分的浓度 $C_{n+1,AD}$；

(2)计算由对流扩散引起的浓度梯度 $L \quad C_{n+1,AD} = (C_{n+1,AD} - C_{n,AD})L_t$；

(3)由水质模块计算第 $n+1$ 时间步的该水质组分的浓度 $C_{n+1,WQ}$；

(4)计算由水质过程引起的浓度梯度 $L \quad C_{n+1,WQ} = (C_{n+1,WQ} - C_{n,WQ})/L_t$；

(5)计算总的浓度梯度 $L \quad C_{n+1,WQ} = L(C_{n+1,WQ} + C_{n+1,AD})$；

(6)对步骤(5)的计算结果采用 5 阶龙格 - 库塔方法进行积分求解，即可得到该时间步的物质浓度。

第四节 小清河干流济南段生态补水模拟研究

一、水质模型参数率定

选择小清河上游典型段进行模型定参分析。该河段上边界 8 +000 位于腊山河入小清河口上游，下边界 10 +000 至二环西路。定参模拟河段位置示意如图 10-4 所示。

(一)指标选择

本次将 COD、NH_3 - N 作为典型指标进行模拟。

(二)边界条件

一维水动力模型上游边界一般选择第二类模型边界条件流量随时间的变化过程，即 $Q=f(t)$，本次上游边界根据黄台桥水文站实测资料推求上游来水系列，下游边界按概化的固定水位边界处理。上游流量边界及下游水头边界如图 10-5 所示。

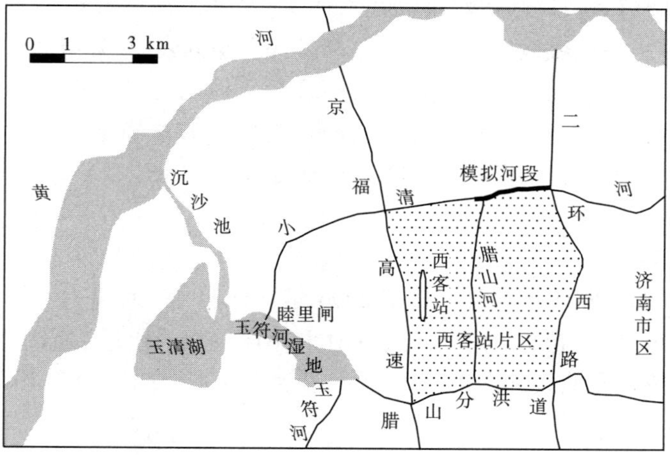

图 10-4　定参模拟河段位置示意

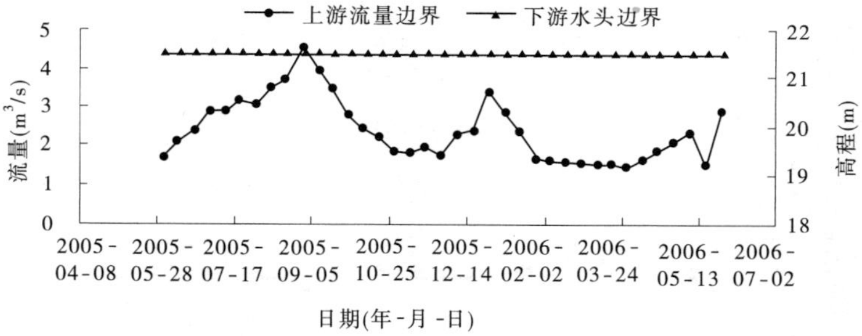

图 10-5　上游流量边界及下游水头边界

经调查，上游无污染源，来水浓度为恒定浓度，其 COD、NH_3-N 浓度分别为 5.29 mg/L、0.5 mg/L。由于腊山河以工业生活污水为主，常年来水量较为恒定，通过实测资料，腊山河支流边界流量为 1.2 m^3/s；COD、NH_3-N 的浓度分别为 19.16 mg/L 和 7.0 mg/L。

（三）模拟参数

本次应用 MIKE 11 中的 AD 模块进行污染物对流－扩散模拟，主要包括需要模拟的水质参数、河流扩散系数以及污染物衰减系数等模型参数。其中，模拟的水质参数包括 COD、NH_3-N 两个。河流的扩散系数以及污染物的衰减系数对模型的稳定性以及结果的准确性影响较大，并且需要通过反复的调算确定率定的参数。

扩散系数通过式(10-2)进行计算：

$$D = \alpha V^b \tag{10-2}$$

式中　V——流速；

α——系数；

b——扩散指数，一般小河流的扩散指数为 1～5 m^2/s，大河流的扩散指数为 5～20 m^2/s。

污染物综合降解系数反映了污染物在水体中，尤其是在径流较小的河流中降解的速率，它是决定水体水环境容量的重要因素之一。许多研究表明，降解系数不但与河流的水文条件，如流量、水温、水深、泥沙含量有关，而且与水体的污染程度关系密切。污染物综合降解系数可以通过实测资料率定、类比、分析、借用等方法确定。本次研究在参考其他学者研究成果的基础上，利用实测资料率定确定 COD、NH_3-N 综合降解系数分别为 0.23/d、0.18/d。

(四)计算结果

模型模拟时间是2005年6月1日至2006年5月31日，时段为一年，模拟时间步长1 min；模拟断面9组，模拟指标包括水位、COD 和 NH_3-N。通过 MIKE 11 计算，8+475、9+300断面的水位拟合曲线如图10-6所示。沿程水深拟合曲线如图10-7所示。

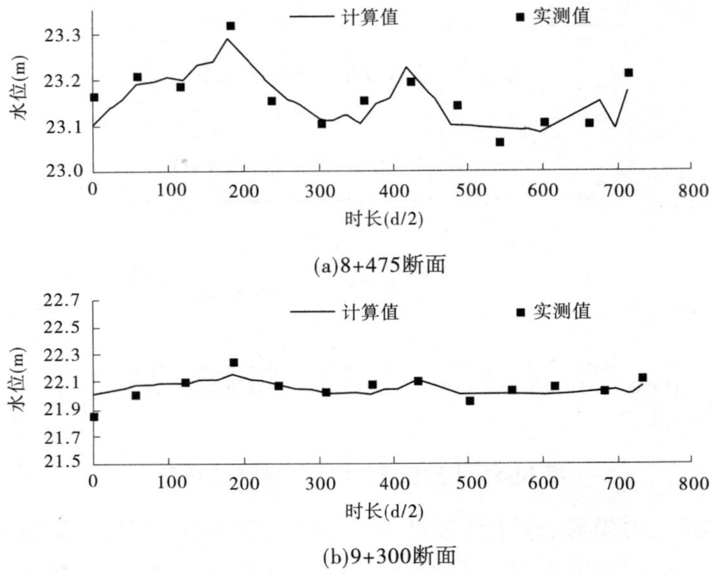

图10-6　典型断面水位拟合曲线

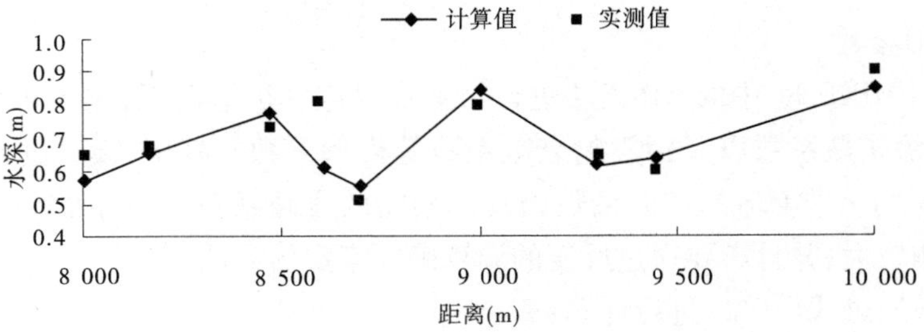

图10-7　沿程水深拟合曲线(2005年9月1日)

由图10-6、图10-7可以看出，水流模型是比较稳定的，可以进一步进行水质模拟计算。水质模块 AD 是在水动力模块 HD 的基础上耦合建立的，具体模拟结果如图10-8、图10-9所示。

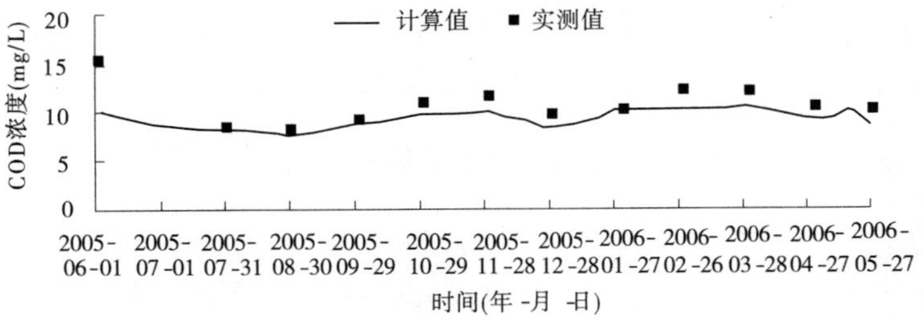

(a)8+475断面

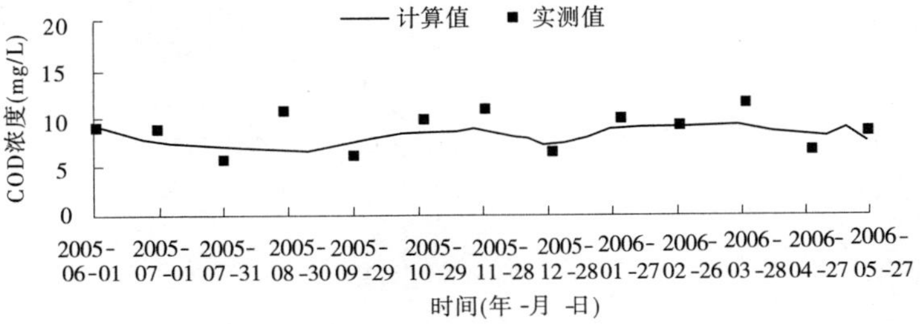

(b)9+300断面

图 10-8 典型断面 COD 浓度拟合曲线

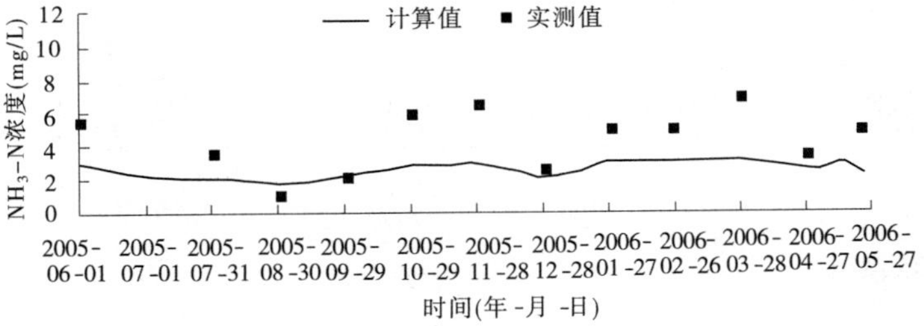

(a)8+475断面

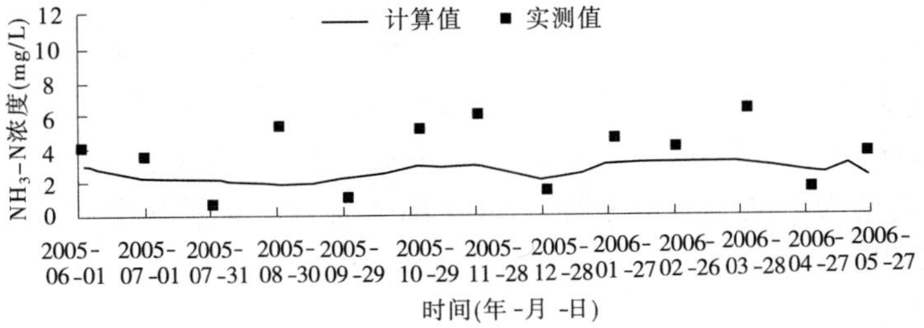

(b)9+300断面

图 10-9 典型断面 NH_3-N 浓度拟合曲线

由图 10-8、图 10-9 可以看出，污染物浓度拟合的结果与实测值在时间变化趋势上是吻合的，断面浓度的计算结果存在一定的偏差，这与资料的丰富程度以及水质数据的测量有一定关系。此外，两种浓度的变化趋势也有一定的相似性，这主要是由上游来水流量决定的，上游来水量大的季节，污染物浓度相对较低；反之，污染物浓度较高。总体看来，模型是稳定的，可以用作下一步的生态补水方案模拟。

二、水功能区限制纳污方案及数值模拟分析

（一）方案

分别考虑从东平湖引水和从田山电灌站引水向小清河补水，补水点为睦里闸，小清河干流济南段生态补水方案示意如图 10-10 所示。

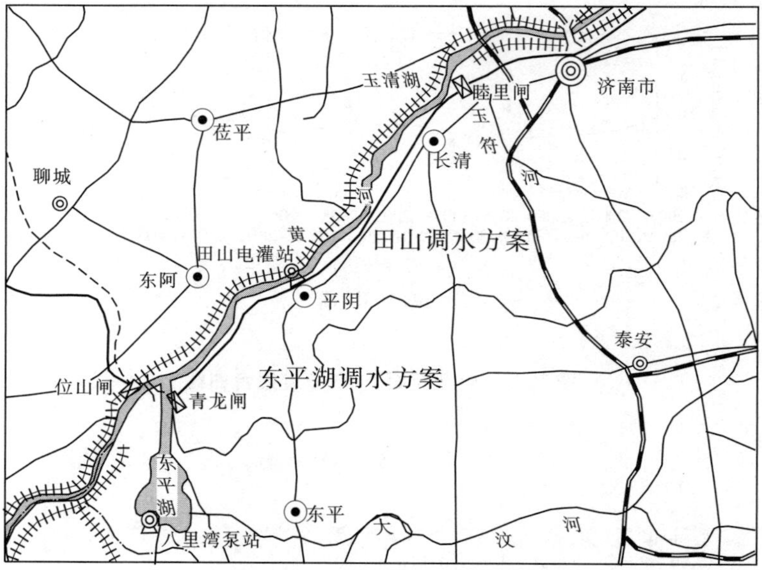

图 10-10　小清河干流济南段生态补水方案示意

（二）边界条件

1. 横断面

根据济南市小清河综合治理工程设计成果，二环西路以上为梯形土渠断面，京福高速公路以上设计河底宽为 20 m，上口宽 70 m，京福高速公路以下设计河底宽 50 m，上口宽 110 m；西外环至洪园桥河段主河槽为钢筋混凝土直墙，复式断面，河道底宽从 50 m 渐变至 90 m，两侧各 20 m 的复河槽兼作绿化带，河道上口从 90 m 渐变至 130 m；洪园桥—巨野河口段，河道变为土质梯形复式河道，底宽渐变为 100 m，两侧堤距 210 m。小清河典型横断面如图 10-11 所示。

2. 纵断面

睦里闸跌水至二环西路上游 300 m 处河段比降为 1/2 500，至柳行河段比降为 1/5 500，至洪园桥比降为 1/8 500，至巨野河段比降为 1/11 300。

3. 流量

小清河源头来水流量按 1 m^3/s 计列，泉水涌水补给量按济南市近期保泉目标 10 万

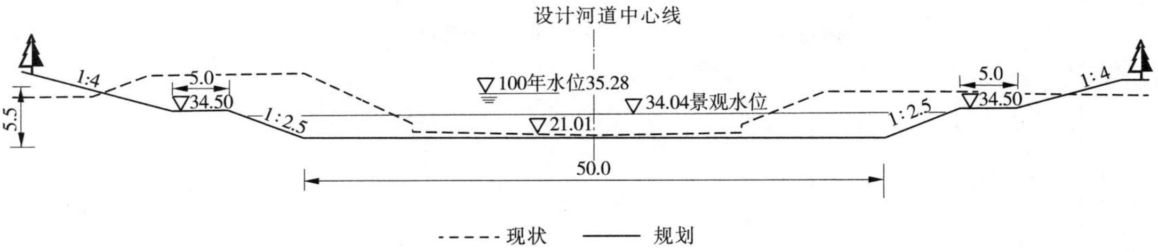

图 10-11　小清河典型横断面图（单位：m）

m^3/d（1.16 m^3/s）考虑。污水量按水功能区限制纳污总量、污水排放污染物浓度推求。设计流量结果如表 10-3 所示。

表 10-3　小清河干流济南段生态补水模拟设计流量

功能区	项目	水功能区限制纳污条件		设计条件	
		限制纳污指标（t/a）	按一级 A 标准排放推求平均流量（m^3/s）	设计流量（m^3/s）	对应浓度（mg/L）
小清河济南饮用水源区	COD	3 748	2.38	2.38	50
	NH_3-N	194	1.23		2.59
小清河济南农业用水区	COD	4 333	2.75	2.75	50
	NH_3-N	212	1.34		2.45

4. 水质

源头来水量 COD 浓度为 20 mg/L、NH_3-N 浓度为 0.5 mg/L；泉涌水 COD 浓度为 5.9 mg/L、NH_3-N 浓度为 0.5 mg/L；污水经处理厂处理后按一级 A 标准排放，COD 浓度为 50 mg/L、NH_3-N 浓度为 5 mg/L；水功能区达标，Ⅲ类水 COD 浓度为 20 mg/L、NH_3-N 浓度为 1.0 mg/L，Ⅴ类水 COD 浓度为 40 mg/L、NH_3-N 浓度为 2.0 mg/L。在补水水源中，东平湖水源 COD 浓度为 20 mg/L、NH_3-N 浓度为 0.65 mg/L；引黄水（田山电灌站）COD 浓度为 16.9 mg/L、NH_3-N 浓度为 0.45 mg/L。

（三）模拟结果

小清河干流济南段河网及断面概化如图 10-12 所示。

经反复调试，当采用田山电灌站引黄补源时，补水流量达到 1.96 m^3/s 时，可满足水功能区水质达标要求；当采用东平湖引湖补源时，补水流量达到 2.05 m^3/s 时，可满足水功能区水质达标要求。模拟结果如图 10-13、图 10-14 所示。

由以上模拟结果可以看出：

（1）无论是引黄补源还是引湖补源，都可以通过补充一定量的水源满足小清河干流济南段水功能区水质达标要求；

（2）当小清河济南饮用水源区水质达到Ⅲ类水标准时，其下游的济南农业用水功能区在当前限制纳污总量控制下，无须增加补水即可达到Ⅴ类水标准。

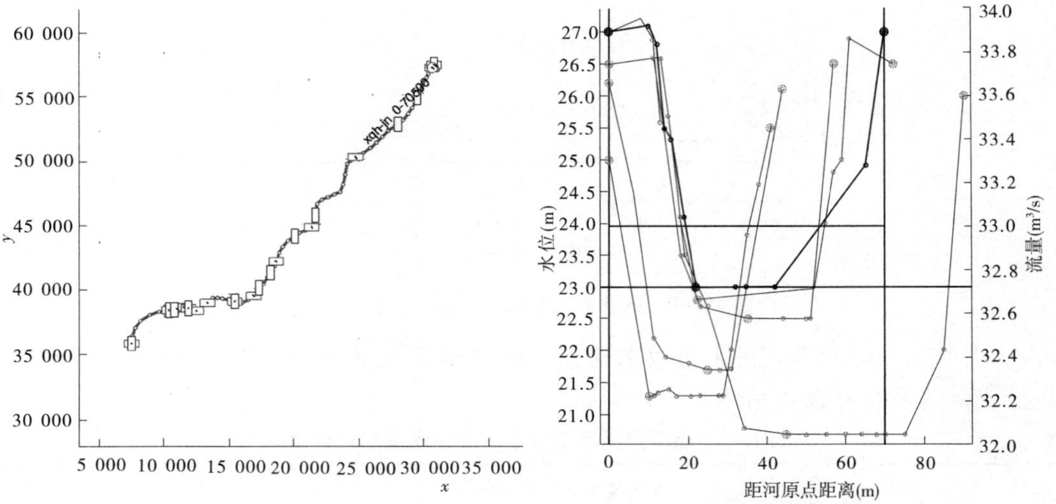

(a)河道纵向概化　　(b)河道断面概化

图 10-12　小清河干流济南段河网及断面概化

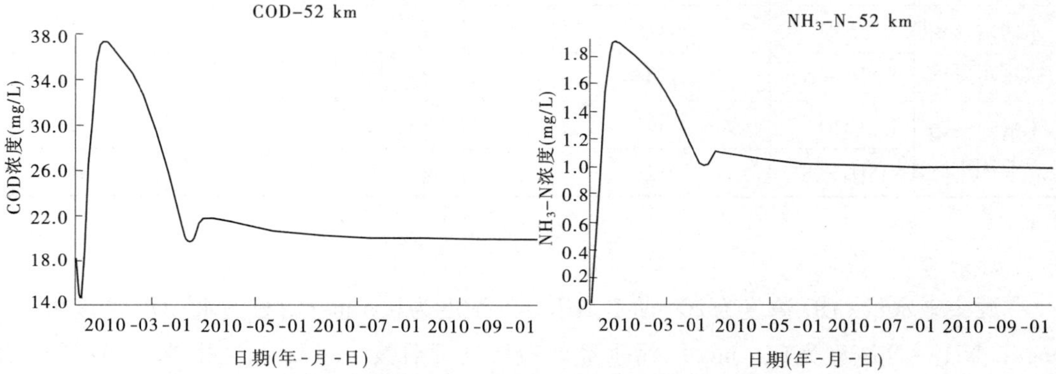

(a)小清河济南饮用水源功能区控制断面水质模拟结果

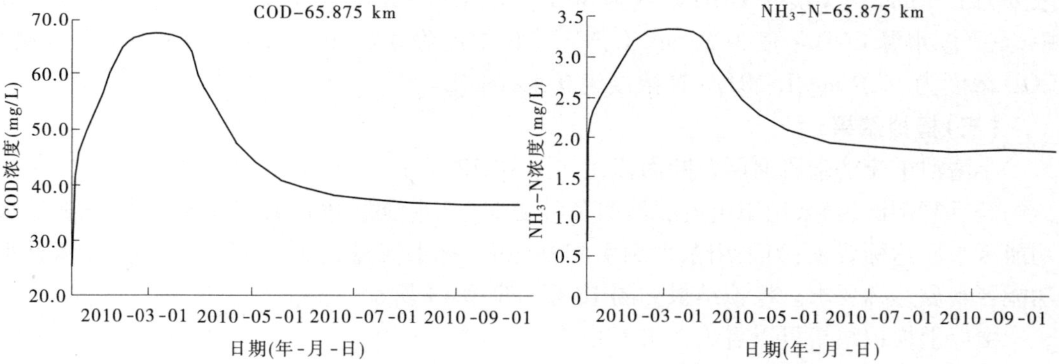

(b)小清河济南农业用水功能区控制断面水质模拟结果

图 10-13　引黄补源水质模拟结果

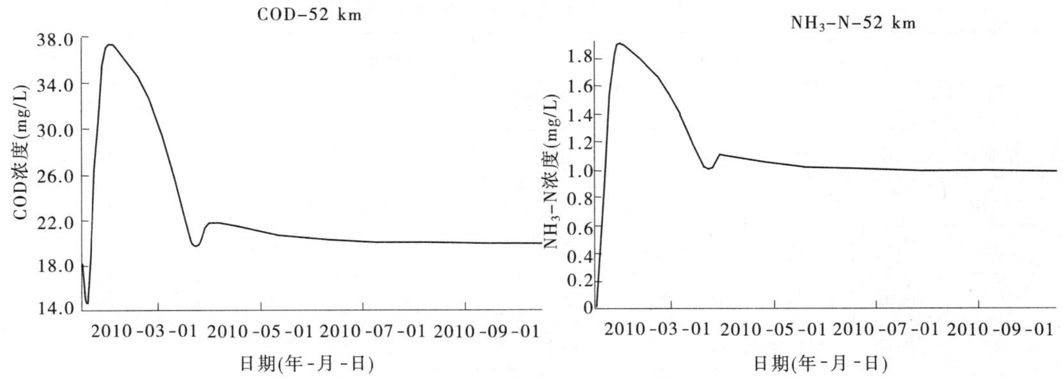

(a)小清河济南饮用水源功能区控制断面水质模拟结果

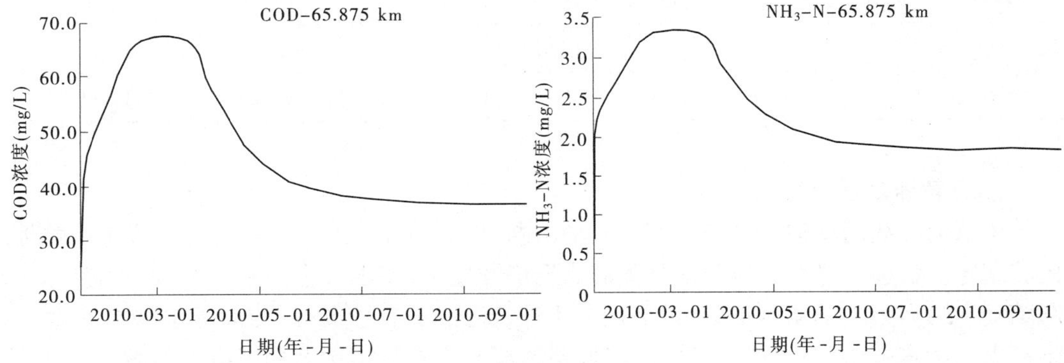

(b)小清河济南农业用水功能区控制断面水质模拟结果

图 10-14　引湖补源水质模拟结果

第五节　小清河干流生态补水与管理方案

一、生态补水方案

为了保障小清河干流早日实现水功能区标准,可以通过多种渠道实施生态补水。

(一)水库补源

小清河南岸支流众多,主要有韩仓河、巨野河、绣江河、杏花河、孝妇河、胜利河、东朱龙河、西朱龙河、乌河、淄河、新塌河等,但由于支流上游多建有大小不等的水库,因此下游河水常处于断流状态,河道上已不再具备良好的地表水拦蓄条件。河道上游建设的大中型水库包括郎茂山、杜张、垛庄等8座,总库容达2.85亿m^3、兴利库容为1.73亿m^3,目前主要用作农业灌溉及城市用水。近几年,上述水库基本完成了除险加固工作,可根据实际运行情况对水库汛限水位进行调整,以充分拦蓄洪水资源用于向小清河补水,如总体提高10%则补水量可达1 700万m^3以上,在小清河出现短期补源要求时用于应急补源。

小清河流域大中型水库基本情况如表10-4所示。

表 10-4　小清河流域大中型水库基本情况

水库名称	建库时间	位置	流域面积（km^2）	库容（万 m^3）	兴利库容（万 m^3）
郎茂山	1959 年 11 月	历城	32.0	1 215	623
杜张	1959 年 11 月	章丘	226.0	1 148	440
垛庄	1958 年 11 月至 1966 年 7 月	章丘	56.0	1 189	1 094
大站	1965 年 12 月至 1968 年 5 月	章丘	440	1 891	961
杏林	1971 年 10 月	章丘	180.2	1 010	835
萌山	1958 年 11 月至 1966 年 7 月	淄博周村	288.0	8 210	4 755
石马	1959 年 11 月至 1970 年 9 月	博山	75.0	1 573	791
太河	1960 年 2 月	淄川	78.0	12 288	7 832
合计	—	—	1 375.2	28 524	17 331

(二)蓄滞洪区补源

小清河沿线的湖泊,主要有大明湖、华山湖、美里湖、白云湖、芽庄湖、青沙湖、麻大湖、巨淀湖等。目前,美里湖、洋涓洼已被辟为经济开发区,基本失去滞蓄能力;麻大湖(又称马踏湖)已遭污染,需蓄水净化,发展副业生产;芽庄湖、青沙湖、巨淀湖等也基本萎缩,滞洪蓄水功能丧失殆尽。总的来看,沿河各湖泊洼地只有华山湖及白云湖经复修尚具滞洪蓄水能力,可通过拦蓄洪水向小清河干流补水。

1. 华山湖(华山洼)

华山湖位于济南市东北部,历城区境内面积约 17 km^2,由华山沟、赵王河、友谊河向洼地分洪。区内旅游景点开发较快,且厂矿企业逐年增加,上华山洼低于最高蓄水位的面积 8.0 km^2,现状蓄滞能力约 500 万 m^3;下华山洼低于最高蓄水位的面积 9.0 km^2,现状蓄滞能力约 900 万 m^3。

2. 白云湖

白云湖也叫刘郎中陂,位于章丘市西北部,与济南市历城区相邻,北距小清河 4 km,东距绣江河 3.5 km。1958 年,白云湖被辟为滞洪区,面积达 16.95 km^2,滞洪量可达 8 000 万 m^3;分洪枢纽工程位于湖区东面的绣江河上,经分洪道进入湖区;泄洪闸位于湖区北岸,可通过此闸将多余的水泄入小清河内。目前,白云湖地区已进行了景观开发。

(三)引黄补源

引黄补源,引水位置一是田山电灌站,二是北店子引黄闸,三是马扎子引黄闸。下游也可通过引黄济青工程引黄。

田山引黄灌区位于济南市黄河右岸平阴县和泰安市肥城境内,是山东省最大的电力引黄灌溉工程,工程由水利部和黄河水利委员会批准后于 1968 年 11 月正式动工,1971 年 1 月竣工,年底投入运行。灌区总面积 162 万亩,设计灌溉面积 31.7 万亩,配套灌溉面积 14 万亩,排涝面积 1.6 万亩,主要分布于平阴、肥城 2 县(市)的 12 个乡镇,解决了 81

个村6.2万人畜的吃水困难，同时还担负平阴县城周围近50 km^2 的排洪排涝任务。一级提泵站位于黄河右岸田山脚下黄河弯道顶点下游300 m处，设计总扬程7.7 m，配有轴流泵12台，装机容量2 520 kW，设计流量24 m^3/s，经机泵更新改造后已达30 m^3/s。

北店子引黄闸目前主要向济南玉清湖水库引水，建有取水泵站、沉沙池和入库泵站。北店子取水泵站共6台机组，6台机组全部运行，日提水能力144万 m^3，提水流量16.67 m^3/s；入库泵站设计年引黄河水16 875万 m^3，4台机组运行，最大日提水量为100万 m^3，入库流量11.57 m^3/s；入库泵站与水库间敷设DN2 200 mm（双）管线穿越玉符河河底。向小清河补水时，可利用北店水取水泵站引水至沉沙池，再接引暗管至睦里闸，沉沙池与小清河紧邻而致使引水管道很短，引水不受引黄灌溉的影响。

马扎子灌区位于高青县西部，引黄闸设计流量27.8 m^3/s，设计灌溉面积32.7万亩。该引黄闸距离小清河干流约8 km，引水需利用现有的引水渠道，引水补清受灌区农业灌溉的影响。

引黄济青工程是自黄河打渔张引黄闸引水保证青岛市社会经济可持续发展的大型调水工程，经打渔张一干渠进水闸引水，经沉沙池沉沙后，进入输水河渠首通滨闸，再经宋庄、王耨、亭口、棘洪滩四级泵站提水入棘洪滩水库调蓄，其中利用小清河分洪河子槽46 km输水。该工程始建于1986年，至1989年11月建成通水，打渔张引黄闸设计流量120 m^3/s，渠首闸设计流量38.5 m^3/s，截至2008年，累计向青岛市供水近16亿 m^3，发挥了巨大的经济效益、社会效益和环境效益。目前，正在建设的南水北调东线胶东调水工程以及胶东引黄应急工程均利用该工程部分渠段输水，因连为一体而形成了覆盖全省的骨干水网。利用引黄济青工程补小清河干流用水不需新建工程，但在引水时间上受下游受水区引水限制。

（四）引湖（东平湖）补源

小清河引东平湖补源可利用已建成的济平干渠实施。东平湖是大汶河流域内的主要湖泊，位于大汶河下游东平县境西部。东平湖古为大野泽，春秋至汉统称巨野河。历经演变的东平湖于1985年再修，总水面面积达627 km^2，分老湖、新湖两区。其中，老湖区面积为209 km^2、新湖区面积为418 km^2，相应的蓄水能力分别为11.94亿 m^3 和27.85亿 m^3，总可蓄水量近40亿 m^3。东平湖上承大汶河来水，南与梁济运河相连，北与黄河沟通，是黄河下游最大的滞洪区，也是南水北调东线工程的主要调蓄水库，为山东省第二大淡水湖泊。大汶河流域多年平均降水量为711.1 mm，汛期6～9月降水量占年降水量的75%左右，极易形成洪水。据测算，大汶河入东平湖多年平均洪水资源量达9.0亿 m^3。利用济平干渠可以相机向小清河实施生态补水。

（五）引江补源

小清河引江补源也是利用济平干渠来实现的。该干渠是我国南水北调东线工程中山东省西水东调工程的重要组成部分，主要任务是自东平湖向济南及其以东的地市引调长江水。济平干渠输水线路自东平湖渠首引水闸引水后，在黄河与220国道之间的长平滩区内，途经泰安市的东平县，济南市的平阴县、长清区和槐荫区，至济南市西郊的小清河睦里闸跌水，输水线路全长90 km。工程设计输水流量为50 m^3/s，加大流量为60 m^3/s。南水北调第一期工程向济南、滨州、淄博、东营、潍坊、青岛、烟台、威海等8市的47个县（市、区）送水，输水时间为当年 10 月至翌年 5 月，95% 供水保证率时，渠首设计引水天数为 243 d，年引水量 10.26 亿 m^3。

（六）引河（玉符河、腊山分洪道）补源

如在玉符河口修建橡胶坝等拦蓄水设施，即可通过拦蓄玉符河、腊山分洪道尾汛洪水，经调蓄后向小清河补水。玉符河口至其上游腊山分洪道入口，河道内占地面积达 180 hm^2，拦蓄库容达 900 万 m^3，可以接纳玉符河及腊山分洪道来水。

玉符河发源于泰山北麓的长城岭北坡，上游锦绣、锦阳、锦云三川汇入卧虎山水库，流经济南市的历城区、市中区、长清区和槐荫区，在槐荫区北店子村西南注入黄河，成为黄河流域的最后一条较大支流。该河道干流长 85.4 km，流域面积 829 km^2。上游支流锦绣川建设有锦绣川水库，总库容 4 100 万 m^3；三川交汇处建有卧虎山水库，控制流域面积 557 km^2，总库容达 1.16 亿 m^3。这样，卧虎山水库至入黄口区间流域面积为 272 km^2。玉符河流域平均径流深 120 mm，多年平均径流量达 9 948 万 m^3；下游区域年均径流深 80 mm，平均径流量达 2 176 万 m^3。多年平均汛期（6～9 月）径流量占总径流量的 70% 以上，卧虎山以下区间汛期径流量达 1 523 万 m^3。

腊山分洪道位于济南市区西南部，东起兴济河京沪铁路桥，向西入玉符河后向北至北店子入黄河，全长 16.85 km，其功能是拦截小清河上游兴济河、大涧沟、陡沟等三条支流的洪水，通过玉符河分流入黄河，减轻小清河的行洪压力，设计洪水流量由兴济河分洪口处的 200 m^3/s 逐步增加至入玉符河河口的 604 m^3/s，最后至玉符河北店子入黄口的 2 162 m^3/s。该分洪工程分洪流域面积 159.5 km^2，占小清河洪园桥以上流域面积 441.6 km^2 的 36%。经计算，防洪标准为 100 年一遇时，兴济河、大涧沟、陡沟分洪流量为 604 m^3/s，分洪后小清河洪园桥流量由 1 167 m^3/s 减少至 630 m^3/s，分洪流量占总流量的 46%，可大大提高济南市区的防洪安全。

（七）济西湿地调蓄补源

济南西部城区规划新建的济西湿地公园也可以发挥一定的调蓄作用。该公园位于小清河源头睦里闸以西，玉清湖、黄河及济平干渠之间的区域，总面积 33.4 km^2，包括玉清湖和沉沙池面积 10.51 km^2。公园内设湿地生态恢复与保育区（面积 535 hm^2）、湿地生态游赏观光区（面积 521 hm^2）等功能区，具有一定的调蓄库容的作用。根据规划，在汛期引蓄腊山分洪道、玉符河及北大沙河洪水，年均引蓄水量达 965 万 m^3。如玉符河建设橡胶坝等拦蓄水设施，该湿地引水条件将进一步得到改善，调蓄水规模可进一步扩大。

未来可根据小清河干流水质情况采用多水源联合补水，促使各水功能区水质达标。

二、管理方案

（1）组建以水行政主管部门为主导的小清河流域综合管理局，负责小清河的水资源调度、水生态修复与保护，并充分整合各相关部门的力量，做到各尽其能、各记其功。

（2）建立政府主导、有关各方参与的议事和决策机构，建立重大事务协商决策机制。组织有关部门与相关利益群体的代表成立议事和决策机构，定期召开协商会议，对水资源配置、工程建设方案、调度管理办法等重大问题进行对话，从而发现相关区域和利益群体之间存在的矛盾与冲突，进而寻找妥善解决的办法。

(3)建立完善的管理信息系统,为实施有效监督与和谐管理提供技术支撑。自动采集沿线关键节点的水位、流量和水质信息,掌握工程沿线各行政区划边界、水域边界的实时运行状态和水质状况,及时合理选择计算机模拟的水资源优化调度方案,实施跨流域调水工程水资源的有效控制和科学调度。

(4)积极探索小清河综合利用的途径和方式。小清河生态补水及水功能区达标后,沿河生态环境将得到极大的改善,此时可通过航运、灌溉、旅游及城市化建设等途径充分发挥小清河的经济效益,从而进一步保障生态补水方案的顺利实施。

第十一章　区域水系联网与水资源优化配置技术

目前,我国实行流域与区域相结合的水资源管理制度,各级区域成为水资源开发利用与管理、水生态保护的执行层别。在这样的尺度内实现水资源与水生态协调发展的目标,就要按照多目标决策的方法处理自然生态系统与社会经济系统的矛盾,特别是在水资源配置上力求保持多系统间良好的协调。本次以潍坊市为例开展水系联网与水资源优化配置研究。

第一节　潍坊市概况

一、自然概况

(一)地理位置

潍坊市地处胶东半岛西部,地理位置在东经 118°10′~120°38′、北纬 35°42′~37°16′处,南北最长为 188 km,东西最宽为 164 km。该市南依泰沂山脉与临沂、日照市相连,北临渤海莱州湾,东连海港名城青岛、烟台,西接工矿重镇淄博、东营。胶济铁路横贯市境东西,扼山东内陆腹地通往半岛地区的咽喉。潍坊市地理位置如图 11-1 所示。

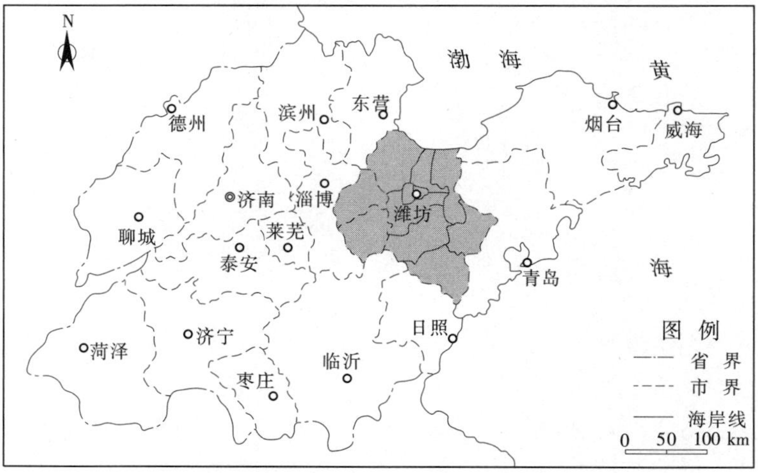

图 11-1　潍坊市地理位置

潍坊市总面积 15 859 km^2,现辖潍城、奎文、坊子、寒亭等 4 区及寿光、青州、昌邑、高密、诸城、安丘、昌乐、临朐等 8 个市(县)。

(二)地形地貌

潍坊市地势南高北低,南部是山区丘陵,中部为平原,北部是沿海滩涂,山区、平原、滩涂面积分别占总面积的28.7%、57.7%和13.6%。潍坊市地貌图如图11-2所示。

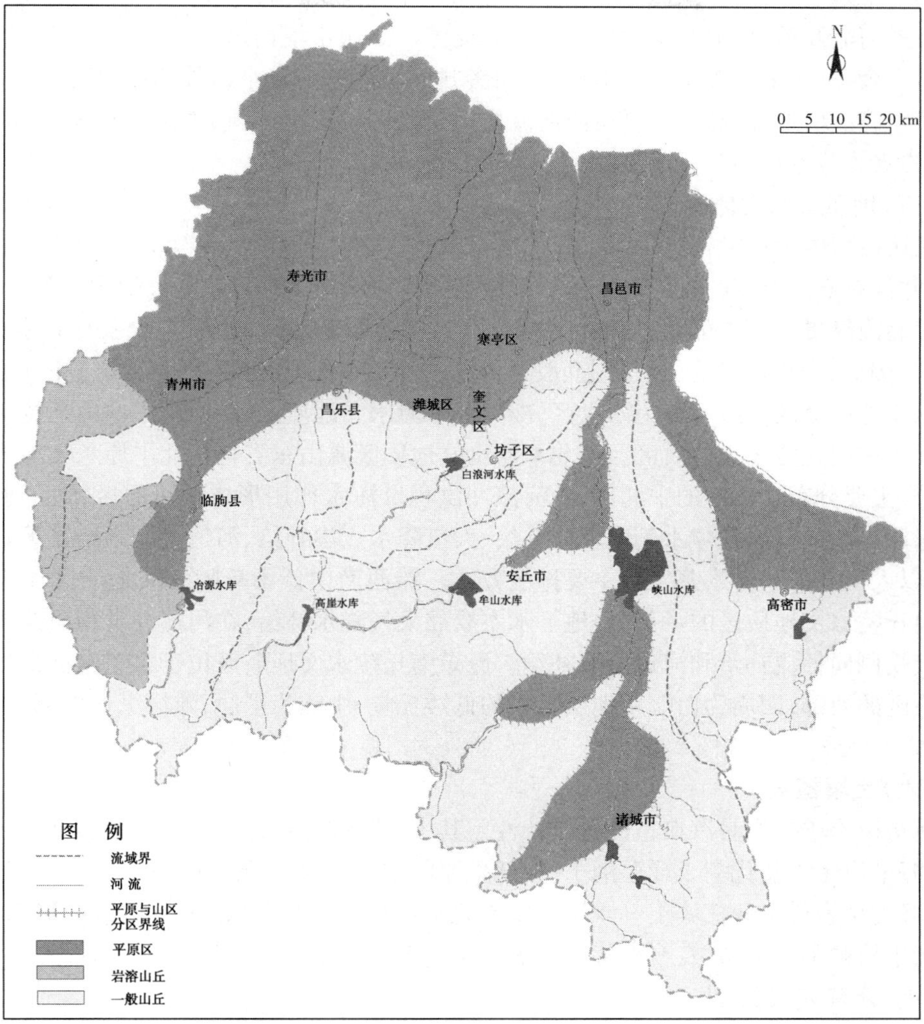

图11-2　潍坊市地貌图

(三)气候气象

潍坊市地处北温带季风气候区,北部面海而受欧亚大陆和太平洋的共同影响,属暖温带季风型半湿润大陆性气候。潍坊市背陆面海,年平均降水量648.3 mm(1956~2007年),四季分明,光照充足。春季风多雨少;夏季亚热带太平洋暖气团势力增强,冷暖气团在市境内交绥机会较多,故炎热多雨;秋季天高气爽,晚秋多干旱;冬季受蒙古冷高压控制,西伯利亚冷空气南侵,空气寒冷干燥,雨雪稀少。全区年平均气温12.3 ℃。全年平均日照时数为2 607.4~2 640.1 h,无霜期193~195 d。受季风环流的影响,风向、风速随季节变化明显。一年中,春季风速最大,4月平均最大风速为4.3 m/s,其次是冬季、夏季,秋季风速最小,8~9月平均最小风速为2.5 m/s,年平均风速为3.5~4.0 m/s。自然灾害主要有地震、旱灾、涝灾、风灾、雹灾、霜冻、雷暴与雷击、风暴潮等。

（四）河流水系

潍坊市地表水系主要有 6 条，即潍河、弥河、白浪河、小清河、南胶莱河、北胶莱河，其他数百条河流及溪流，均系上述主要河流的支流。潍坊市境内水系发育，河流众多，有名者多达百余条，大都发源于南部山丘区，除诸城市境内有南流小河外，其余均向北汇流入渤海莱州湾。由地理位置决定，境内河流均为季风区雨源型河流，大多源短流急，雨季流量大，枯水季节流量小甚至断流。

（五）地质与水文地质

潍坊市境内地层发育比较齐全，从老到新由太古界、元古界、古生界、中生界、新生界组成，并伴有不同时期的火成岩出露。区域地质构造横跨山东省三个大的构造单元，沂沭断裂带北段纵贯市境中部，以该断裂为界，以西属鲁西断块隆起，以东为胶辽台隆（山东部分）。因此，全市由胶北断块隆起、胶莱拗陷、胶南断块隆起等 3 个三级构造单元组成。

水文地质分区大致可分为三大区，即潍北平原水文地质区、潍西南中低山丘陵水文地质区和潍东南丘陵水文地质区。潍北平原水文地质区属山东省鲁西北平原水文地质区的一部分，主要分布在市境的中北部，为河流冲洪积及海水作用形成的平原区，地下水主要补给来源是南部基岩裂隙水侧向径流补给、大气降水入渗补给、河道渗漏补给及灌溉入渗补给，以人工开采和潜水蒸发为主要排泄方式。潍西南中低山丘陵水文地质区属鲁中南中低山丘陵水文地质区的一部分，地下水主要靠大气降水补给，在河流冲洪积第四系分布区还接受侧向径流补给和河道渗漏补给。潍东南丘陵水文地质区位于鲁东南低山丘陵水文地质区的西部，四周为白垩系地层组成的低矮丘陵，中间为平原，潍河纵贯中部，含基岩裂隙水。

（六）土壤植被

潍坊市土壤类型具有典型的区域特性。其中，北部滨海滩涂地带，土壤类型以盐土为主；滨海平原区为盐化潮土或湿潮土；中部平原区主要为褐土、潮土和砂姜黑土；南部山丘区，土壤类型为褐土和棕壤土。潍坊市属华北平原植被类型区，植被类型包括沼泽植被、滨海衍生植被和人工植被，全市森林覆盖率达到 23.1%。

（七）水环境状况

2007 年，全市废水排放量为 2.91 亿 t，其中工业废水排放量为 1.36 亿 t、生活废水排放量为 1.55 亿 t。排放的污废水一部分进入污水处理厂，经处理后达标排放，一部分直接进入河道，从而引起地表水环境的变化。

据《潍坊市水资源质量状况通报》，汛期总评价河长为 877 km，超标（以Ⅲ类为标准，下同）河长为 694.5 km，占总评价河长的 79.2%；非汛期总评价河长为 889 km，超标（以Ⅲ类为标准，下同）河长为 685 km，占总评价河长的 77.1%。潍坊市汛期与非汛期河道水质对比状况如图 11-3 所示。

水库方面，汛期时，在评价的 24 座大中型水库中，水质为Ⅱ类的有 3 处，占监测总数的 12.5%；水质为Ⅲ类的有 11 处，占监测总数的 45.8%；水质为Ⅳ类的有 10 处，占监测总数的 41.7%。非汛期时，水质为Ⅰ类的有 1 处，占监测总数的 4.2%；水质为Ⅱ类的有 9 处，占监测总数的 37.5%；水质为Ⅲ类的有 11 处，占监测总数的 45.8%；水质为Ⅳ类的有 3 处，占监测总数的 12.5%。潍坊市汛期与非汛期水库蓄水水质对比状况如图 11-4 所示。

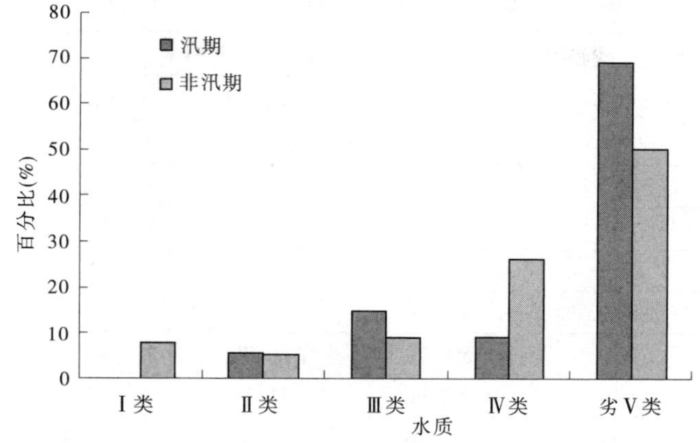

图 11-3　潍坊市汛期与非汛期河道水质对比状况

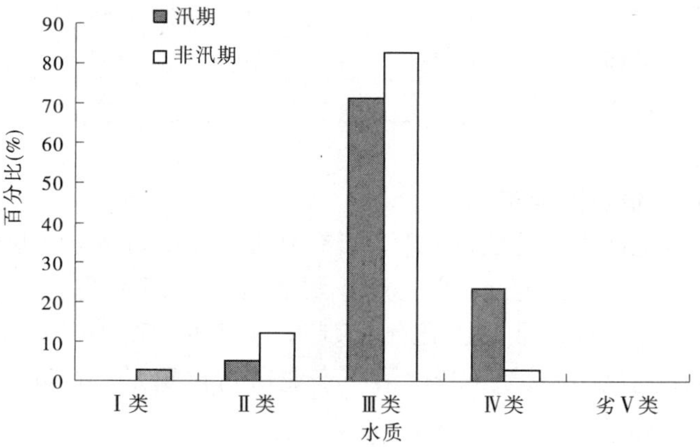

图 11-4　潍坊市汛期与非汛期水库蓄水水质对比状况

地下水环境方面，据《潍坊市水资源质量状况通报》，通过在全市范围内选取 46 处地下水井观测点对地下水环境进行了评价。按地下水质量综合评价，在评价的观测点中，水质优良的有 1 处，占评价总数的 2.2%；水质良好的有 18 处，占评价总数的 39.1%；水质较差的有 25 处，占评价总数的 54.3%；水质极差的有 2 处，占评价总数的 4.4%。

二、经济社会概况

(一) 人口状况

2007 年潍坊市总人口 859.13 万人，其中城镇人口 371.70 万人，占总人口的 43.26%；农村人口 487.43 万人，占总人口的 56.74%。2007 年，自然增长人口为 2.601 万人，人口自然增长率为 3.03‰。从城镇化率来看，全市总城镇化率达 43.26%，其中潍城区和奎文区较高，在 70% 以上，临朐县和昌邑市较低，不足 30%。潍坊市各县(市、区)人口状况见表 11-1。

表 11-1 潍坊市各县(市、区)人口状况(2007 年)

地区	土地总面积(km^2)	人口(万人)			城镇化率(%)
		总人口	城镇	农村	
潍城	287	36.75	30.68	6.07	83.48
寒亭	881	42.11	18.36	23.75	43.60
坊子	359	24.64	13.50	11.14	54.79
奎文	88	50.12	36.92	13.20	73.66
临朐	1 817	85.35	22.72	62.63	26.62
昌乐	1 091	59.78	28.39	31.39	47.49
青州	1 546	90.08	41.12	48.96	45.65
诸城	2 153	107.36	52.89	54.47	49.26
寿光	2 258	102.12	41.81	60.31	40.94
安丘	1 995	105.35	37.63	67.72	35.72
高密	1 588	87.41	34.30	53.11	39.24
昌邑	1 796	68.06	13.38	54.68	19.66
总计	15 859	859.13	371.70	487.43	43.26

(二)地区生产总值及产业构成

2007 年,潍坊市地区生产总值(GDP)2 058.51 亿元,其中第一产业增加值 234.55 亿元、第二产业增加值 1 216.51 亿元、第三产业增加值 607.45 亿元,人均 GDP 为 2.33 万元。从产业构成来看,三种产业所占比例分别为 11.39%、59.10% 和 29.51%。可以看出,第二产业所占比重最大,接近 60%,第一产业所占比重最小。潍坊市各县(市、区)2007 年各产业生产总值如表 11-2 所示。

表 11-2 潍坊市各县(市、区)2007 年各产业生产总值

地区	地区生产总值(GDP)(亿元)				人均 GDP(万元)	产业构成(%)		
	小计	一产	二产	三产		一产	二产	三产
潍城	127.60	5.66	73.43	48.51	3.02	4.43	57.55	38.02
寒亭	76.70	7.87	49.38	19.45	2.27	10.26	64.38	25.36
坊子	54.01	3.20	30.07	20.74	1.90	5.92	55.68	38.40
奎文	190.50	0.78	111.87	77.85	3.09	0.41	58.72	40.87
临朐	98.20	24.31	41.91	31.98	2.46	24.76	42.68	32.56
昌乐	102.80	33.59	48.68	20.53	2.85	32.68	47.35	19.97
青州	221.10	46.92	134.10	40.08	3.27	21.22	60.65	18.13
诸城	303.40	26.54	190.56	86.30	1.33	8.75	62.81	28.44
寿光	386.90	26.54	251.90	108.46	2.27	6.86	65.11	28.03
安丘	132.40	22.75	42.91	66.74	2.75	17.18	32.41	50.41
高密	197.90	18.45	137.36	42.09	1.15	9.32	69.41	21.27
昌邑	167.00	17.94	104.34	44.72	1.73	10.74	62.48	26.78
总计	2 058.51	234.55	1 216.51	607.45	2.33	11.39	59.10	29.51

(三)城市建设情况

截至2007年,潍坊市城市建成区面积394.91 km^2,其中居住用地111.99 km^2、公共设施用地52.02 km^2、工业用地94.14 km^2、仓储用地13.96 km^2、交通用地12.64 km^2、道路广场用地48.05 km^2、市政用地9.18 km^2、绿地用地38.99 km^2、特殊用地4.04 km^2、水域用地9.90 km^2。潍坊市2007年城市建设情况如表11-3所示。

表11-3　潍坊市2007年城市建设情况　(单位:km^2)

地区	建成区各类建设用地面积										
	居住	公共设施	工业	仓储	交通	道路广场	市政	绿地	特殊	水域	合计
市四区	42.26	16.97	34.96	5.37	3.47	15.46	1.67	5.94	1.90	0	128.00
临朐	6.47	4.26	6.45	0.42	0.82	3.30	0.51	1.84	0.02	0.91	25.00
昌乐	4.79	2.89	5.01	1.20	0.50	2.53	0.30	2.65	0.10	5.35	25.32
青州	10.42	6.39	6.57	0.71	0.62	4.71	0.90	5.94	0.23	1.01	37.50
诸城	9.17	3.65	9.25	2.50	2.60	4.32	0.90	4.90	0.36	0.60	38.25
寿光	9.35	6.30	7.89	0.45	3.10	6.00	3.10	7.60	0.10	0.80	44.69
安丘	8.46	3.80	10.18	0.48	1.02	3.47	0.73	3.72	0.40	0	32.26
高密	12.90	5.17	8.70	2.40	0.33	4.90	0.30	4.70	0.90	1.00	41.30
昌邑	8.17	2.59	5.13	0.43	0.18	3.36	0.77	1.70	0.03	0.23	22.59
总计	111.99	52.02	94.14	13.96	12.64	48.05	9.18	38.99	4.04	9.90	394.91

(四)农业种植与灌溉状况

2007年,潍坊市总播种面积为1 616.07万亩,主要农作物播种面积达1 562.43万亩,其中,小麦518.04万亩、玉米513.57万亩、花生92.62万亩、棉花66.29万亩、烟叶47.69万亩、蔬菜265.63万亩、瓜类58.59万亩。潍坊市总耕地面积为1 175.07万亩,有效灌溉面积767.89万亩,当年实灌面积687.46万亩。在实灌面积中,水浇地470.28万亩、菜田147.39万亩、林果地66.08万亩、草场0.83万亩、鱼塘2.88万亩。潍坊市共生产粮食441.44万t、油料29.64万t、棉花5.16万t、烟叶3.18万t、蔬菜1 136.03万t、水果105.60万t。

第二节　水资源及其开发利用状况

一、水资源分区

按流域水系进行划分,潍坊市水资源一级、二级分区分属淮河流域、山东半岛沿海诸河流域;在此基础上,根据主要河流水系的特性,全市又划分为小清河区、潍弥白浪河区、胶莱河区3个水资源三级区;为本次研究需要,将潍坊市进一步分为小清河区、潍河区、弥河区、白浪河区和胶莱河区5个水资源四级区。在进行水资源分析时,为便于相关数据的统计分析,在四级分区基础上本次采用四级水资源区套行政区的办法进一步加以分区,如

图 11-5 所示。

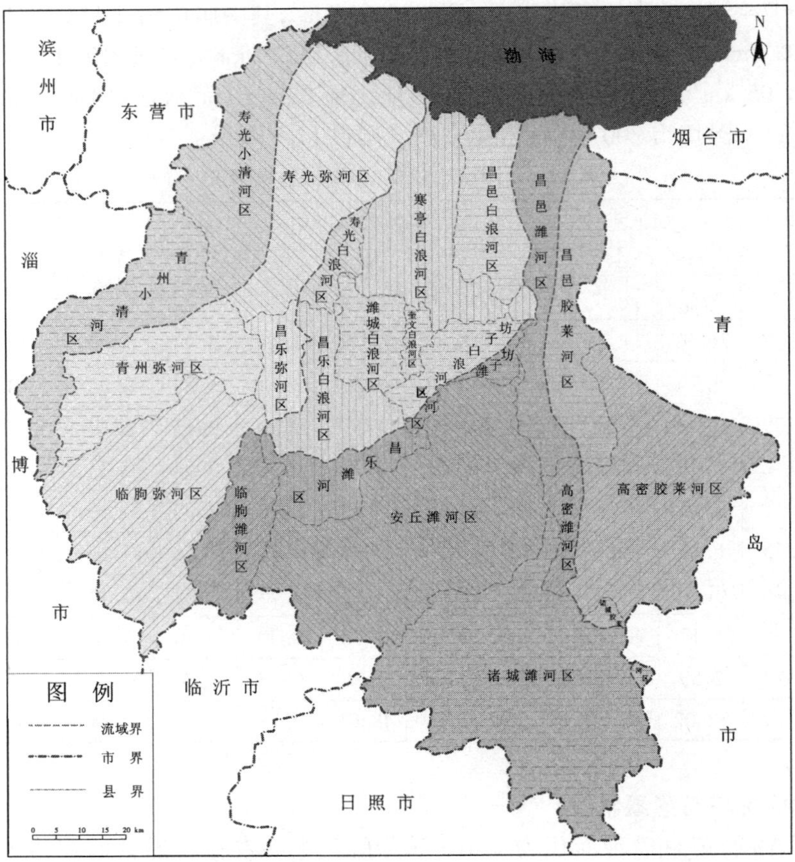

图 11-5　潍坊市水资源分区

二、天然水资源量及可利用量

潍坊市多年平均水资源总量为 24. 32 亿 m^3,其中,地表水资源量 15. 47 亿 m^3、地下水资源量 14. 23 亿 m^3、重复计算量 5. 38 亿 m^3。潍坊市多年平均水资源模数 15. 3 万 m^3/ km^2,人均水资源量为 283 m^3。潍坊市各县(市、区)多年平均水资源总量如表 11-4 所示。

表 11-4　潍坊市各县(市、区)多年平均水资源总量

地区	计算面积（km^2）	地表水资源量（万 m^3）	地下水资源量（万 m^3）	重复计算量（万 m^3）	水资源总量（万 m^3）	模数（万 m^3/km^2）
潍城	287	2 120	3 205	853	4 472	15. 6
寒亭	881	6 441	5 257	656	11 042	12. 5
坊子	359	2 737	4 122	1 233	5 626	15. 7
奎文	88	643	1 503	400	1 746	19. 8
临朐	1 817	22 799	17 869	12 265	28 403	15. 6

续表 11-4

地区	计算面积（km^2）	地表水资源量（万 m^3）	地下水资源量（万 m^3）	重复计算量（万 m^3）	水资源总量（万 m^3）	模数（万 m^3/km^2）
昌乐	1 091	10 580	9 684	4 475	15 789	14.5
青州	1 546	14 226	20 330	7 455	27 101	17.5
诸城	2 153	27 956	19 133	9 685	37 404	17.4
寿光	2 258	17 096	12 803	469	29 430	13.0
安丘	1 995	22 936	17 950	8 984	31 902	16.0
高密	1 588	14 632	14 487	2 690	26 429	16.6
昌邑	1 796	12 502	15 992	4 654	23 840	13.3
总计	15 859	154 668	142 335	53 819	243 184	15.3

从资源构成来看，全市地表水资源占 64%，地下水资源（扣除重复计算量）占 36%。虽然地表水资源量多于地下水资源量，但由于地表水资源的开发利用受地表拦蓄工程的制约作用十分明显，特别是汛期雨洪水资源的开发利用具有较大的难度。

经分析，潍坊市多年平均水资源可利用量为 205 855 万 m^3，其中，多年平均地表水可利用量 123 366 万 m^3、地下水可开采量 114 684 万 m^3、地表水与地下水之间的重复计算量为 32 195 万 m^3。潍坊市多年平均水资源可利用量如表 11-5 所示。

表 11-5　潍坊市多年平均水资源可利用量　（单位：万 m^3）

地区	地表水可利用量	地下水可开采量	重复计算量	可利用总量
潍城	1 691	2 582	510	3 763
寒亭	5 137	4 236	393	8 980
坊子	2 183	3 321	737	4 767
奎文	513	1 211	240	1 484
临朐	18 185	14 398	7 337	25 246
昌乐	8 439	7 802	2 677	13 564
青州	11 347	16 381	4 460	23 268
诸城	22 298	15 416	5 793	31 921
寿光	13 636	10 316	281	23 671
安丘	18 294	14 463	5 374	27 383
高密	11 671	11 673	1 609	21 735
昌邑	9 972	12 885	2 784	20 073
总计	123 366	114 684	32 195	205 855

三、水资源开发利用情况

(一)水利工程状况

目前,潍坊市共有大中型水库25座(含南水北调调蓄水库1座),小(1)型水库90座,小(2)型水库462座,塘坝3 078座,拦河闸坝2 015座。大型水库总兴利库容达8.91亿m^3,中型水库总兴利库容2.70亿m^3,小型水库总兴利库容3.52亿m^3,拦河闸坝的蓄水能力达2.07亿m^3。至2020年,潍坊市还规划建设一批地表水利工程,其中,大型1座、中型5座、小型36座,总供水能力达3.88亿m^3。

地下水是潍坊市重要的供水水源。目前,全市共有城市地下水饮用水源地13处,可供水能力达1.5亿m^3/a,实际年供水1.2亿m^3。潍坊市共有机电井155 442眼,平均密度17.5眼/km^2,其中配套机电井146 444眼。山丘区拥有机电井32 581眼,平均密度3.54眼/km^2;平原区拥有机电井122 861眼,平均密度28.1眼/km^2。

(二)供水状况

根据潍坊市2001~2007年水资源统计年报,潍坊市平均总供水量为177 914万m^3,其中,地表水供水量63 024万m^3、地下水供水量111 559万m^3、其他水源供水量3 331万m^3,分别占总供水量的35.4%、62.7%和1.9%。地表水供水量中以当地地表水为主,占地表水总供水量的97.2%;地下水供水量中以浅层地下水为主,占地下水总供水量的80.7%;其他水源供水量中以中水为主,占其他水源总供水量的94.1%。可见,潍坊市供水量中以浅层地下水为主,地表水次之,而其他水源最少,见表11-6。

表11-6 潍坊市2001~2007年供水量统计 (单位:万m^3)

年份	地表水供水量			地下水供水量				其他水源供水量			合计
	地表水	外调水	小计	浅层水	深层水	微咸水	小计	中水	雨水	小计	
2001	65 907	7 261	73 168	124 418	19 324	2 897	146 639	2 547	0	2 547	222 354
2002	57 977	3 010	60 987	121 653	24 977	2 782	149 412	2 869	0	2 869	213 268
2003	52 511	0	52 511	91 482	21 983	2 496	115 961	1 625	10	1 635	170 107
2004	44 139	0	44 139	67 116	18 802	834	86 752	2 062	210	2 272	133 163
2005	60 315	0	60 315	71 976	15 254	774	88 004	4 048	0	4 048	152 367
2006	75 205	1 000	76 205	81 624	22 843	914	105 381	4 463	550	5 013	186 599
2007	72 842	1 000	73 842	71 864	16 390	512	88 766	4 333	600	4 933	167 541
平均	61 271	1 753	63 024	90 019	19 939	1 601	111 559	3 135	196	3 331	177 914

(三)用水状况

潍坊市2001~2007年平均总用水量为177 914万m^3,其中农田灌溉、林牧渔畜、工业、城镇公共、居民生活、生态环境用水量分别为124 614万m^3、12 708万m^3、19 744万

m^3、2 430 万 m^3、15 648 万 m^3、2 770 万 m^3，分别占总用水量的 70.04%、7.14%、11.10%、1.37%、8.79%、1.56%。可见，潍坊市用水量以农田灌溉为主，再加上林牧渔畜用水，农业用水占总用水量的 77.18%，如表 11-7 所示。

表 11-7　潍坊市 2001～2007 年用水量统计　（单位：万 m^3）

年份	农田灌溉	林牧渔畜	工业	城镇公共	居民生活			生态环境	合计
					城镇	农村	小计		
2001	162 669	16 857	25 094	1 220	4 788	10 014	14 802	1 714	222 356
2002	154 605	20 738	20 988	1 609	4 857	9 178	14 035	1 293	213 268
2003	124 165	11 208	15 268	2 179	5 750	10 691	16 441	851	170 112
2004	91 376	10 251	12 576	2 016	5 423	10 031	15 454	1 485	133 158
2005	102 325	9 363	18 340	2 856	7 414	8 524	15 938	3 545	152 367
2006	130 800	10 868	20 856	3 274	7 217	8 948	16 165	4 636	186 599
2007	106 356	9 670	25 085	3 861	7 579	9 125	16 704	5 865	167 541
平均	124 614	12 708	19 744	2 430	6 147	9 501	15 648	2 770	177 914

（四）水资源开发利用中存在的问题

目前，全市水资源开发利用中存在以下问题：

（1）产业结构布局与水资源自然分布不相适应；

（2）水资源开发利用结构不尽合理，尚未完全实现水资源的优化配置；

（3）地下水局部超采严重，诱发生态环境问题；

（4）水质污染较为严重；

（5）黄河水利用缺乏有效措施；

（6）非常规水源开发利用力度不够。

四、可供水量及需水量预测

（一）可供水量

可供水量包括当地水资源可供水量、非常规水资源可供水量和客水资源可供水量等三部分。当地水资源又包括地表水资源和地下水资源。

结合潍坊市水利工程建设规划情况，并依据本次研究对潍坊市客水资源、大型水库、潍北平原、非常规水资源等可供水量做分析，分别获得 2007 现状水平年和 2020 规划水平年的可供水量，其中，客水资源引黄水量按引黄入峡工程多年平均最大可引水量计列，引江水量按分配指标计列，如表 11-8 所示。

表 11-8　潍坊市可供水量分析成果　（单位：万 m³）

水平年	保证率（%）	地表水	地下水	非常规水	外调水		合计
					引黄	引江	
2007 年	50	109 206	128 102	4 312	—	—	241 620
	75	51 936	135 218				191 466
	95	13 981	142 335				160 628
2020 年	50	114 065	128 102	16 086	14 702	10 000	282 955
	75	55 814	135 218				231 820
	95	14 995	142 335				198 118

经分析，潍坊市 2007 现状水平年在 50%、75% 和 95% 供水保证率下可供水总量分别为 24.16 亿 m³、19.15 亿 m³ 和 16.06 亿 m³；2020 规划水平年在 50%、75% 和 95% 供水保证率下可供水总量分别为 28.30 亿 m³、23.18 亿 m³ 和 19.81 亿 m³。

（二）需水量

本次研究需水量预测现状水平年为 2007 年，规划水平年为 2020 年。现状水平年国民经济各项指标按《潍坊市统计年鉴（2008 年）》等资料统计分析确定，规划水平年相关国民经济指标则在现状水平年指标值基础上参照山东省及潍坊市总体发展规划确定。其中的 GDP 增长，考虑到全球金融危机对我国社会经济发展的影响，本次按 8% 计列。

农业生产、工业生产、居民生活及河道内外生态环境需水等采用定额法预测，具体定额结合当地水资源规划确定。河道内生态需水量参考全省水资源综合规划成果，现状水平年按下限控制即取多年平均天然径流量的 10% 分析估算，规划水平年按 15% 分析估算。潍坊市现状水平年和规划水平年需水量分析成果见表 11-9。

表 11-9　潍坊市现状水平年和规划水平年需水量分析成果　（单位：万 m³）

水平年	保证率（%）	农业生产	工业生产	居民生活	生态环境		合计
					河道内	河道外	
2007 年	50	171 215	25 085	20 565	15 467	1 616	233 948
	75	183 617	25 085	20 565	15 467	1 616	246 350
	95	183 617	25 085	20 565	15 467	1 616	246 350
2020 年	50	181 713	37 203	33 550	23 200	2 882	278 548
	75	194 555	37 203	33 550	23 200	2 882	291 390
	95	194 555	37 203	33 550	23 200	2 882	291 390

（三）人均保障性供水指标

本次研究采用人均保障性供水量变化情况来反映社会发展后人类经济社会及生态环境用水要求，即为确保经济、社会、生态协调发展而需在各方面提供的最低人均供水量。

依据现状水平年实际供水情况及需水预测成果确定潍坊市各县(市、区)不同水平年人均保障性供水量,如表 11-10 所示。

表 11-10　潍坊市各县(市、区)不同水平年人均保障性供水量

地区	水平年									
	2007 年					2020 年				
	人口(万人)	工业(m^3/人)	农业(m^3/人)	生活(m^3/人)	生态(m^3/人)	人口(万人)	工业(m^3/人)	农业(m^3/人)	生活(m^3/人)	生态(m^3/人)
潍城	36.75	44.71	107.37	36.49	7.35	38.22	67.53	100.81	44.44	16.51
寒亭	42.11	75.85	259.32	26.14	15.93	43.80	141.98	272.99	37.43	26.80
坊子	24.64	35.31	177.84	32.71	12.38	25.63	44.69	214.24	41.84	21.81
奎文	50.12	53.68	3.81	28.07	3.01	52.13	71.73	12.85	38.56	8.44
临朐	85.35	7.38	136.15	20.80	27.85	88.77	14.01	135.98	34.91	40.53
昌乐	59.78	25.58	201.67	30.46	22.78	62.18	32.72	199.49	38.48	30.91
青州	90.08	18.98	229.26	16.06	18.23	93.69	35.70	222.46	36.01	25.97
诸城	107.36	13.18	175.46	20.87	27.65	111.67	22.58	195.83	36.13	39.57
寿光	102.12	61.96	322.47	19.58	19.29	106.22	63.12	309.13	36.54	27.06
安丘	105.35	10.22	220.98	27.54	22.84	109.58	13.34	228.08	37.26	32.94
高密	87.41	30.89	222.19	30.89	18.85	90.92	41.37	239.47	41.10	26.69
昌邑	68.06	19.10	190.68	15.06	19.32	70.79	34.56	183.01	35.72	28.15

第三节　水系联网建设方案

一、总体布局

从未来继续提高水资源优化配置水平来看,今后潍坊市水系联网工程建设的核心,一方面是加强客水资源的调蓄和供给,另一方面是完善全市城镇的污水处理及回用管网,以增加中水利用量。此外,随着北部滨海工业区的建设发展,需水量日益增大,需进一步完善全市范围内的“南水北调”工程网络,并通过 6 条河流的贯通加强该区域的生态补水与修复。

潍坊市水系联网工程建设的总体构想是:以引黄济青工程、引黄入峡、引墙入峡、引牟入白、引高入白、引高入昌、引冶入寿等输调水通道为骨架,以潍河、堤河、虞河、白浪河、丹河、弥河等河流及输水渠道为经络,以双王城水库、峡山水库、白浪河水库、牟山水库、高崖水库、冶源水库、墙夼水库及傍河地下水源地等蓄水设施为调蓄中枢,以集中污水处理厂为中水回用调配站,以河道梯级闸坝为蓄滞水点,形成多库串联、水系联网、城乡一体、配套完善,集蓄、滞、泄、排、调、供、节于一体的全市水利工程网络,促进水资源的联合调度和高效利用。

二、现状及已规划建设工程

（一）潍河流域水网工程

潍河流域是潍坊市最重要的供水水源地，全市有 6 座大型水库，其中 4 座位于该流域，特别是流域内的峡山水库是全省目前最大的山丘水库。自 20 世纪 80 年代潍坊市发生连续干旱之后，该市围绕潍河流域地表水资源的开发利用，先后建设了引黄入峡、引牟入白、引高入白等调水工程，结合傍河地下水源地建设，形成了潍河流域水系联网工程。

为解决城市多水源联合供水、提高供水保证率，潍坊市早在 20 世纪 90 年代就建成了引黄入峡工程。该工程利用过境的引黄济青工程输水河分水口，修建输水渠道至峡山水库，将黄河水引入峡山水库，利用水库库容进行调蓄，进而向城区及企业供水。该工程最大的特色是可以双向输水，由北向南逆坡引黄河水，由南向北自流从峡山水库供水。引黄入峡工程设计引水流量 20.5 m^3/s。目前，该工程主要用于峡山水库向北部城区供水。

引牟入白工程是在牟山水库灌区渠道 10 km 处建设节制闸引水，通过 12 km 隧道将牟山水库供水调入白浪河支流孝妇河，经 2 km 河道自流进入白浪河水库库区，引水流量达到 6 m^3/s。引牟入白工程建成后，潍坊市政府与安丘市政府签订了调水协议，其中规定：当牟山水库总蓄水量小于 5 000 万 m^3（水位低于 74.5 m）时，停止向白浪河调水。

引高入白工程是利用高崖水库 38 km 干渠引水至昌乐县朱汉镇王家涝洼村，在该处设闸引水，穿过上河头方塘入白浪河支流孝妇河，经 24 km 河道将高崖水库供水调入白浪河水库库区，引水流量为 10 m^3/s。引高入白工程建设后，潍坊市政府与昌乐县政府签订了调水协议，其中规定：当高崖水库总蓄水量小于 4 500 万 m^3（水位低于 150.9 m）时，停止向白浪河调水。

潍河干流峡山水库以下河段结合拦河闸坝建设分布多处傍河地下水源地，自上而下包括黄旗堡水源地、穆村水源地、朱里水源地、昌邑第一水源地和昌邑第二水源地。在潍河支流汶河牟山水库坝下则建有汶河水源地。这些傍河水源地主要接受潍河河段侧渗补给，将地表雨洪水转化为地下水，分别向坊子区、潍城区、奎文区、昌邑市、安丘市等地供水，2007 年总供水规模近 3 000 万 m^3，在潍河流域供水系统中具有重要的意义。

（二）潍北平原区人工水网工程

潍北平原区人工水网工程建设主要是围绕增加北部地区供水量及改善地表水环境展开：

一是充分调用峡山水库水源，向北部县（市、区）供水；

二是利用引牟入白及引高入白工程提高白浪河水库供水能力，增加向市区的供水量；

三是建设潍北平原水库、清水湖平原水库等调蓄工程，配合规划的双王城水库进行引黄、引江等客水资源的分配；

四是建设引潍入白工程，补充市区河道生态用水，改善水环境；

五是规划建设“六纵二横”水网工程，通过拦蓄洪水资源增加供水量，并改善当地整体地表水环境。

潍北平原水库位于央子镇西北，建于 2002 年，蓄水面积 1 130 亩，总库容 500 万 m^3，兴利库容 440 万 m^3，死库容 60 万 m^3。水库做了 PE 膜防渗，运行以来未发现明显渗漏现象。水库入库泵站设计扬水能力 8 m^3/s,水库出库泵站设计扬水能力 0.463 m^3/s。该水库可以从峡山水库灌区主干渠引峡山水库水,也可以直接从引黄济青输水河引黄河水或长江水。其中,引长江水直接从引黄济青引水河引水 936 万 m^3,通过双王城水库引水 1 140 万 m^3(净 1 037 万 m^3)。

清水湖平原水库位于寿光市卧铺镇东北,占地面积 2 249 亩,满库时水面面积 1 695 亩,设计总库容 860 万 m^3,兴利库容 760 万 m^3,死库容 100 万 m^3。该水库引水渠分东、西两条线路,其中,东线引水渠调引引黄济青黄河水、南水北调长江水和弥河水;西线引水渠调引双王城水库客水。水库入库泵站设计扬水能力 7.0 m^3/s,出库泵站按供水 10.0 万 m^3/s 设计。

规划建设的双王城水库位于寿光市卧铺镇西南,距清水湖平原水库约 5 km。水库占地 7.79 km^2,总库容 6 150 万 m^3。该水库分水口设计引水 151 d,最大入库流量 8.61 m^3/s,入库水量 7 486 万 m^3。调蓄后,向潍坊寿光市全年供水,其中寿光市区 1 000 万 m^3、周边高效农业用水 1 000 万 m^3,设计出库流量分别为 0.32 m^3/s 和 2.0 m^3/s;错开干线供水时间,经潍北平原水库向下游潍坊市海化区供水 1 037 万 m^3。向青岛市分水口供水 3 217 万 m^3(净 2 642 万 m^3),设计出库流量 28.0 m^3/s。

引潍入白工程,是从潍河干流李家村闸上游段建长 28.0 km 的钢管将潍河水引至白浪河水库坝下河道内,以补充白浪河干流生态用水,改善市区地表水环境。该引水管道设计流量为 10.0 m^3/s。

"六纵二横"水网工程是一项新的规划,目前其建设方案仍在不断完善的过程中。"六纵"是指利用区域内的潍河、堤河、虞河、白浪河、丹河、弥河六条河流,实行层层拦截蓄水,建成六条河道水库。"二横"是指新修东西向的两条人工河,将六河贯通,通过自流或动力提升等手段,促使六河之间丰枯相济、蓄排并举。其中,南线位于荣乌高速与辛沙路之间,东起潍河柳疃橡胶坝、西至弥河道口西分水闸,总长 47 km;北线沿大港路北侧,东起潍河辛安庄闸前分水闸、西至弥河拦河坝分水闸,总长 29 km。上述工程须新建节制闸 26 座、拦河闸坝 23 座、桥涵 71 座。新开人工河规划底宽 20 m,平均开挖深度 3 m。

(三)潍坊市各县(市、区)水系联网工程

潍坊市各县(市、区)立足当地实际,从水资源服务经济社会发展大局出发,集中力量建设了一批跨流域调水引水工程,建成了区域内的水网体系。如高密市建成了"南水北调"工程和"五河三库"串联调蓄水工程、昌乐县建成了"南水北调"工程、安丘市建成了"五库串联"工程等一批水系联网和调水工程,为潍坊市水资源统一调度、优化配置奠定了工程基础。

高密市根据其中西部、北部和东部河流与水系的条件,分别在境内五条河道下游建闸蓄水,利用增开渠道,从峡山水库穿官河、五龙河、柳沟河闸前及北胶新河上游段到城北水库,再从胶河王党拦河闸用渠道引水至城北水库,串联起官河、五龙河、柳沟河、北胶新河、胶河、峡山水库、王吴水库、城北水库等 5 条主要河流和 3 座主要水库,从而形成一个库上相连、河上相通、水系联网、调节有序、抗旱防洪并举、兴利除害结合的格局。高密市"五河三库"串联调蓄水工程年调水总量可达 3 000 万 m^3。从此,王吴水库水、峡山水库水、城北水库水、黄河水、地下水等 5 水进城,实现了客水与当地水资源的优化配置,缓解了当地供水不足的矛盾。

昌乐县“南水北调”工程全长 62 km,设计调水流量 5. 5 m^3/s,沟通了全县境内汶河、白浪河、丹河、于家河、桂河 5 条水系,串联 36 座小型水库。该工程北干渠南起唐吾镇河西村北干进水闸,北至城南街办南寨水库,跨越唐吾镇、五图街办及城南街办,主要担负沿途镇、街办农业灌溉和城区工业用水、生活用水及环境用水的调水任务,对昌乐县经济发展发挥了重要作用,被誉为该县的“命脉工程”。

安丘市“五库串联”工程于 1989 年开工兴建,历时 6 年,至 1995 年 6 月全面竣工。该工程首先在距市区 54 km 的市境西南边缘——柘山镇李家沟村西建一座拦河闸坝,蓄水后经夏家沟岭 3 500 m 隧洞和暗渠流入于家河水库;再利用 450 kW 大型扬水站经 68 km 输水渠道将南部水资源调往北部的下株梧、共青团、尚庄及牟山等水库。该工程年调水量可达 5 000 万 m^3,改善灌溉面积 50 多万亩,同时解决该市中北部 10 个乡镇 8. 8 万人的吃水困难,对缓解市区工业和居民生活用水紧张的矛盾也发挥了作用。

三、强化建设工程

针对当前潍坊市水系联网工程及水资源优化配置过程中存在的不足,并结合人工水网体系建设需要,本次研究提出以下补充和完善方案。

(一)引黄建设工程

山东省分配给潍坊市的引黄指标为 3. 3 亿 m^3,而实际引黄水量仅 1 000 万 m^3 左右,大量引黄水权闲置。而从该市水资源供需平衡结果来看,全市水资源缺口还很大,尤其是位于西北部的寿光市和寒亭区,现状水平年在 50% 供水保证率时缺水程度分别达到 44% 和 25%,遇干旱年份缺水程度将更高。当前,潍坊市北部平原区通过从峡山水库、白浪河水库、冶源水库等引水解决了部分供水问题,但部分地区仍以超采地下水、占用生态用水等来满足社会需水要求,对当地生态环境产生了不利影响。因此,加强引黄工程建设,加大引黄利用量,是该市供水工程建设的重中之重。

(二)多水源供水建设工程

从潍坊市当地水资源供需平衡结果来看,50% 及 75% 供水保证率时,地表水资源均较为丰富,基本可满足城市及工业生产供水需求,但当供水保证率提高到 95% 时,当地地表水资源可供水量十分有限,北部工业较发达的平原地区缺水程度特别严重,因此重点用水户建设多水源工程,实施多水源的联合供水十分必要。而从区域水资源优化配置总体格局来看,年际或年内根据来水情况适时调整供水水源搭配比例,有利于提高水资源的开发利用率及地下水资源环境的保护。大型用水户调查结果显示,目前潍坊市已有一部分大型用水户实现了双水源甚至多水源的联合供水,但仍有一部分用水户是单水源供水,不利于供水安全。本次研究从人工水网体系建设目标出发,提高大型用水户供水保证率,实现多水源联合供水,则需要加强相关供水工程建设。潍坊市大型用水户取水水源状况如表 11-11 所示。

表 11-11　潍坊市大型用水户取水水源状况

地区	用水户名称	现有水源	增加水源
市辖	潍坊市自来水有限公司	地表水(峡山水库)、地下水(朱里水源地)	客水(引黄、引江)
	峡山水库万家屯供水管理所	地表水(峡山水库)	客水(引黄、引江)
	华电潍坊发电有限公司	地表水(峡山水库)	客水(引黄、引江)
	潍坊钢铁厂	地表水(峡山水库)	客水(引黄、引江)
	白浪河水库供水管理所	地表水(白浪河水库)	客水(引黄、引江)
	潍坊市自来水公司白浪河水厂	地表水(白浪河水库)	客水(引黄、引江)
	坊子区自来水公司	地表水(白浪河水库)、地下水(穆村水源地)	客水(引黄、引江)
	森达美水务有限公司	地表水(峡山水库)	客水(引黄、引江)
寒亭	寒亭自来水公司	地表水(峡山水库)、地下水(东寺水源地)	客水(引黄、引江)
	山东海龙股份有限公司	地下水(东寺水源地)、地表水(峡山水库)、寒亭自来水公司	客水(引黄、引江)
青州	青州市自来水公司	地下水(大郇、赤涧、城区水源地)	地表水(黑虎山水库)
寿光	山东海化集团	地下水(寒桥水源地)、地表水(森达美水务有限公司)	客水(引黄、引江)
	山东晨鸣集团	地下水(自备井)、地表水(弥河)	客水(引江)
	寿光市自来水有限责任公司	地下水(自来水水源地)	客水(引江)、地表水(冶源水库)
安丘	鲁安纸业公司	地下水(自备井)	地表水(牟山水库)
	安丘市自来水公司	地下水(汶河水源地)、地表水(牟山水库)	—
昌乐	潍坊英轩实业有限公司	地表水(山东昌乐实康水业有限公司)	地下水(自备井)
	山东昌乐实康水业有限公司	地表水(高崖水库)	地下水(自备井)
昌邑	海能供水有限公司	地下水(二水厂水源地)	地表水(峡山水库)及客水(引黄、引江)
	昌邑自来水公司	地下水(一水厂水源地)	地表水(峡山水库)及客水(引黄、引江)
	山东海天生物化工有限公司	地表水(万家屯供水管理所)	客水(引黄、引江)
	潍华热电厂(昌邑热电厂)	地表水(万家屯供水管理所)	客水(引黄、引江)

续表 11-11

地区	用水户名称	现有水源	增加水源
临朐	龙泉水务(临朐)有限公司	地下水(老龙湾水源地)	地表水(冶源水库)
诸城	诸城市康源供水有限公司	地表水(三里庄水库)	地下水(自备井)
	诸城市龙泉山水自来水公司	地表水(青墩水库)	地下水(自备井)
高密	高密市水业公司	地表水(王吴水库)、地表水(峡山水库)、地下水(胶河水源地)	客水(引黄、引江)
	高密市孚日自来水有限公司	地表水(峡山水库)	客水(引黄、引江)
	银鹰化纤有限公司	高密市水业公司、地下水(胶河水源地)	—

(三)农业灌溉机电井建设工程

目前,潍坊市农业用水显现出由渠灌向井灌发展的趋势。《山东省水利工程三查三定资料汇编》表明:潍坊市境内依赖 6 座大型水库建设的灌区,设计灌溉面积达到 291. 80 万亩,而 2007 年实灌面积仅 40. 57 万亩,大部分水库灌区转而采用机电井提取浅层地下水进行灌溉。而同样是 2007 年,潍坊市农业灌溉实际收费水量 6. 76 亿 m^3 中,3. 57 亿 m^3 为机电井提取的地下潜水,超过总量的一半。

事实上,农业灌溉采用机电井提水方式具有一定的优势:

一是井灌区灌溉水利用系数可达 0. 80 以上,明显高于渠灌区,节省了水资源;

二是农业灌溉分布范围广,分散的机电井开采一般不会引起浅层地下水超采;

三是农业灌溉与作物生长期密切相关,年内用水强度有较大变化,特别是汛期灌溉用水量少而有利于地下水回补,对地下水库的有效利用还有利于区域水资源的调度;

四是从管理上来说,农业用水户对灌溉时机及灌溉水量控制更加灵活,易为群众接受。

因此,本次研究认为,在浅层地下水较为丰富的渠灌区,可通过增打机井的方式实现农业灌溉的“双水源”。

(四)河流水系联网工程

目前,潍坊市水网体系已基本形成。近两年,当地水行政主管部门又配合全市北部沿海地区“六网”规划建设提出了“六纵二横”的设想,拟新建人工河道 76 km,形成水面面积 9. 2 万亩,一次蓄水量 1. 4 亿 m^3,年调蓄水量 2. 8 亿 m^3。应该说,该工程设想对增加潍坊市北部沿海地区农业及生态环境供水量、改善当地水生态环境还是十分有益的。但是,全市多年平均入海径流量仅 2. 69 亿 m^3,年调蓄水量 2. 8 亿 m^3 是无法实现的。本次研究,建议近期即在 2020 年以前以南横线建设为主,北横线则在进一步论证确定规模后再具体实施。而南横线建设完成后,一次蓄水量为 8 660 万 m^3,基本可以实现。

(五)水库扩容改造工程

白浪河水库对潍坊市城区供水具有举足轻重的地位,但其年均来水量仅 0. 2 亿 m^3,

兴利调节库容仅0.41亿m^3。虽然已建设了引牟入白、引高入白等调水工程，以增加其供水量，但因其兴利调节能力有限，一次性引水量低于两项调水工程的最大可调水量。随着潍坊市区需水量的继续增加，白浪河水库的供水任务将越来越大，因而有必要对白浪河水库实施扩容改造工程。据白浪河水库除险加固工程设计资料，白浪河水库在加固前校核洪水位为62.67 m，对应库容为1.22亿m^3；加固完成后，校核洪水位提高至63.59 m，对应库容为1.48亿m^3。可以看出，白浪河水库在除险加固完成后，总库容增加了2 600万m^3，但兴利库容却未做任何调整。因此，建议对白浪河水库汛限水位调整方案进行论证，争取增加调蓄能力2 000万m^3。

(六)水库串联工程

目前，潍坊市已实现了白浪河水库、牟山水库及高崖水库间的串联，并实现了良好的供水效益。而在潍河流域，墙夼水库处于峡山水库上游，可直接利用潍河河道使两座水库形成串联态势。事实上，墙夼水库汇流面积在日照市境内，且降雨条件非常好，而目前该水库又没有向城市供水的任务。根据调算结果，在95%供水保证率要求下，墙夼水库可供水量达4 198万m^3，而峡山水库仅3 386万m^3。因此，可以在峡山水库严重缺水时，直接从墙夼水库调水，调水量根据实际需求确定。而为避免沿途损失，可采取大流量方式放水，从墙夼水库直接到达峡山水库。

(七)污水处理及中水回用建设工程

工业及城镇生活污废水具有排放集中、数量稳定、污染性强等特点。这些污水具有两面性，如不加以处理及回收利用而直接排放，将污染地表水环境，并影响下游河道的供水水质；如能加以处理及回用利用，则可以增加区域水资源可供水总量。目前，中水利用技术已较为发达，污水经深度处理后可作为一种再生资源回用于工业、农业、景观、杂用等方面。潍坊市今后的工作重点是继续在污废水排放较集中的区域规划建设一批污水处理厂，扩大污水收集及中水利用规模，建立起完善的工程网络。

根据以上方案，潍坊市水系联网强化工程如表11-12所示。

表11-12　潍坊市水系联网强化工程

工程类型	工程名称	工程目的	规划规模	建设状况
引黄建设工程	引黄入峡	将黄河水调入峡山水库	19.5 m^3/s	已建
	双王城水库	充分利用该水库调节库容，实施引江及引黄的联合调度，增加引黄量	地方调节库容2 500万m^3	规划
	引黄入白	通过引黄入峡工程、引潍入白工程将黄河水及长江水调入白浪河水库	10.0万m^3/d	本次提出
	引冶入寿	通过供水管道将冶源水库地表水调入寿光市	2.0 m^3/s	主体已建

续表 11-12

工程类型	工程名称	工程目的	规划规模	建设状况
多水源供水建设工程	峡山水库供水工程改造	对供水口进行改造,避免供水与引水发生冲突,增加引黄、引江水量	改造引水口 6 处	本次提出
	引高入白	调水通道衬砌,减少渗漏量	38 km	主体已建
	潍北平原水库引水工程	调水通道管道化,减少渗漏量	30 km	主体已建
	引牟入白扩建工程	提高输水能力,增加调水量	输水能力达 10 m^3/s	主体已建
农业灌溉机电井建设工程	渠灌区改造工程	扩大井灌区面积,提高灌溉水利用系数,充分利用地下水库的调蓄作用	增打潜水机电井若干	本次提出
河流水系联网工程	“六纵二横”之南线	增加供水量,改善水生态环境	一次性蓄水 8 660 万 m^3	已规划
水库扩容改造工程	白浪河水库扩容改造工程	提高调蓄水能力,增加供水量	增加调蓄能力 2 000 万 m^3	本次提出
水库串联工程	峡山水库与墙夼水库串联	提高峡山水库供水能力	大流量放水	本次提出
污水处理及中水回用建设工程	污水处理厂	增加污水处理量	14.9 万 t/d(新增)	本次提出
	中水回用工程	增加中水回用量	2.18 亿 m^3/a(新增)	本次提出

潍坊市水系联网工程建设布置如图 11-6 所示。

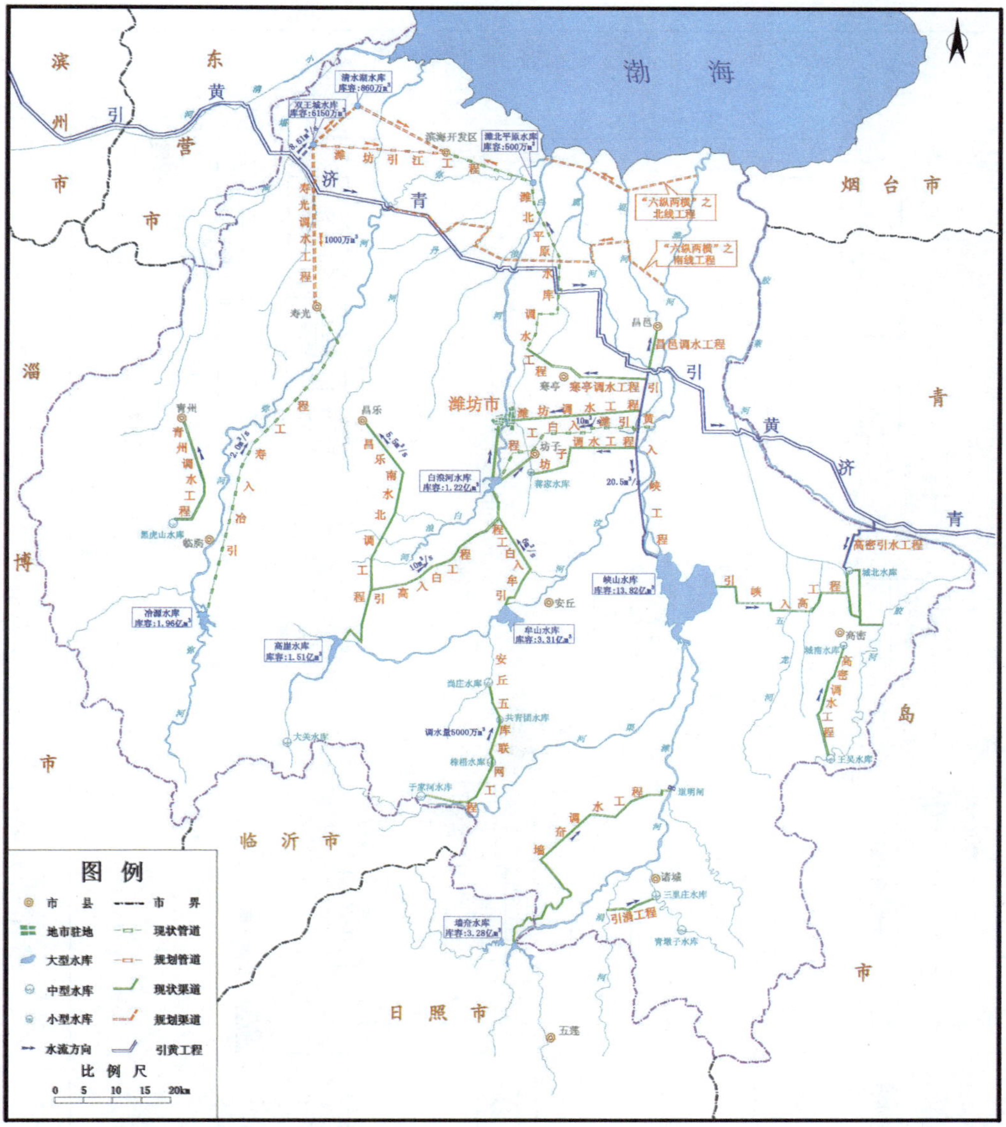

图 11-6　潍坊市水系联网工程建设布置

第四节　水资源优化配置与多目标优化决策模拟

采用多目标决策模型，利用 GAMS 系统建立潍坊市水资源优化配置模型，并进行多方案的模拟分析。

一、水资源系统概化

本次模拟计算，计算单元采用县（市、区）行政界套四级水资源分区界的方案确定。由此，潍坊市水资源系统概化结果如图 11-7 所示。

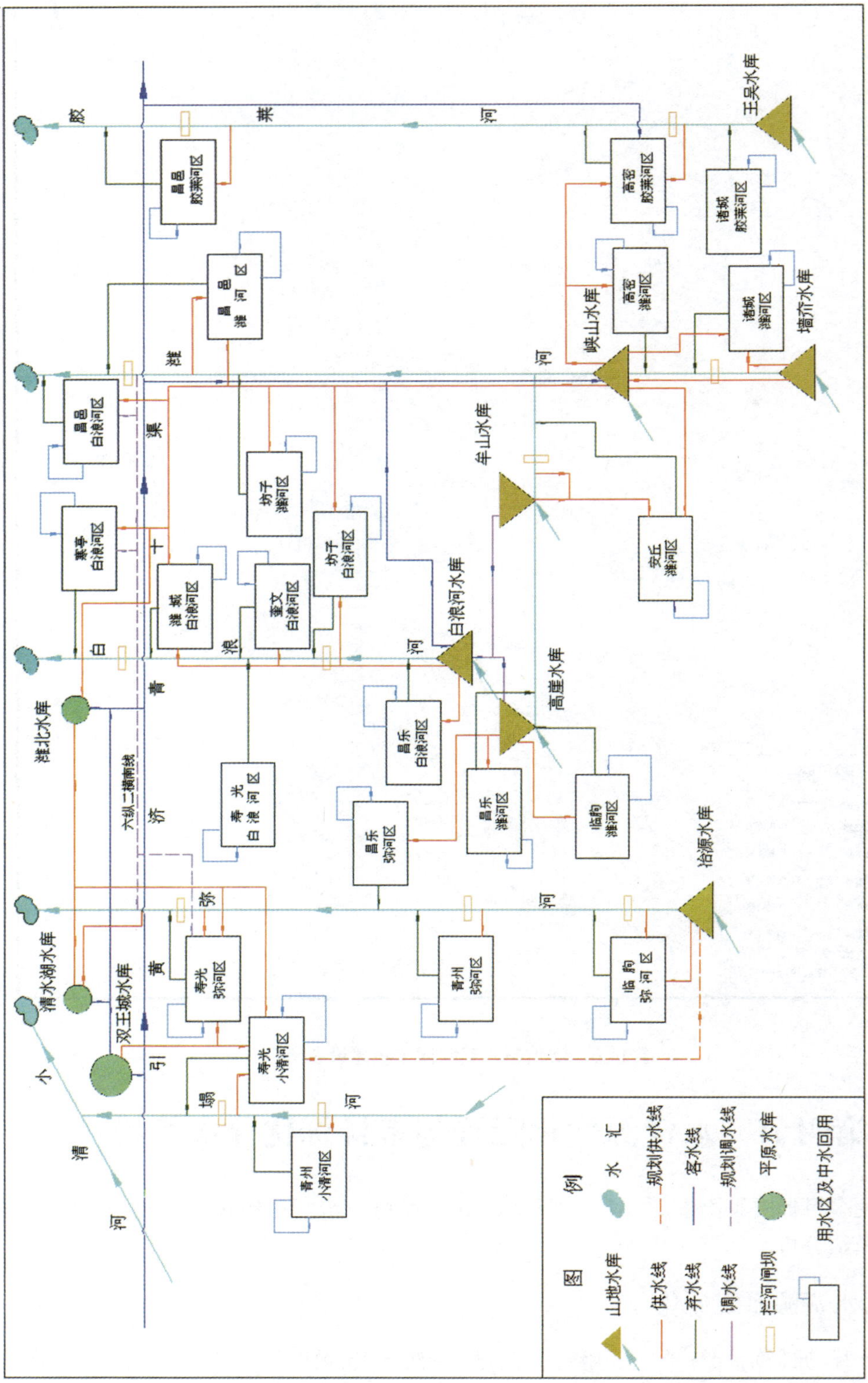

图 11-7　潍坊市水资源系统概化结果

二、基本平衡方程

模型目标函数采用水资源与水生态协调单指标评价模型中确定的决策目标，在此不再重复。下面重点介绍主要的平衡方程。

（一）地表水库水平衡方程

地表水库水平衡方程严格遵守水库调节水量平衡方程，包括上游来水、外调水、供水、蒸发损失、渗漏损失等。由于一些水库除拦蓄当地水资源外，还可能用于调节客水资源，因而当地水资源水平衡与客水资源水平衡需单独计算，而同一个时期内当地水资源与客水资源总量又被限制在水库逐月汛限调节水位范围之内。

（二）地下水库水平衡方程

地下水库是一个高度概化的调节水库，接受大气降水的补给，在供水方面主要按多年平均采补平衡来考虑。由于水资源分区间地下径流的关系十分复杂，本次研究忽略了跨区间的水量平衡关系，而将各个分区的地下水资源开采限定在一个相对独立的地下水库之内。

（三）用水单元供水水平衡方程

水平衡计算单元，即水资源分区，供水包括工业生产、居民生活、农业灌溉和生态用水。由于在水源方面的差异，本次研究对上述供水分别列出水平衡方程进行计算。而一个计算单元又遵从总的水量平衡关系。

（四）污水处理回用平衡方程

污水处理回用既受限于工业及居民生活供水总量的产污量，又受限于污水收集率、处理回用率等参数。外排的污水，未被收集的将直接进入退水系统，而处理以后未被回用的中水也将进入退水系统，所以真正被回收利用的污水处理水只有一部分。这些关系将全部在污水处理回用平衡方程中反映出来。

（五）节点地表水平衡方程

节点被认为是一个没有调蓄能力的地表水库，即上游来水量等于下游供水量和弃水量之和，所以节点往往意味着水资源量的重新分配。

（六）生态环境保护约束方程

本次研究同等对待水资源系统满足经济、社会及生态环境等各方面的供水需求，也就是说，在供水过程中，在保障满足一部分经济、社会供水需求时，要保障相应数量的生态环境用水，使得各类供水与可支撑的人口数相匹配。

三、模拟时序与方案

模型计算的时间限制，对于基本的平衡方程来说，一般按月进行计算；而对目标函数而言，则以年为计算周期。这样，模型按年逐月进行计算，当计算年份目标函数得到最大值时，就得到该年份模型系统的可行解。如此类推，模型得到系列年份的解。本次研究选择的水文系列为 1970～2007 年，共计 38 年。

模拟方案是为研究的必要设定的多种模拟运行边界环境，不同的方案会考虑不同的约束条件，对多方案的计算结果进行对比分析即可找到水资源分配的规律。为反映不同阶段模型计算结果,本次研究确定现状水平年为 2007 年,规划水平年为 2020 年。共设置 3 个模拟方案,即 2007A 方案、2020A 方案和 2020B 方案,见表 11-13。

表 11-13　潍坊市水资源优化配置模拟方案

措施		模拟方案		
		2007A	2020A	2020B
供水水源	当地地表水资源	√	√	√
	当地地下水资源	√	√	√
	中水资源	√	√	√
	引黄			√
	引江			√
供水工程	现状水网工程	√	√	√
	水网体系建设强化工程			√
供水目标	工业用水	√	√	√
	农业用水	√	√	√
	生活用水	√	√	√
	生态用水(河道内、外生态用水)	√	√	√

在所有的方案中,A 方案中按现状水系联网工程考虑,B 方案在现状水系联网工程基础上增加本次研究中提出强化的相关工程;2007 水平年方案与 2020 水平年方案,经济社会需水量及生态环境需水量按照水资源供需平衡分析中不同水平年各业需水量对应计列。

四、模型定参与模拟结果

根据潍坊市 2007 现状年供用水格局,对模型中的各项参数进行了试算,经调整后得到较为理想的结果。

根据计算结果,在现状条件下,2007 年总需水量为 23.40 亿 m^3、总供水量为 22.05 亿 m^3、总缺水量约为 1.34 亿 m^3。在总需水量中,工业生产需水 2.51 亿 m^3、农业生产需水 17.12 亿 m^3、生活需水 2.06 亿 m^3、生态需水 1.71 亿 m^3;在总供水量中,地表水供水 11.97 亿 m^3、地下水供水 9.85 亿 m^3、中水供水 0.42 亿 m^3、微咸水供水 0.11 亿 m^3;在总缺水量中,农业生产缺水 10 543 万 m^3、生态缺水 2 874 万 m^3。

对照实际状况,2007 年潍坊市总供水量 16.75 亿 m^3,其中,地表水供水量 7.38 亿 m^3、地下水供水量 8.88 亿 m^3、其他水源供水量 0.49 亿 m^3。因实际农业灌溉多存在非充分灌溉及利用退排水灌溉的现象,故实际农业灌溉水量较系统模拟灌溉水量小得多。

在供水水源分布方面,模拟结果与实际相比,地表水供水量多 4.59 亿 m^3,而地下水、中水、微咸水等水源供水量两者相当。地表水供水量偏多的原因,一是现状水平年各大型水库对农业供水实施了人为干预,导致实际供水量远小于可供水量,差值达 1.0 亿 m^3;二是模型在模拟时更多地考虑了多水源的联合调度,特别是汛期雨洪水通过拦河闸坝拦蓄及河道滞留等作用,导致地表水资源重复利用量明显增加,增加量达 3.5 亿 m^3。

定参之后,对各方案进行模拟计算,多年平均供需平衡结果如表 11-14 ~ 表 11-16 所示。

表 11-14　潍坊市 2007A 方案多年平均水资源供需平衡模拟成果

（单位：万 m^3）

项目		县(市、区)												潍坊
		潍城	奎文	坊子	寒亭	临朐	青州	寿光	昌乐	诸城	昌邑	高密	安丘	
工业	需水量	1 643	2 690	870	3 194	630	1 710	6 327	1 529	1 415	1 300	2 700	1 077	25 085
	总供水量	1 643	2 617	870	3 194	630	1 710	6 327	1 484	1 415	1 300	2 700	1 077	24 967
	地表水供水量	471	2 486	457	871	196	513	2 047	836	210	366	714	115	9 282
	地下水供水量	1 172	131	413	2 323	434	1 197	4 280	648	1 205	934	1 986	962	15 685
	缺水量	0	73	0	0	0	0	0	45	0	0	0	0	118
农业	需水量	3 989	192	4 419	11 106	11 870	21 294	34 229	12 318	18 952	13 106	19 687	23 731	174 893
	总供水量	3 808	192	4 363	9 493	10 873	19 228	24 794	10 669	18 563	13 069	19 121	23 731	157 904
	地表水供水量	3 295	0	2 282	6 501	6 522	7 492	14 340	6 495	11 358	4 961	8 608	17 468	89 322
	地下水供水量	248	0	1 898	2 262	4 101	11 421	9 371	3 869	6 812	7 562	9 925	5 833	63 302
	中水供水量	265	192	183	354	250	315	711	305	393	211	588	430	4 197
	微咸水供水量	0	0	0	376	0	0	372	0	0	335	0	0	1 083
	缺水量	181	0	56	1 613	997	2 066	9 435	1 649	389	37	566	0	16 989
生活	需水量	1 341	1 407	806	1 101	1 775	1 447	2 000	1 821	2 241	1 025	2 700	2 901	20 565
	总供水量	1 341	1 390	806	1 100	1 775	1 447	2 000	1 821	2 241	1 025	2 700	2 901	20 547
	地表水供水量	264	350	195	313	451	486	614	666	274	302	571	178	4 664
	地下水供水量	1 077	1 040	611	787	1 324	961	1 386	1 155	1 967	723	2 129	2 723	15 883
	缺水量	0	17	0	1	0	0	0	0	0	0	0	0	18
生态	需水量	270	151	305	671	2 377	1 642	1 970	1 362	2 968	1 315	1 648	2 406	17 085
	总供水量	270	150	176	669	2 201	1 364	1 264	831	2 881	546	1 553	2 406	14 311
	地表水供水量	270	150	176	669	2 201	1 364	1 264	831	2 881	546	1 553	2 406	14 311
	缺水量	0	1	129	2	176	278	706	531	87	769	95	0	2 774
合计	总需水量	7 243	4 440	6 400	16 072	16 652	26 093	44 526	17 030	25 576	16 746	26 735	30 115	237 628
	总供水量	7 062	4 349	6 215	14 456	15 479	23 749	34 385	14 805	25 100	15 940	26 074	30 115	217 729
	总缺水量	181	91	185	1 616	1 173	2 344	10 141	2 225	476	806	661	0	19 899
	弃水	334	1 049	419	529	1 827	2 501	1 278	826	1 376	3 377	1 838	987	16 341

表 11-15　潍坊市 2020A 方案多年平均水资源供需平衡模拟成果

（单位：万 m^3）

项目		县(市、区)												潍坊
		潍城	奎文	坊子	寒亭	临朐	青州	寿光	昌乐	诸城	昌邑	高密	安丘	
工业	需水量	2 581	3 739	1 146	6 219	1 244	3 345	6 705	2 035	2 522	2 447	3 761	1 461	37 205
	总供水量	2 581	3 535	1 146	6 219	1 244	3 345	6 705	1 745	2 522	2 447	3 761	1 461	36 711
	地表水供水量	1 439	3 386	882	2 652	311	1 002	2 655	1 269	290	975	802	93	15 756
	地下水供水量	1 142	149	264	3 512	933	2 343	4 050	476	2 232	1 472	2 959	1 368	20 900
	微咸水供水量	0	0	0	55	0	0	0	0	0	0	0	0	55
	缺水量	0	204	0	0	0	0	0	290	0	0	0	0	494
农业	需水量	3 898	671	5 537	12 156	12 338	21 489	34 129	12 683	21 990	13 106	22 067	25 459	185 523
	总供水量	3 434	671	5 288	6 935	9 443	17 168	20 784	10 129	19 941	12 952	18 046	25 459	150 250
	地表水供水量	3 059	134	3 029	5 599	6 407	7 775	13 196	6 098	15 073	5 624	10 732	20 665	97 391
	地下水供水量	3	0	2 017	99	2 605	8 781	6 318	3 660	4 173	6 566	6 499	4 195	44 916
	中水供水量	372	537	242	827	431	612	895	371	695	425	815	599	6 821
	微咸水供水量	0	0	0	410	0	0	375	0	0	337	0	0	1 122
	缺水量	464	0	249	5 221	2 895	4 321	13 345	2 554	2 049	154	4 021	0	35 273
生活	需水量	1 698	2 010	1 072	1 640	3 099	3 374	3 881	2 393	4 035	2 529	3 737	4 083	33 551
	总供水量	1 698	1 904	1 072	1 640	3 099	3 374	3 881	2 335	4 035	2 529	3 737	4 083	33 387
	地表水供水量	347	882	305	367	707	948	1 154	993	426	722	691	128	7 670
	地下水供水量	1 351	1 022	767	1 273	2 392	2 426	2 727	1 342	3 609	1 807	3 046	3 955	25 717
	缺水量	0	106	0	0	0	0	0	58	0	0	0	0	164
生态	需水量	631	440	559	1 174	3 598	2 433	2 874	1 922	4 419	1 993	2 427	3 610	26 080
	总供水量	631	416	238	1 172	2 790	1 618	1 645	790	4 174	643	2 247	3 608	19 972
	地表水供水量	631	416	238	1 172	2 790	1 618	1 645	790	4 174	643	2 247	3 608	19 972
	缺水量	0	24	321	2	808	815	1 229	1 132	245	1 350	180	2	6 108
合计	总需水量	8 808	6 860	8 314	21 189	20 279	30 641	47 589	19 033	32 966	20 075	31 992	34 613	282 359
	总供水量	8 344	6 526	7 744	15 966	16 576	25 505	33 015	14 999	30 672	18 571	27 791	34 611	240 320
	总缺水量	464	334	570	5 223	3 703	5 136	14 574	4 034	2 294	1 504	4 201	2	42 039
	弃水	415	1 054	243	450	1 877	2 178	1 048	820	1 024	3 097	997	1 044	14 247

表 11-16　潍坊市 2020B 方案多年平均水资源供需平衡模拟成果

（单位：万 m^3）

项目		县(市、区)												潍坊
		潍城	奎文	坊子	寒亭	临朐	青州	寿光	昌乐	诸城	昌邑	高密	安丘	
工业	需水量	2 581	3 739	1 146	6 219	1 244	3 345	6 705	2 035	2 522	2 447	3 761	1 461	37 205
	总供水量	2 581	3 739	1 146	6 219	1 244	3 345	6 705	2 026	2 522	2 447	3 761	1 461	37 196
	地表水供水量	0	0	0	1	288	920	200	1 156	261	134	2 028	87	5 075
	地下水供水量	13	61	5	29	642	1 565	340	350	1 631	98	768	999	6 501
	回用水供水量	663	961	296	1 599	314	860	1 723	520	630	629	965	375	9 535
	海咸水供水量	0	0	0	55	0	0	0	0	0	0	0	0	55
	外调水供水量	1 905	2 717	845	4 535	0	0	4 442	0	0	1 586	0	0	16 030
	缺水量	0	0	0	0	0	0	0	9	0	0	0	0	9
农业	需水量	3 898	671	5 537	12 156	12 338	21 489	34 129	12 683	21 990	13 106	22 067	25 459	185 523
	总供水量	3 896	671	5 496	12 141	10 703	18 431	30 054	11 001	20 899	13 106	19 681	25 459	171 538
	地表水供水量	1 603	0	2 435	6 171	6 296	7 370	16 372	5 974	13 742	4 631	7 277	18 516	90 387
	地下水供水量	1 588	0	2 540	4 209	3 422	9 801	11 541	4 197	5 539	7 257	10 629	5 456	66 179
	中水供水量	705	671	521	1 351	985	1 260	1 766	830	1 618	881	1 775	1 487	13 850
	微咸水供水量	0	0	0	410	0	0	375	0	0	337	0	0	1 122
	缺水量	2	0	41	15	1 635	3 058	4 075	1 682	1 091	0	2 386	0	13 985
生活	需水量	1 698	2 010	1 072	1 640	3 099	3 374	3 881	2 393	4 035	2 529	3 737	4 083	33 551
	总供水量	1 698	2 010	1 072	1 640	3 099	3 374	3 881	2 393	4 035	2 529	3 737	4 083	33 551
	地表水供水量	312	137	224	524	679	856	1 440	987	386	654	1 989	195	8 383
	地下水供水量	869	1 106	512	612	1 831	1 836	1 168	925	2 854	1 344	994	3 064	17 115
	回用水供水量	342	406	216	332	589	682	783	481	795	511	754	824	6 715
	外调水供水量	175	361	120	172	0	0	490	0	0	20	0	0	1 338
	缺水量	0	0	0	0	0	0	0	0	0	0	0	0	0
生态	需水量	631	440	559	1 174	3 598	2 433	2 874	1 922	4 419	1 993	2 427	3 610	26 080
	总供水量	631	439	322	1 174	3 212	2 016	2 287	1 047	4 315	1 012	2 096	3 610	22 161
	地表水供水量	631	439	322	1 174	3 212	2 016	2 287	1 047	4 315	1 012	2 096	3 610	22 161
	缺水量	0	1	237	0	386	417	587	875	104	981	331	0	3 919
合计	总需水量	8 808	6 860	8 314	21 189	20 279	30 641	47 589	19 033	32 966	20 075	31 992	34 613	282 359
	总供水量	8 806	6 859	8 036	21 174	18 258	27 166	42 927	16 467	31 771	19 094	29 275	34 613	264 446
	总缺水量	2	1	278	15	2 021	3 475	4 662	2 566	1 195	981	2 717	0	17 913
	弃水	659	965	507	710	1 729	1 521	1 605	599	1 179	2 923	1 078	3 001	16 476

第五节　水资源配置典型方案分析

从本次研究数学模拟计算结果来看，目前潍坊市水资源优化配置存在5种典型的方案，即水库联调方案、“六纵二横”方案、客水供水方案、地表地下联供方案和连枯年份应急方案。以下以2020B方案模拟结果为例，对上述5种典型的水资源优化配置方案进行分析。

一、水库联调方案

水库联调是指潍坊市境内6座大型水库实施联合调度，除保障库区周边区域用水外，还向北部平原地区调水。目前，潍坊市大型水库供水网络已覆盖青州之外所有县(市、区)。主要供水线路有以下3条：

(1)牟山水库、高崖水库与白浪河水库联合向潍城、奎文、坊子、昌乐等地区供水，年均供水总量达8 769万 m^3，其中，牟山水库和高崖水库分别向白浪河水库年均调水4 142万 m^3 和824万 m^3；

(2)墙夼水库与峡山水库、潍北平原水库联合向坊子、潍城、寒亭、昌邑、寿光、滨海开发区及高密等地供水，年均供水总量达21 084万 m^3，其中，墙夼水库主动分水2 736万 m^3；

(3)冶源水库和高崖水库联合向临朐、昌乐、寿光等地供水，年均供水总量达9 696万 m^3，其中，寿光市未来年份因引黄、引江等客水资源的补充，从冶源水库调水量与现状水平年相比将有所减少。

潍坊市水库联调优化配置供水方案如图11-8所示。

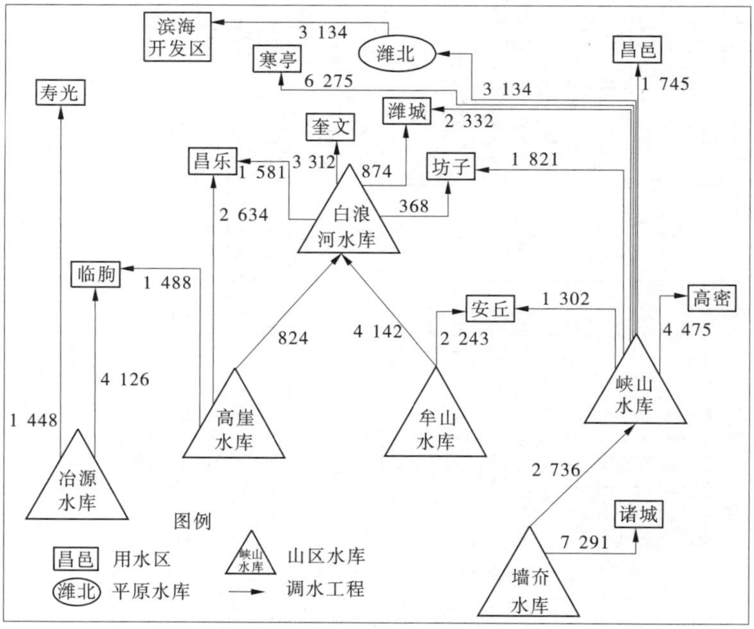

图11-8　潍坊市水库联调优化配置供水方案　(单位：万 m^3)

二、"六纵二横"方案

随着潍坊市"六纵二横"水系联网工程的规划与建设,该市北部滨海开发区水系联网态势逐步显现,弥河、丹河、白浪河、虞河、堤河及潍河等将实现互通和丰枯调剂。本次研究以该工程南横线工程为主要对象,研究其配水方案。潍坊市"六纵二横"优化配置供水方案如图 11-9 所示。

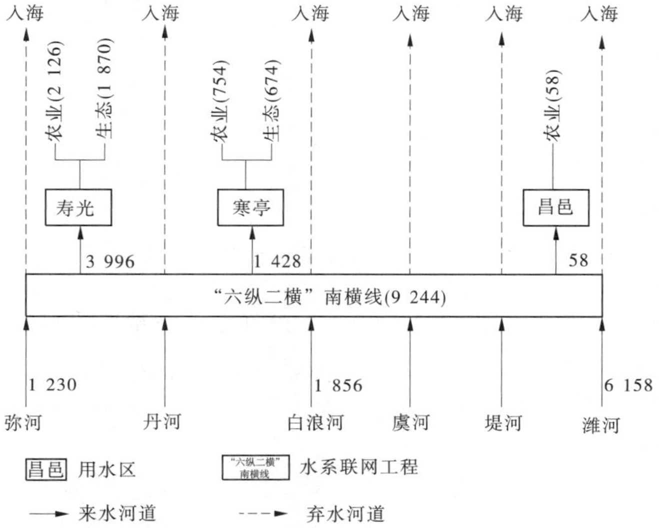

图 11-9 潍坊市"六纵二横"优化配置供水方案 (单位:万 m^3)

三、客水供水方案

潍坊市北部滨海地区水资源总量十分有限,当地水资源可供水量无法满足经济社会发展需要,除了积极从南部山丘区实施跨流域调水,增加引江、引黄等客水资源利用量也是一条重要的解决之道。本次研究提出了潍坊市 4 ~9 月引调黄河水的设想。另外,为提高客水资源的调蓄量,还提出尽快建设双王城水库并利用该水库进行长江水、黄河水联调,以及利用引黄入峡工程、引潍入白工程等联合实施引黄入白的建议。潍坊市客水优化配置供水方案如图 11-10 所示。

可以看出,潍坊市客水资源利用主要通过 3 条路径实现:

(1)通过引黄济青工程、双王城水库、清水湖及潍北平原水库联合向寿光市供水,年均净供水总量达 4 311 万 m^3,该水源以长江水为主;

(2)通过引黄济青、引黄入峡、引潍入白等工程,实现黄河水入白浪河水库,并向奎文、潍城及坊子等区供水,年均供水总量达 4 257 万 m^3;

(3)通过引黄济青、引黄入峡工程,实现黄河水入峡山水库,并向潍城、坊子、寒亭、昌邑、滨海开发区等地供水,水源包括长江水和黄河水,年均供水总量达 8 801 万 m^3。

四、地表地下联供方案

在众多供水水源中,当地地表水资源可供水量具有较大的变动性,与降雨量呈明显的

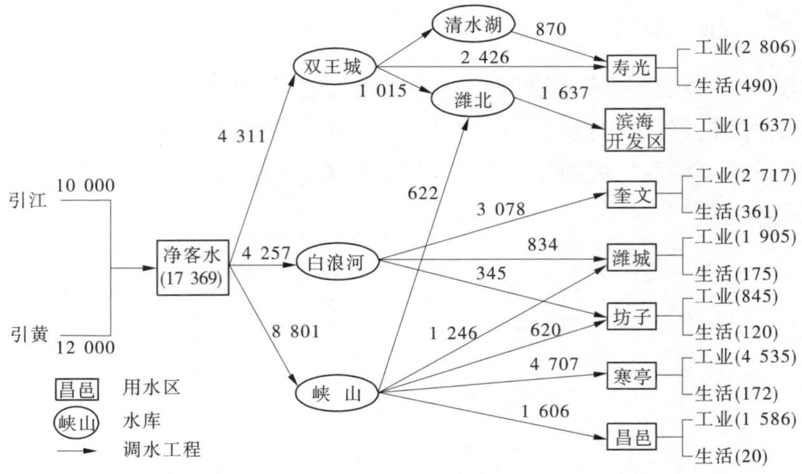

图 11-10　潍坊市客水优化配置供水方案　（单位：万 m^3）

相关性，这样就导致水资源系统需根据年际、年内降雨分布情况来调整供水水源结构，以提高适应性能力，这也反映出水资源优化配置过程中的自适应性。由于地下水资源供给量具有较大的弹性，因而与地表水资源供给量之间形成良好的互补效应。

（一）年际互补作用

年际间区域降水量变化很大，但就某一确定的水平年份，需水量却存在较大的稳定性，这就需要水资源系统能够具备一定的年调节能力。考察 2020B 方案逐年地表水及地下水资源供水量结果，就能发现上述规律，如表 11-17 所示。

表 11-17　潍坊市 2020B 方案模拟地表水及地下水资源供水状况成果（单位：万 m^3）

年份	地表水供水量	地下水供水量	小计	年份	地表水供水量	地下水供水量	小计
1970	141 501	86 684	228 185	1979	132 672	89 940	222 612
1971	142 110	84 790	226 900	1980	132 454	90 886	223 340
1972	125 534	93 293	218 827	1981	106 382	93 968	200 350
1973	138 629	87 981	226 610	1982	129 905	92 227	222 132
1974	145 103	82 409	227 512	1983	110 862	93 904	204 766
1975	137 142	85 507	222 649	1984	100 849	93 132	193 981
1976	136 823	88 679	225 502	1985	127 310	88 318	215 628
1977	119 871	93 912	213 783	1986	101 516	93 968	195 484
1978	132 564	90 078	222 642	1987	108 715	91 419	200 134

续表 11-17

年份	地表水供水量	地下水供水量	小计	年份	地表水供水量	地下水供水量	小计
1988	83 215	93 752	176 967	1998	132 823	91 090	223 913
1989	76 194	93 105	169 299	1999	132 618	90 118	222 736
1990	156 532	71 181	227 713	2000	115 628	93 968	209 596
1991	129 872	92 812	222 684	2001	130 980	89 110	220 090
1992	118 809	92 121	210 930	2002	107 982	93 968	201 950
1993	133 043	88 934	221 977	2003	146 081	80 460	226 541
1994	133 971	91 536	225 507	2004	143 141	83 951	227 092
1995	136 164	89 217	225 381	2005	139 477	87 286	226 763
1996	128 859	91 460	220 319	2006	121 260	93 968	215 228
1997	120 753	93 968	214 721	2007	130 771	89 119	219 890

可知,地表水供水量最大的 1990 年达到 15.7 亿 m^3,而最小的 1989 年仅 7.6 亿 m^3,相差 8.1 亿 m^3;地表水与地下水资源总供水量最大的为 1970 年的 22.8 亿 m^3,最小的为 1989 年的 16.9 亿 m^3,相差 5.9 亿 m^3。这表明,地下水资源与地表水资源供给量之间产生了互补效应,使得联合供水变化幅度比地表水单一供水变化幅度降低了 2.2 亿 m^3。

(二)年内互补作用

在年内,地表水资源供给量也会根据地表水资源可供水量的变化而进行调整。由降水系列分析可知,1989 年为特枯年份,而 1990 年属丰水年份,本次特选择上述两个年份对逐月地表水及地下水资源供给状况加以分析,如表 11-18 所示。

表 11-18　潍坊市 2020B 方案 1989 年、1990 年逐月地表水及地下水资源供水状况成果

(单位:万 m^3)

月份	1989 年		1990 年	
	地表水资源供给量	地下水资源供给量	地表水资源供给量	地下水资源供给量
1	2 471	2 855	2 557	3 069
2	1 489	3 220	3 841	1 966
3	7 363	10 924	5 615	12 501
4	4 377	16 589	5 905	15 617

续表 11-18

月份	1989 年		1990 年	
	地表水资源供给量	地下水资源供给量	地表水资源供给量	地下水资源供给量
5	4 028	26 447	21 527	16 479
6	11 457	12 398	28 493	3 140
7	16 186	3 929	30 812	909
8	14 224	4 215	32 283	974
9	6 392	4 152	14 640	1 921
10	2 570	2 719	3 331	3 420
11	3 986	3 301	4 773	8 355
12	1 651	2 356	2 756	2 829
小计	76 194	93 105	156 533	71 180

由表 11-18 可知,无论是偏枯年份,还是偏丰年份,地下水资源供给年内高值多出现在 3 ~6 月,而汛期及汛后 1 个月左右时间内,供给均处于低值。1989 年 3 ~6 月,地下水资源供给量达 6.6 亿 m^3,占全年的 71.3%,而 1990 年 3 ~5 月地下水供给量也达 4.5 亿 m^3,占全年的 62.7%。年内供水结构的调整有利于汛期雨洪水资源的回灌,从而最大程度地增加水资源供水量。

(三)特枯年调剂作用

在特枯年份,除积极扩大客水、中水等资源的利用量外,还可采取局部范围内适当超采浅层地下水资源的办法来缓解地表水资源供给不足的困难。如 2001 年和 2002 年,全市浅层地下水开采量分别达 12.4 亿 m^3 和 12.2 亿 m^3,但至 2003 年后开采量有所减少,为 9.1 亿 m^3,2004 年和 2005 年连续保持较低开采水平,分别为 6.7 亿 m^3 和 7.2 亿 m^3,实现了枯水年的适当超采和丰水年的及时回补。因此,特枯年份适当超采地下水方案是可行的。

从潍坊市现有观测井地下水位变动情况来看,傍河地下水源地受河道雨洪水资源补给明显,经开采之后,一般在经历 1 ~2 个汛期之后水位即可恢复,如图 11-11 所示。

需要注意的是,上述供水方案仅适用于特枯年份,而在连枯年份仍应以增加客水资源供给为主导方案。

五、连枯年份应急方案

由水文系列分析可知,潍坊市 1987 ~1989 年出现了连枯年份,根据 2020B 方案模拟结果,可以得到在既定水资源开发利用约束状况下区域水资源供需平衡状况,如表 11-19 所示。

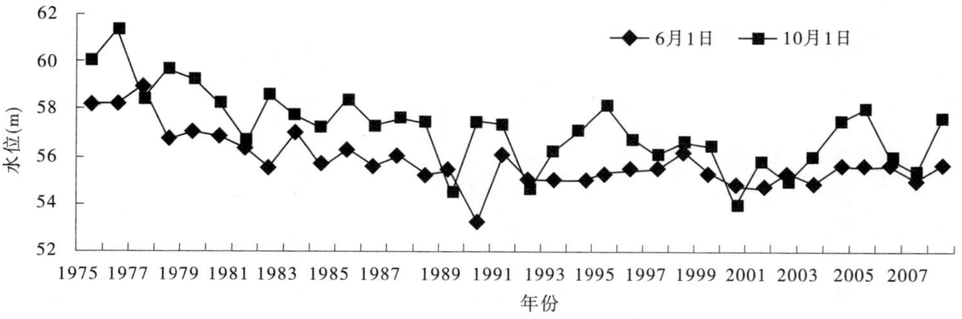

(a)青州市弥河傍河地下水源地观测井

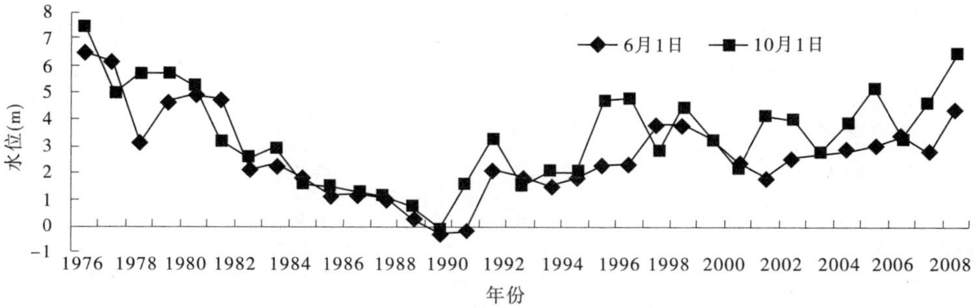

(b)昌邑市潍河傍河地下水源地观测井

图 11-11　潍坊市部分傍河地下水源地汛前汛末地下水位变动对比图

表 11-19　潍坊市 2020B 方案 1987～1989 年水资源供需平衡模拟成果（单位：万 m^3）

项目		1987 年	1988 年	1989 年
工业	需水量	37 204	37 204	37 204
	地表水供水量	4 961	1 633	2 718
	地下水供水量	6 597	10 035	8 581
	回用水供水量	9 555	9 281	9 407
	微咸水供水量	55	55	55
	外调水供水量	16 036	16 200	16 120
	缺水量	0	0	323
农业	需水量	182 173	194 556	193 964
	地表水供水量	73 522	58 783	50 259
	地下水供水量	68 414	64 733	65 684
	回用水供水量	13 887	13 334	13 689
	微咸水供水量	1 122	1 122	1 122
	缺水量	25 228	56 584	63 210

续表 11-19

项目		1987 年	1988 年	1989 年
生活	需水量	33 551	33 551	33 551
	地表水供水量	7 969	3 322	3 226
	地下水供水量	16 407	18 984	18 840
	回用水供水量	6 736	6 254	6 569
	外调水供水量	2 439	4 991	4 916
	缺水量	0	0	0
生态	需水量	26 080	26 080	26 080
	地表水供水量	22 262	19 478	19 991
	缺水量	3 818	6 602	6 089
供水结构	地表水供水量	108 714	83 216	76 194
	地下水供水量	91 418	93 752	93 105
	回用水供水量	30 178	28 869	29 665
	微咸水供水量	1 177	1 177	1 177
	外调水供水量	18 475	21 191	21 036
	合计	249 962	228 205	221 177

由模拟结果可以看出，连枯年份供水方案为：

（1）在连枯年份，较为稳定的外调水和处理回用水资源成为保障工业生产的主要来源，约占总供水量的70%，使工业生产仅在第三年即1989年略有缺水，为323万 m^3。

（2）居民生活用水水源主要来自地下水，约占总供水量的50%。另外，处理回用水和客水资源进一步保障了生活用水安全，居民生活用水可不出现缺水现象。

（3）在连枯年份，居民生活及工业生产用水的安全由牺牲农业和生态用水来换取。在连枯年份，农业和生态缺水均十分严重，1987～1989年，农业缺水量分别为2.52亿 m^3、5.66亿 m^3 和6.32亿 m^3，缺水率分别为14%、29%和33%；生态缺水量分别为3 818万 m^3、6 602万 m^3 和6 089万 m^3，缺水率分别为15%、25%和23%。由于农业生产本身存在较大弹性，政府可通过相关政策给予受损群众以援助；但生态环境具有极大的脆弱性，一旦遭受破坏，恢复起来较为困难，因而对于生态环境地位十分突出的区域，应考虑生态补水，与多年平均状况相比，年补水量应达到2 500万 m^3。

（4）从供水结构来看，地表水资源供水量受来水量限制，短期内无法迅速增加；地下水资源供给量接近于多年平均补给量，与当年实际补给量相比，已处于超采状态，而如果继续加量开采，则会对地下水环境造成极大的损害，从近年潍北平原地下浅层淡水区水位变动情况来看，2007年末平均地下水位埋深已达9.71 m，不宜过量开采地下水；回用水和微咸水资源供水量受用水工艺限制，短期内也无法增加。但外调水资源仍有潜力，根据潍坊市引黄及引江指标，总量可达到4.3亿 m^3，而从本次研究模拟结果来看，仍有超过2.0亿 m^3 的潜力。

总之，在连枯年份，供水方案为：压缩农业生产供水量，以客水资源及处理回用水资源保障工业生产用水需求，以地下水资源、客水资源等保障生活用水需求，地下水资源开采量保持在多年平均开采量水平。

第六节　水资源与水生态协调度分析

利用水资源优化配置结果，结合潍坊市现状水平年及规划水平年人口总数、人均保障性供水指标等，对潍坊市经济社会系统与自然生态环境系统间用水协调程度进行分析，可得出以下结论。

一、在加强水系联网工程建设情况下，用水协调度得以维持并有所改善

本次研究，将水资源优化配置数学模拟与区域水资源和水生态协调多目标决策模型有机地结合起来，通过三个方案多年平均状况下可支撑的人口数来考察潍坊市水资源和水生态协调程度。潍坊市各方案多年平均用水协调度评价成果如表11-20所示。

表11-20　潍坊市各方案多年平均用水协调度评价成果

类别	2007A	2020A	2020B
工业供水支撑人口数(万人)	855.11	881.77	893.40
农业供水支撑人口数(万人)	792.35	738.89	843.56
生活供水支撑人口数(万人)	858.43	889.25	893.60
生态供水支撑人口数(万人)	719.69	684.30	759.26
用水协调度	0.84	0.77	0.85

从表11-20可以看出，现状水平年潍坊市多年平均用水协调度为0.84。但如果保持现状水平年的供水模式，随着人口增长及经济社会需水量的持续增加，区域用水协调度迅速恶化，据2020A方案模拟结果，协调度下降至0.77。本次研究在当地现有及规划水系联网工程建设基础上，提出了一系列的强化工程措施，最主要的是增加污水处理回用规模及客水资源利用量。根据2020B方案模拟结果，区域用水协调度上升至0.85。另外，规划水平年工业、农业、生活和生态供水支撑人口数均超过了现状水平年，表明水资源系统供水能力的提高具有普遍性。

二、区域大范围的水系联网与水资源调度，使得水资源系统的空间协调性得到提高

通过对各县(市、区)用水协调度评价，可以看出，加强水资源优化配置，各县(市、区)用水协调度普遍得到提高，而且最高区域与最低区域差距在减小，如表11-21所示。2007A方案中，协调度最低的是昌邑，为0.42，而潍城、寒亭和安丘最高，协调度均达到

1.00,相差0.58;2020B方案中,两者差距减小至0.49。

表11-21　潍坊市县(市、区)各方案多年平均用水协调度评价成果

地区	2007A	2020A	2020B
潍城	1.00	1.00	1.00
奎文	0.99	0.95	1.00
坊子	0.58	0.43	0.58
寒亭	1.00	1.00	1.00
临朐	0.93	0.78	0.89
青州	0.83	0.67	0.83
寿光	0.64	0.57	0.80
昌乐	0.61	0.41	0.54
诸城	0.97	0.94	0.98
昌邑	0.42	0.32	0.51
高密	0.94	0.93	0.86
安丘	1.00	1.00	1.00

需要指出的是,昌邑市受其境内胶莱河区来水量小的影响,出现了协调度较低的现象。而水资源条件类似的寿光、昌乐两地,也出现了同样的情形。因此,昌邑、寿光和昌乐成为潍坊市水资源与水生态协调度最低的区域。可见,潍坊市北部平原区水资源缺乏,而长距离调水以满足居民生活及工业生产用水为主,生态环境用水不足现象普遍存在。因此,长距离调水工程也应考虑生态用水的需要,相机补水,相关成本则建议由政府统筹安排。

第十二章　山东省水安全评价技术

保障水安全是实现水资源与水生态协调发展的重要途径,本书在优选出山东省水安全评价指标体系的基础上,按照水资源与水生态协调多指标评价中模糊综合评价方法进行多水平年评价分析,并结合未来发展需求提出相关的建议。

第一节　评价指标及赋值

一、指标的选择

结合山东省的实际情况,选取23个指标来反映山东省水安全状况。各指标具体意义如下。

(一)生命安全指标

1. 人均水资源量

人均水资源量是衡量一个地区水资源承载力的指标,对于缺水地区来说,是一个在一定范围内越大越好的指标。我国人均占有水资源量约为2 200 m^3,只有世界人均占有量的1/4左右,山东省人均水资源量仅为344 m^3左右。根据“国际人口行动”人口和环境计划中的规定,人均水资源量少于1 700 m^3将发生用水紧张,少于1 000 m^3将发生严重缺水,少于500 m^3时将发生极度缺水。

2. 饮用水源水质达标率

饮用水是水资源利用功能中的最高层,在水资源价值坐标系中,它也位居最高层位,是水资源利用的重中之重,它直接关系到饮水人群的健康与生命安全,关系到社会稳定与综合国力的增强,为此国家制定了饮用水的卫生要求和标准。近年来,国际上对饮用水水质标准的修订频率越来越快。饮用水源水质达标率就是区域饮用水源中达到饮用水水质标准的百分数。

3. 人均生活用水量

生活用水量是指居民日常生活与公共福利设施的用水量,包括居民、饮食店、旅馆、医院、理发店、浴池、洗衣店、游泳池、商店、学校、机关、部队等单位的用水量。人均生活用水量是将生活用水总量分摊在每个人身上,其值的大小反映了生活用水的水平及节水水平。选取人均生活用水量反映生活用水状况。

(二)经济安全指标

1. 人均GDP

人均GDP是指国内生产总值与总人口之比,是反映经济发展状况的指标,为越大越优型指标。人均GDP越高,水利投入能力越强,能更进一步保障经济安全。

2. 工业用水重复利用率

工业用水重复利用率是指工业重复用水量占工业用水总量的百分率。工业用水重复利用率反映工业节水水平，表征工业用水、节水效率，是越大越优型指标。

3. 人均粮食占有量

人均粮食占有量是指人均占有粮食总量，与社会经济、政治安定关系密切，也与经济发展密切相关。

4. 人均有效灌溉面积

人均有效灌溉面积是指有效灌溉面积均摊在每个人的量，是反映水利化程度和评定农业经济安全的重要指标。

5. 万元工业增加值取水量

工业增加值是指在报告期内工业企业在工业生产活动中新增加的价值，它反映一定时期内工业生产的实际水平，是反映工业发展速度的重要指标。万元工业增加值取水量即每生产万元工业增加值所需水量，与万元工业产值取水量一样，均是反映工业用水效率、节水水平的指标。

（三）生态环境安全指标

1. 污径比

污径比是污水排放量与河道径流量的比值，宏观反映水系平均污染状态，是国际上衡量一个地区环境质量的通用评价指标，是一个越小越好型指标。国内外研究结果表明，河流受纳废污水量在河流天然水量 1/10（即污径比在 1∶10）以内时，河流的天然自净能力能够得到较好的利用和发挥；反之，河流本身所具备的净化能力将会受到破坏，河流生态系统将出现失衡局面。

2. 地表水水质

地表水主要分布在河流、湖泊和水库中。地表水水质反映区域水环境所处的状态，水质的好坏直接影响到环境的优劣，是反映环境状况的重要指标，水质的级别越低，区域环境状态越优。地表水水质是一个综合性指标，可利用下述公式确定：

$$C_1 = \alpha_1 X_1 + \alpha_2 X_2 + \alpha_3 X_3 \tag{12-1}$$

式中　C_1——地表水的综合指标值；

X_1、X_2、X_3——河川径流、湖泊、水库中水可利用比例（注：可利用比例是指某水体中Ⅳ类及优于Ⅳ类的水占水体总量的百分比）；

α_1、α_2、α_3——河川径流、湖泊、水库在地表水中所占的比重。

评价标准主要参考《地表水环境质量标准》（GB 3838—2002）。

3. 地下水水质

地下水水质反映区域地下水水质状况，同地表水一样，其水质的优劣直接影响到环境的好坏，并关系到人的生命健康。水质的级别越低，则区域环境状态越优，越有利于人的生命健康。以地下水中Ⅲ类水及Ⅲ类以上水所占比例，来量化地下水水质。全省地下水总体质量较好，但多数城市地下水仍受到一定程度的点状和面状污染，评价标准主要参考《地下水质量标准》（GB/T 14848—93）和《生活饮用水卫生标准》（GB 5749—2006）。

4. 客水水质

由于区域水资源量不能满足社会、经济的持续稳定发展，引入客水成为解决这一问题的主要措施之一。客水水质的优劣影响到引水工程是否达到其功效。同时，它又直接影响区域环境的质量。以客水中Ⅲ类水及优于Ⅲ类水所占比例，来量化客水水质。评价标准主要参考《地表水环境质量标准》(GB 3838—2002)。

5. 土壤盐渍化率

土壤盐渍化是指由于灌溉使易溶性盐分在土壤表层积累的现象或过程，主要发生在干旱、半干旱和半湿润地区，可用土壤含盐量来评价土壤盐渍化程度。土壤盐渍化率是发生盐渍化的耕地占总耕地面积的比重，为越小越优型指标。土壤盐渍化是影响灌区农业可持续发展的重要因素，是影响农业生产与生态环境的重要因素。

(四)社会安全指标

1. 水旱灾害损失占 GDP 的比例

水旱灾害损失占 GDP 的比例即干旱和洪涝灾害带来的损失占 GDP 的比重，它是反映涉水旱灾害造成的损失的严重程度的指标，对社会稳定、安全具有重要意义，是越小越优型指标。水旱灾害损失占 GDP 的比例是检验防灾减灾能力的重要标志，体现了评价区域抵御水旱灾害、控制水旱灾害的综合水平。2000 年，全国水旱灾害损失总计 5 794 亿元，占当年 GDP 的 6.48%。

2. 干旱受灾面积率

干旱受灾面积率即干旱受灾面积与耕地总面积的比值，是反映农业干旱程度的重要指标，是越小越优型指标。我国干旱受灾面积占总受灾面积的 60% ~70%，在北方地区干旱灾害尤其严重，干旱灾害已成为影响经济发展的重要因素。

3. 洪涝受灾面积率

洪涝受灾面积率即洪涝受灾面积与耕地总面积的比值，是反映洪涝灾害严重程度的重要指标，是越小越优型指标。

4. 水利投资占 GDP 的比例

水利投资占 GDP 的比例是指当年某地区水利投资占当年地区国内生产总值的百分比，此比例越高，投入和治理水问题的强度就越大。为保证水利工程安全运行，改善环境质量，必须保证水利投资占当年 GDP 的一定比例。据测算，2005 ~2020 年，我国水利基础建设投资合理比例应控制在 GDP 的 0.881% ~0.864%。

5. 城市防洪标准

城市防洪标准即所有城市根据其级别能达到防洪要求的程度，反映城市的总体防洪能力。同河道一样，城市的防洪对社会安全、社会稳定也具有重要意义。城市防洪能力的提高与社会经济的发展水平密切相关，防洪能力的大小应与社会经济发展程度相适应。

6. 河道防洪标准

河道防洪标准即所有河流根据其级别能达到防洪要求的程度，反映河流的总体防洪能力。河流的防洪对社会安全、社会稳定具有重要意义。

(五)管理安全指标

1. 灌溉水利用系数

灌溉水利用系数是指灌入田间的水量(或流量)与渠道引入总水量(或流量)的比值。灌溉水利用系数是衡量农业节水效果的关键指标,反映全灌区各级渠道输水损失和田间用水状况。

2. 城市管网供水利用率

城市管网供水利用率是反映城市管网供水效率的指标,是衡量城市节水水平的重要指标,在一定程度上反映了目前的管理水平,是越大越优型指标。城市管网供水利用率国家标准要求在92%以上,即管网损失控制在8%以内。在发达国家中,管理措施较好的新加坡,城市管网供水利用率在92%左右,美国在94%左右。

3. 管理人员学历结构系数

管理人员学历结构系数是反映管理人员管理水平的重要标志。高学历人员越多,则表明管理水平越高,但是同时不同层次的管理人员需结构合理。将学历层次划为5个级别,每个级别赋予不同的权重,见表12-1。

表12-1 不同学历级别权重值

学历级别	高于本科	本科	专科	中专	低于中专
权重	1.2	1.0	0.8	0.5	0.3

结构系数以 m 表示,计算公式为

$$m = \frac{1.2X_1 + 1.0X_2 + 0.8X_3 + 0.5X_4 + 0.3X_5}{\sum_{i=1}^{5} X_i} \tag{12-2}$$

式中 X_1、X_2、X_3、X_4、X_5——学历高于本科、本科、专科、中专以及低于中专的人数。

4. 水利现代化投资比例

水利现代化投资比例是指水利信息化投资和自动化投资占水利工程总投资的比例,它反映的是水利现代化的水平及程度,在一定范围内,投资愈大,则表明水利现代化水平愈高。

二、各水平年指标值

各水平年指标的确定,主要是根据国民经济发展和相关行业发展规划,以及水资源供需水量预测结果共同确定。经分析,各规划水平年指标测算结果如表12-2所示。

表12-2 各规划水平年指标测算结果

指标名称		2010年	2020年
生命安全	人均水资源量 C_{11}(m^3)	416	404
	饮用水源水质达标率 C_{12}(%)	95	99
	人均生活用水量 C_{13}(L/d)	150	220

续表 12-2

指标名称		2010 年	2020 年
经济安全	人均 GDPC_{21}(元)	17 500	31 900
	工业用水重复利用率 C_{22}(%)	75	85
	人均粮食占有量 C_{23}(kg)	377	377
	人均有效灌溉面积 C_{24}(亩)	0.79	0.79
	万元工业增加值取水量 C_{25}(m^3/万元)	10	5
生态环境安全	污径比 C_{31}	0.2	0.05
	地表水水质 C_{32}	0.75	0.85
	地下水水质 C_{33}	1	1
	客水水质 C_{34}	0.97	0.99
	土壤盐渍化率 C_{35}(%)	0.8	0.5
社会安全	水旱灾害损失占 GDP 的比例 C_{41}(%)	2	1.5
	干旱受灾面积率 C_{42}(%)	35	20
	洪涝受灾面积率 C_{43}(%)	0.05	0.045
	水利投资占 GDP 的比例 C_{44}(%)	0.3	0.6
	城市防洪标准 C_{45}	0.75	0.95
	河道防洪标准 C_{46}	0.5	0.8
管理安全	灌溉水利用系数 C_{51}	0.6	0.7
	城市管网供水利用率 C_{52}(%)	88	92
	管理人员学历结构系数 C_{53}	0.7	0.8
	水利现代化投资比例 C_{54}(%)	1.5	2.5

第二节　水安全评价分析

一、2010 年水安全评价

(一)隶属度向量

根据表 12-2 中各指标值,由隶属度函数可得各指标的隶属度向量值,见表 12-3。

表 12-3　2010 年各指标隶属度向量计算结果

指标	指标值	隶属度向量
C_{11}	416	(0.000　0.000　0.164　0.836　0.000)
C_{12}	95	(0.000　0.167　0.833　0.000　0.000)
C_{13}	150	(0.000　0.250　0.750　0.000　0.000)
C_{21}	17 500	(1.000　0.000　0.000　0.000　0.000)
C_{22}	75	(0.000　0.500　0.500　0.000　0.000)
C_{23}	377	(0.000　0.000　0.662　0.338　0.000)
C_{24}	0.79	(0.000　0.265　0.735　0.000　0.000)
C_{25}	10	(0.565　0.435　0.000　0.000　0.000)
C_{31}	0.2	(0.000　0.000　0.000　0.000　1.000)
C_{32}	0.75	(0.000　0.500　0.500　0.000　0.000)
C_{33}	1	(1.000　0.000　0.000　0.000　0.000)
C_{34}	0.97	(1.000　0.000　0.000　0.000　0.000)
C_{35}	0.8	(0.850　0.150　0.000　0.000　0.000)
C_{41}	2	(0.000　0.667　0.333　0.000　0.000)
C_{42}	35	(0.000　0.000　0.000　0.000　1.000)
C_{43}	0.05	(1.000　0.000　0.000　0.000　0.000)
C_{44}	0.3	(0.000　0.000　0.000　0.811　0.189)
C_{45}	0.75	(0.000　0.000　0.000　0.000　1.000)
C_{46}	0.5	(0.000　0.000　0.000　0.000　1.000)
C_{51}	0.6	(0.000　0.000　0.000　1.000　0.000)
C_{52}	88	(0.000　0.000　0.388　0.612　0.000)
C_{53}	0.7	(0.000　0.000　0.500　0.500　0.000)
C_{54}	1.5	(0.000　0.000　0.000　0.800　0.200)

(二)2010 年山东省水安全综合评价

由表 12-3 可得到各子系统的模糊关系矩阵,生命安全、经济安全、生态环境安全、社会安全、管理安全的模糊关系矩阵分别如下。

生命安全子系统：

$$R_1=\begin{bmatrix}0.000 & 0.000 & 0.164 & 0.836 & 0.000\\ 0.000 & 0.167 & 0.833 & 0.000 & 0.000\\ 0.000 & 0.250 & 0.750 & 0.000 & 0.000\end{bmatrix}$$

经济安全子系统：

$$R_2=\begin{bmatrix}1.000 & 0.000 & 0.000 & 0.000 & 0.000\\ 0.000 & 0.500 & 0.500 & 0.000 & 0.000\\ 0.000 & 0.000 & 0.662 & 0.338 & 0.000\\ 0.000 & 0.265 & 0.735 & 0.000 & 0.000\\ 0.565 & 0.435 & 0.000 & 0.000 & 0.000\end{bmatrix}$$

生态环境安全子系统：

$$R_3=\begin{bmatrix}0.000 & 0.000 & 0.000 & 0.000 & 1.000\\ 0.000 & 0.500 & 0.500 & 0.000 & 0.000\\ 1.000 & 0.000 & 0.000 & 0.000 & 0.000\\ 1.000 & 0.000 & 0.000 & 0.000 & 0.000\\ 0.850 & 0.150 & 0.000 & 0.000 & 0.000\end{bmatrix}$$

社会安全子系统：

$$R_4=\begin{bmatrix}0.000 & 0.667 & 0.333 & 0.000 & 0.000\\ 0.000 & 0.000 & 0.000 & 0.000 & 1.000\\ 1.000 & 0.000 & 0.000 & 0.000 & 0.000\\ 0.000 & 0.000 & 0.000 & 0.811 & 0.189\\ 0.000 & 0.000 & 0.000 & 0.000 & 1.000\\ 0.000 & 0.000 & 0.000 & 0.000 & 1.000\end{bmatrix}$$

管理安全子系统：

$$R_5=\begin{bmatrix}0.000 & 0.000 & 0.000 & 1.000 & 0.000\\ 0.000 & 0.000 & 0.388 & 0.612 & 0.000\\ 0.000 & 0.000 & 0.500 & 0.500 & 0.000\\ 0.000 & 0.000 & 0.000 & 0.800 & 0.200\end{bmatrix}$$

1. 生命安全综合评价

生命安全子系统指标的权重向量和计算结果如下：

$\omega_1=(0.558 \quad 0.320 \quad 0.122)$

$B_1=\omega_1\circ R_1=(0.000 \quad 0.084 \quad 0.450 \quad 0.466 \quad 0.000)$

2. 经济安全综合评价

经济安全子系统指标的权重向量和计算结果如下：

$\omega_2=(0.419 \quad 0.263 \quad 0.160 \quad 0.097 \quad 0.061)$

$B_2=\omega_2\circ R_2=(0.453 \quad 0.184 \quad 0.309 \quad 0.054 \quad 0.000)$

3. 生态环境安全综合评价

生态环境安全子系统指标的权重向量和计算结果如下：

$\omega_3 = (0.496 \quad 0.232 \quad 0.137 \quad 0.085 \quad 0.050)$

$B_3 = \omega_3 \circ R_3 = (0.265 \quad 0.123 \quad 0.116 \quad 0.000 \quad 0.496)$

4. 社会安全综合评价

社会安全子系统指标的权重向量和计算结果如下：

$\omega_4 = (0.342 \quad 0.206 \quad 0.206 \quad 0.122 \quad 0.075 \quad 0.049)$

$B_4 = \omega_4 \circ R_4 = (0.206 \quad 0.228 \quad 0.114 \quad 0.099 \quad 0.353)$

5. 管理安全综合评价

管理安全子系统指标的权重向量和计算结果如下：

$\omega_5 = (0.473 \quad 0.284 \quad 0.170 \quad 0.073)$

$B_5 = \omega_5 \circ R_5 = (0.000 \quad 0.000 \quad 0.195 \quad 0.790 \quad 0.015)$

6. 水安全模糊综合评价

各子系统的权重向量为：

$\omega = (0.419 \quad 0.160 \quad 0.097 \quad 0.263 \quad 0.062)$

模糊关系矩阵为：

$$R = \begin{bmatrix} 0.000 & 0.084 & 0.450 & 0.466 & 0.000 \\ 0.453 & 0.184 & 0.309 & 0.054 & 0.000 \\ 0.265 & 0.123 & 0.116 & 0.000 & 0.496 \\ 0.206 & 0.228 & 0.114 & 0.099 & 0.353 \\ 0.000 & 0.000 & 0.195 & 0.790 & 0.015 \end{bmatrix}$$

水安全模糊综合评价结果如下：

$W = \omega \circ R = (0.152 \quad 0.136 \quad 0.291 \quad 0.279 \quad 0.142)$

以上所有的模型计算采用加权平均法。

根据计算结果可得：山东省 2010 年水安全隶属于非常安全概率为 15.2%、安全概率为 13.6%、基本安全概率为 29.1%、不安全概率为 27.9%、极不安全概率为 14.2%。根据最大隶属度原则，山东省 2010 年水安全状况为基本安全。

二、2020 年指标体系评价

（一）隶属度向量

结合表 12-2 中各指标的基本资料，由上述隶属度函数可得各指标的隶属度向量值，见表 12-4。

表 12-4 隶属度向量计算结果

指标	指标值	隶属度向量
C_{11}	404	(0.000 0.000 0.116 0.884 0.000)
C_{12}	99	(0.750 0.250 0.000 0.000 0.000)
C_{13}	220	(1.000 0.000 0.000 0.000 0.000)
C_{21}	31 900	(1.000 0.000 0.000 0.000 0.000)
C_{22}	85	(0.500 0.500 0.000 0.000 0.000)
C_{23}	377	(0.000 0.000 0.662 0.338 0.000)
C_{24}	0.79	(0.000 0.265 0.735 0.000 0.000)
C_{25}	5	(1.000 0.000 0.000 0.000 0.000)
C_{31}	0.05	(0.000 0.711 0.289 0.000 0.000)
C_{32}	0.85	(0.200 0.800 0.000 0.000 0.000)
C_{33}	1	(1.000 0.000 0.000 0.000 0.000)
C_{34}	0.99	(1.000 0.000 0.000 0.000 0.000)
C_{35}	0.5	(1.000 0.000 0.000 0.000 0.000)
C_{41}	1.5	(0.091 0.909 0.000 0.000 0.000)
C_{42}	20	(0.000 0.000 0.695 0.305 0.000)
C_{43}	0.045	(1.000 0.000 0.000 0.000 0.000)
C_{44}	0.6	(0.000 0.000 0.981 0.019 0.000)
C_{45}	0.95	(0.000 0.000 0.000 0.000 1.000)
C_{46}	0.8	(0.000 0.000 0.000 0.000 1.000)
C_{51}	0.7	(0.000 1.000 0.000 0.000 0.000)
C_{52}	92	(0.000 0.591 0.409 0.000 0.000)
C_{53}	0.8	(0.000 0.500 0.500 0.000 0.000)
C_{54}	2.5	(0.000 0.000 0.500 0.500 0.000)

(二)2020 年山东省水安全综合评价

由表 12-4 可得到各子系统的模糊关系矩阵,生命安全、经济安全、生态环境安全、社会安全、管理安全的模糊关系矩阵分别如下。

生命安全子系统:

$$R_1 = \begin{bmatrix} 0.000 & 0.000 & 0.116 & 0.884 & 0.000 \\ 0.750 & 0.250 & 0.000 & 0.000 & 0.000 \\ 1.000 & 0.000 & 0.000 & 0.000 & 0.000 \end{bmatrix}$$

经济安全子系统：

$$R_2 = \begin{bmatrix} 1.000 & 0.000 & 0.000 & 0.000 & 0.000 \\ 0.500 & 0.500 & 0.000 & 0.000 & 0.000 \\ 0.000 & 0.000 & 0.662 & 0.338 & 0.000 \\ 0.000 & 0.265 & 0.735 & 0.000 & 0.000 \\ 1.000 & 0.000 & 0.000 & 0.000 & 0.000 \end{bmatrix}$$

生态环境安全子系统：

$$R_3 = \begin{bmatrix} 0.000 & 0.711 & 0.289 & 0.000 & 0.000 \\ 0.200 & 0.800 & 0.000 & 0.000 & 0.000 \\ 1.000 & 0.000 & 0.000 & 0.000 & 0.000 \\ 1.000 & 0.000 & 0.000 & 0.000 & 0.000 \\ 1.000 & 0.000 & 0.000 & 0.000 & 0.000 \end{bmatrix}$$

社会安全子系统：

$$R_4 = \begin{bmatrix} 0.091 & 0.909 & 0.000 & 0.000 & 0.000 \\ 0.000 & 0.000 & 0.695 & 0.305 & 0.000 \\ 1.000 & 0.000 & 0.000 & 0.000 & 0.000 \\ 0.000 & 0.000 & 0.981 & 0.019 & 0.000 \\ 0.000 & 0.000 & 0.000 & 0.000 & 1.000 \\ 0.000 & 0.000 & 0.000 & 0.000 & 1.000 \end{bmatrix}$$

管理安全子系统：

$$R_5 = \begin{bmatrix} 0.000 & 1.000 & 0.000 & 0.000 & 0.000 \\ 0.000 & 0.591 & 0.409 & 0.000 & 0.000 \\ 0.000 & 0.500 & 0.500 & 0.000 & 0.000 \\ 0.000 & 0.000 & 0.500 & 0.500 & 0.000 \end{bmatrix}$$

1. 生命安全综合评价

生命安全子系统指标的权重向量和计算结果如下：

$\omega_1 = (0.558 \quad 0.320 \quad 0.122)$

$B_1 = \omega_1 \circ R_1 = (0.362 \quad 0.080 \quad 0.065 \quad 0.493 \quad 0.000)$

2. 经济安全综合评价

经济安全子系统指标的权重向量和计算结果如下：

$\omega_2 = (0.419 \quad 0.263 \quad 0.160 \quad 0.097 \quad 0.061)$

$B_2 = \omega_2 \circ R_2 = (0.612 \quad 0.157 \quad 0.177 \quad 0.054 \quad 0.000)$

3. 生态环境安全综合评价

生态环境安全子系统指标的权重向量和计算结果如下：

$\omega_3 = (0.496 \quad 0.232 \quad 0.137 \quad 0.085 \quad 0.050)$

$B_3 = \omega_3 \circ R_3 = (0.319 \quad 0.538 \quad 0.143 \quad 0.000 \quad 0.000)$

4. 社会安全综合评价

社会安全子系统指标的权重向量和计算结果如下：

ω_4 = (0.342　0.206　0.206　0.122　0.075　0.049)

$B_4 = \omega_4 \circ R_4$ = (0.237　0.311　0.263　0.065　0.124)

5. 管理安全综合评价

管理安全子系统指标的权重向量和计算结果如下：

ω_5 = (0.473　0.284　0.170　0.073)

$B_5 = \omega_5 \circ R_5$ = (0.000　0.726　0.238　0.036　0.000)

6. 水安全模糊综合评价

各子系统的权重向量为：

ω = (0.419　0.160　0.097　0.263　0.062)

模糊关系矩阵为：

$$R = \begin{bmatrix} 0.362 & 0.080 & 0.065 & 0.493 & 0.000 \\ 0.612 & 0.157 & 0.177 & 0.054 & 0.000 \\ 0.319 & 0.538 & 0.143 & 0.000 & 0.000 \\ 0.237 & 0.311 & 0.263 & 0.065 & 0.124 \\ 0.000 & 0.726 & 0.238 & 0.036 & 0.000 \end{bmatrix}$$

水安全模糊综合评价结果如下：

$W = \omega \circ R$ = (0.343　0.237　0.153　0.234　0.033)

以上所有的模型计算采用加权平均法。

根据计算结果可得：山东省2020年水安全隶属于非常安全概率为34.3%、安全概率为23.7%、基本安全概率为15.3%、不安全概率为23.4%、极不安全概率为3.3%。根据最大隶属度原则，山东省2020年水安全状况为非常安全。

第三节　建议措施

实现到2020年山东省水安全状况达到非常安全的前提，是要全面落实相关规划，水资源与水生态协调发展也面临诸多不确定性。本书结合山东省实际，就当前水利发展的要求提出以下建议措施。

一、建立实施最严格水资源管理制度

山东省是我国严重缺水省份之一，当地多年平均水资源总量303亿m^3，人均水资源占有量322 m^3，不足全国人均水资源占有量的1/6，仅为世界人均水资源占有量的1/25，也远远低于国际公认的维持一个地区经济社会发展所必需的人均1 000 m^3水资源量的临界值。而今后一个时期，又恰恰是山东省加快推进经济文化强省建设的关键时期，是率先基本实现现代化的重要发展阶段。山东省委、省政府制定了开发黄河三角洲高效生态经济区、打造山东半岛蓝色经济区的战略规划及“一区三带”的战略布局，对全省水资源保障能力及用水方式、用水效率、用水安全提出了一系列新的更高要求。在水资源总量有限而用水需求不断增长的情况下，单靠开源或跨流域调水，短期内不可能从根本上解决日

益突出的缺水问题。而且,随着全省工业化、城镇化、国际化、市场化进程的不断加快和人民群众生活水平的不断提高,水资源保障的压力将日趋增加,水资源必将成为经济社会发展的硬约束。为此,必须实行最严格水资源管理制度,强化需水管理,走内涵式发展道路,严格实施用水总量控制,遏制不合理用水需求;大力发展节水经济,提高用水效率;严格水功能区监督管理,控制入河排污总量;遏制地下水超采趋势,逐步实现地下水采补平衡,以水资源管理方式的转变引导与推动经济结构的调整、发展方式的转变和经济社会发展布局的优化。

二、切实转变经济增长方式,调整产业结构,推进节水型社会建设进程

加快发展方式转变和产业结构调整,保持经济平稳较快发展是当前和今后较长一个时期山东省经济发展的主题。水资源既不可或缺又无法替代,实现经济社会可持续发展,必须以水资源的可持续利用作为基础支撑和保障,特别是在全省水资源严重短缺、生态环境十分脆弱的情况下,实现水资源的合理配置、全面节约和有效保护,对于转方式、调结构、促进经济社会全面协调可持续发展更是至关重要。产业结构调整本身就是对用水结构进行调整,从经济学的角度实现水资源的合理配置,以使有限的水资源发挥最大的效益。对第一产业要调整作物的种植结构,努力构建适宜水资源承载力的农业种植结构,巩固农业基础地位;对第二产业要按照低消耗、低排放、高效率的要求调整产业结构,大力扶持能源消耗少、科技含量高、排污少的项目,有选择、有重点地加快发展高新技术产业;第三产业的发展主要靠智力和人力资源,其对水资源的依赖性较差,应以发展劳动密集型服务业和现代服务业为重点,科学规划和着力推进新经济增长带的产业发展,重点扶持高新技术产业和新型服务业,从体制、政策、投入等方面采取强有力的措施,提高第三产业在国民经济中的比重。量水而行,以水定发展,根据水资源条件调整和规划地区经济结构与产业布局,大力发展循环经济,改变用水方式,抑制需水的不合理增长。因此,在加强水利建设的同时,必须着眼于促进转方式、调结构,把水资源的调度配置和高效利用作为经济调控的重要杠杆,全面提高水资源管理水平和水资源利用效率,加快节水型社会的建设进程,引导和推动发展方式转变、产业结构调整和经济布局优化。

三、加强非常规水资源利用的基础设施建设

加强非常规水资源利用的基础设施建设应做好以下工作:

一是围绕构建雨洪水资源化工程体系,加大水源开发利用工程建设力度。重点抓好雨洪水资源利用骨干工程建设,加快推进相对丰水流域雨洪水资源利用与河道拦蓄工程建设进度。同时,因地制宜地全面开展雨洪水资源调蓄利用工程建设。平原地区要通过河道层层拦蓄、恢复开挖坑塘、兴建人工集雨系统等方式蓄滞汛期洪水,规划建设一批生态湿地。山丘区要因地制宜地兴建一批地下水库、塘坝谷坊、集雨水窖、回灌补源等工程。要充分发挥已除险加固水库的调蓄功能,适时调整汛期调度方案,合理确定动态汛限水位,尽可能多地拦蓄洪水资源。地下水漏斗区要积极开展回灌补源工程建设,通过修建地下截坝、开挖渗井和渗沟等途径,努力促进地下水采补平衡。

二是围绕构建中水资源化工程体系,加大非常规水资源利用工程建设力度。重点突

出城镇生态敏感区污废水集中处理及回用工程建设，对小清河、白浪河等与城市关系密切的河流要通过截污导流工程及中水资源化利用工程改善地表水环境。此外，在滨海地区、鲁西北地区，还要建设海咸水直接和间接利用工程。加强企业用水工艺改造，扩大非常规水资源利用规模。以非常规水资源替代新鲜淡水资源，逐步实现新鲜淡水资源需求量的零增长。

四、着力构建水生态保护管理体系

把开发利用水资源与培育保护水生态放在同等重要的位置。

一是要实行地下水位预警措施。通过划定地下水开采警戒线，加大地下水监测保护力度。根据山东省不同区域地下水赋存条件、水源类型、资源量，合理确定地下水的开采控制水位，科学设立预警、限采和禁采水位。规范地下水开发利用，积极采取封停超采区自备井、建设地下水库、实施地下水回灌补源等措施，逐步恢复地下水超采区和海水入侵区生态环境。

二是要实行水功能区纳污容量预警措施。通过建立水体纳污能力警戒线，加强对现有水体的保护。根据不同水功能区对水体水质目标的要求，确定水体纳污能力警戒线，实施预警管理，相应采取不同警戒级别的入河排污口管理和污染防治措施。

三是要实行水源工程可用水量预警措施。根据水利工程蓄水情况，建立可用水量警戒线。在完善水文预报和水资源调控能力的基础上，根据水源补充能力，对供水工程实施预警管理，按照首先满足城乡居民生活，兼顾工农业生产并充分考虑生态环境用水的原则，相应实行控制性供水。同时，以生态河道建设为重点，积极推进水系生态建设。采取科学调控措施，努力使更多的河流保持必要的生态基流，促进自然生态保护与修复。相应加大小流域综合治理力度，健全完善水土保持监测网络，积极开展城市水土保持和水保生态修复试点工作，使全省重点流域和城区水系逐步成为水利生态示范区和水利风景区。

五、建立合理的供水价格体系

水价是水资源配置管理的重要手段。要按照“有效供应、成本补偿、合理收益、激励节约、可持续发展”的原则，建立灵活的水价调节机制。明确水价由各级物价部门会同水行政管理部门核定和调整，把水价纳入到商品价格管理轨道上来。对实现产权改革的供水公司的水价要逐步放开，由供水经营者与用水者协会协商定价，实现市场调节。物价部门会同水行政管理部门分类核定用水限价，进行宏观调控。此外，在条件成熟的地区实施限额定价机制，即对限额内用水实行低价，超额用水实行高价，鼓励节约用水。要运用市场经济规律和经济杠杆运作，但不同行业的水价应服从于国家的宏观经济政策，供水、排水和污水治理回用的价格不能由经营者单独制定，在价格和收费制度上，水行政主管部门要有决策权和否决权。

为促进水资源的高效利用和合理配置，应对当地水、外调水（黄河水、长江水）及非常规水源（包括中水、雨洪水、矿坑水等）等实行统一政策、进行统一管理。要合理确定农业用水价格；完善城市供水价格形成机制；按照补偿成本、合理收益、低于自来水价格一定比例的原则合理确定中水和其他非常规水源的价格，促进非常规水源的开发利用；运用科学合理的计价方式，推行居民生活用水阶梯式水价制度，工农业用水定额、超计划累进加价制度；出台相应政策，处理好外调水与当地水的价格关系，鼓励外调水的利用。

六、构建水市场，促进水资源的优化配置与高效利用

水市场的构建有利于水权的转让和出售，从而使水的利用从低效益的经济领域转向高效益的经济领域，可以不断提高水资源的利用效率。

一是加强政府宏观调控，水市场是一个准市场，水权转让涉及工业、农业及农民利益等问题，情况较为复杂，不能完全由市场调节，需要政府和水行政主管部门加强宏观调控，逐步利用市场机制，引导水权交易和水市场建立。

二是明晰初始水权，要逐步建立和完善两套指标体系，一套是水资源的宏观控制体系，另一套是水资源的微观定额体系，用这两套指标体系来约束各个地区、各个行业、每一项工作的用水指标和节水指标，这样节水责任就可以层层落实，水权转让也就有了基础，各方权益也从根本上得到保障。

三是规范水权转让行为，各地应从实际出发，出台水权转让工作指导意见，使水权转让规范进行。

四是合理确定水权转让年限，水权转让的年限，应该综合考虑工程使用年限、用水水平、经济社会发展水平等因素来确定。

七、加大科技支撑能力，更新管理手段，实现水资源多元化管理

随着经济社会的不断发展，传统的水资源管理手段已不能满足水资源管理的要求。为此，就要不断加大科技支撑力度，围绕全球气候变化、经济社会发展、水资源高效利用和生态环境保护，开展水资源重大专题研究，加强应用技术研发和高新技术应用。特别是要加快水资源与生态环境监控体系建设，建立与用水总量控制、水功能区管理和生态环境保护要求相适应的监控设施与管理平台，提高水资源管理信息化和现代化水平。因此，为满足水资源动态管理的要求，除传统的水资源管理手段外，还应将实时监测、模型模拟、协商、谈判、水权转让、市场交易等纳入日常水资源管理手段的范畴。

第十三章　山东省水资源与水生态协调发展分区技术方案

第一节　分区方案

水资源与水生态协调，受当地自然条件、人类活动、经济发展等多种因素影响，在不同的区域形成了一定的平衡状态，保持两者的内在平衡成为当地促进水资源可持续开发利用和经济社会可持续发展的关键一环。山东省境内就出了多个这样的典型案例，如鲁西北引黄治沙协调技术方案、鲁东水库串联与海水入侵防治协调技术方案、鲁中供水保泉协调技术方案、鲁南洪水资源化与水土保持协调技术方案、鲁西南引湖与水环境保护协调技术方案，如表 13-1 及图 13-1 所示。

表 13-1　山东省水资源与水生态协调典型方案分区一览表

方案分区	涉及地市	水资源开发利用主导条件	生态环境保护核心目标(涉水)
鲁西北引黄治沙协调技术方案区	菏泽、济宁、聊城、德州、济南、滨州、淄博、东营	引黄	治沙
鲁东水库串联与海水入侵防治协调技术方案区	潍坊、烟台、威海、青岛、日照	水库串联	海水入侵防治
鲁中供水保泉协调技术方案区	济南、淄博、潍坊	岩溶水开采	泉群保护
鲁南洪水资源化与水土保持协调技术方案区	泰安、临沂、莱芜、淄博	洪水资源化利用	水土保持
鲁西南引湖与水环境保护协调技术方案区	济宁、枣庄、泰安	南四湖开发	地表水环境保护

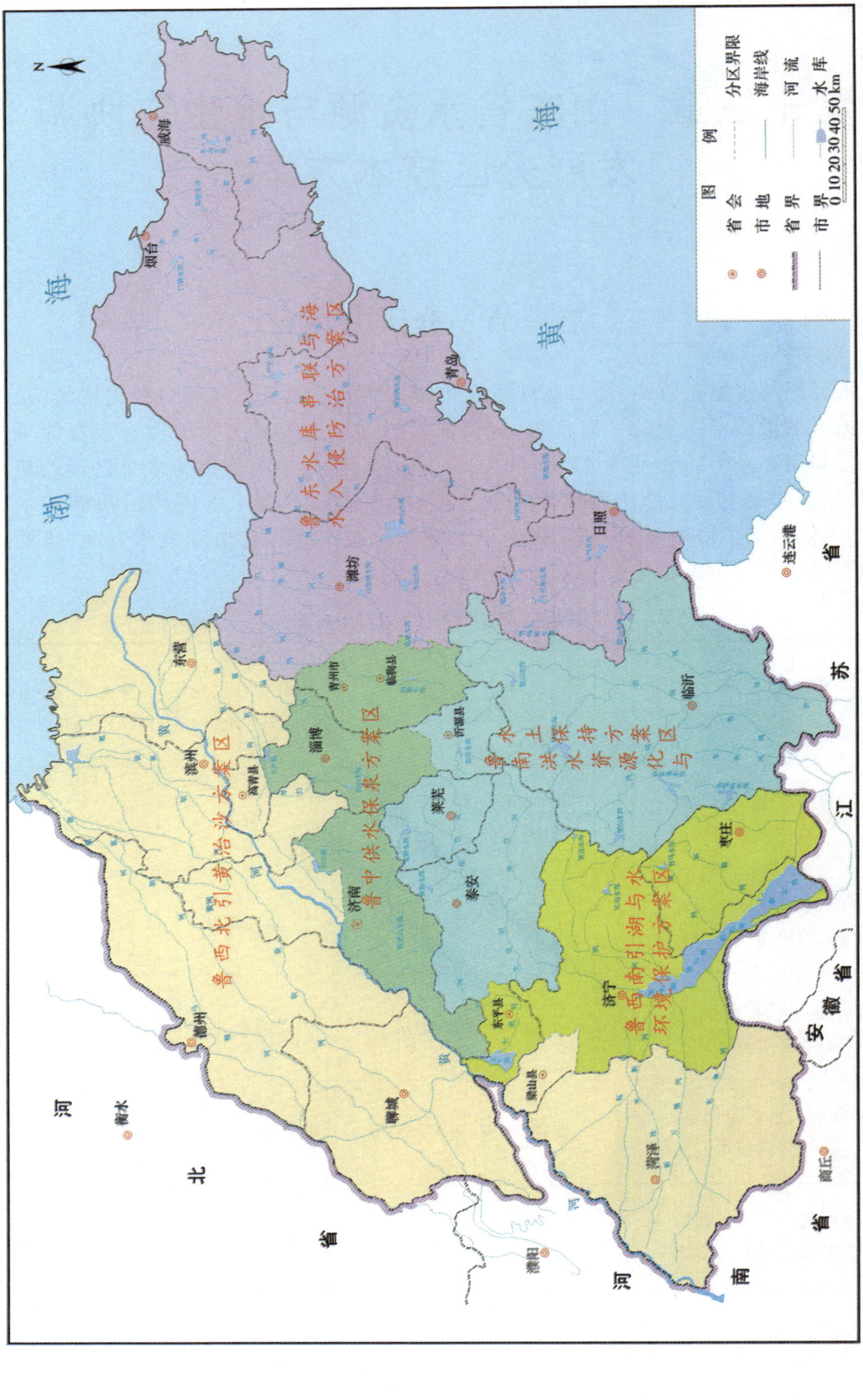

图 13-1　山东省水资源与水生态协调典型方案分区

第二节　鲁西北引黄治沙协调技术方案

一、方案构成

鲁西北包括菏泽、聊城、德州、滨州、东营等5市的全部以及济宁、济南、淄博等3市的部分区域。

经过近50年，特别是近30多年的发展、巩固和提高，山东省引黄灌溉与供水事业得到了长足的发展，引黄已成为山东省不可或缺的供水水源。2008年，全省供水量为219.89亿 m^3，其中引黄供水量达56.67亿 m^3，占总供水量的25.77%；在菏泽、聊城、德州、滨州、东营等5市供水总量88.03亿 m^3 中，引黄供水量达49.23亿 m^3，占5市供水总量的55.92%。目前，全省沿黄两岸已建成并在运行的引黄涵闸56座，设计引水能力2 199 m^3/s；扬水站13处，提水能力122.4 m^3/s；总引、提水能力2 321.4 m^3/s。全省引黄灌区71处，设计灌溉面积2 631.14 khm^2（包括补源面积508.91 khm^2），有效灌溉面积1 125.55 khm^2。另外，通过兴建平原水库引黄向城市和工业供水也得到了发展，至2002年，建成平原水库754座，其中大型水库2座、中型水库36座，引黄供水规模达到280万 m^3/d，年引黄水量约14亿 m^3。

但是，自开发引黄以来受黄河含沙量大、引黄工程系统简陋、管理粗放等多方面影响，一直存在比较严重的渠系淤积问题。20世纪80年代初期，由于沉沙条件的逐步恶化，许多大中型灌区的沉沙池被迫采用以挖待沉方式，全省平均干级以上渠道的清淤量逐步超过引沙量的50%，清淤负担越来越重。

对于鲁西北平原区，实现水资源与水生态协调发展，核心是做好引黄与治沙工作，不断促进有限的黄河水资源利用的高效率和高效益。鲁西北平原区引黄治沙方案如图13-2所示。

二、典型介绍

以滨州市为例，就鲁西北引黄治沙协调技术方案进行介绍。

滨州市位于山东省北部、黄河三角洲腹地，地处东经117°15′27″～118°37′03″，北纬36°41′19″～38°16′14″，属鲁北平原，总面积9 444.7 km^2。该市辖滨城区和惠民、阳信、无棣、沾化、博兴、邹平等1区6县。滨州市河流均为雨源性河流，除黄河滩地属黄河流域外，以黄河为界，南部为淮河流域，北部为海河流域。引黄河水是滨州市最重要的水源，2008年全市总供水量为14.68亿 m^3，其中引黄河水达10.56亿 m^3，占总供水量的71.93%。目前，沿黄河兴建了簸箕李、韩墩、小开河、白龙湾、兰家、张肖堂、归仁等13处引黄灌区和东郊、秦台、埕口、三角洼、芦家河子、毛家洼等26处平原水库，用于黄河水资源的调度和供给。由于黄河水具有高含沙量的特点，引黄泥沙成为鲁北河流泥沙的主要来源。据统计，1970～1979年引黄入内河泥沙量为7 273万t，占引黄总沙量的16%，为同期当地产沙量的5.4倍。1990～1999年引黄入内河泥沙量为3 800万t，占引黄总沙量的10%。引进的泥沙大部分在沉沙池、渠系内淤积，少部分滞留于田间或随灌溉尾水进入内河。大量引黄泥沙造成了渠道、河道的淤积，既降低了渠道输水能力，又影响了河道行洪除涝，而且泥沙裸露于地表，极易成为土壤风蚀的沙源，从而诱发更大范围的生态环境问题。

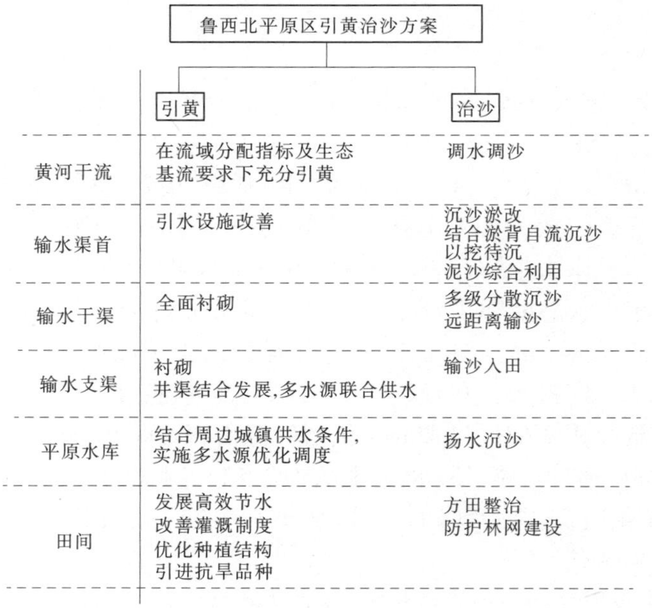

图 13-2　鲁西北平原区引黄治沙方案

在滨州市，农业是引黄灌溉与供水的大户，抓好农业节水是实现引黄高效利用的关键。为此，主要做好以下四方面工作：

一是开展灌区节水技术改造，发展井、黄双灌区，实现干渠以上衬砌以及大型灌区的渠系和建筑物配套，使渠系水利用系数达到 0.7 以上；

二是进行田间灌水技术和灌溉制度的改进，大面积引黄灌区做好地面整平和畦田建设并发展窄畦、短畦灌溉，在河沟网灌溉和井渠结合灌区扩大地下低压管道灌溉面积，经济作物区则大力发展喷、滴、微灌等高标准节水灌溉，提高田间水有效利用率至 0.9 以上；

三是开展农业综合节水技术改进，充分利用降水转化的土壤水分，保护好墒情，以减少作物蒸发蒸腾量，选育耐旱作物品种，保持好水、土、肥，提高单方水产出效益，使其达到 2 kg/m^3 以上；

四是做好灌区管理体制和服务水平的改进与合理水费的计收。

对于黄河泥沙问题，采取增大渠道比降，以远距离输沙，支渠以下渠系以分散输沙、浑水入田为主，以沉沙池机械疏浚、淤改造田为辅的综合处理方式。如打渔张灌区五干渠（曹店灌区），输沙干渠比降为 1/6 548，采用混凝土板进行全断面衬砌，直接输送不经沉沙的黄河水 50 km 后扬水入沉沙池，清水入调蓄水库，干渠沿途扬水灌溉，将泥沙直接送入支级以下渠道或田间，仅在尾段 7～10 km 因壅水而出现少量淤积，接近 40% 的泥沙输送到渠系及田间。滨州市小开河灌区也采用了远距离输沙方式，在距渠首 50 km 处的洼地沉沙，1998～2000 年引水 5.2 亿 m^3，输沙渠道仅淤积 9 万 m^3，干渠淤积 4 万 m^3，35% 的泥沙分散到支级以下渠道或田间。

与此同时，为防治风沙危害，加强了防风固沙工作，主要是营造林带林网，充分利用土地资源，不断调整和优化产业结构，提高综合抗灾能力和农业生产水平，逐步形成网、带、片、点结合的防护体系。

通过引黄灌区节水改造，滨州市灌溉水利用系数提高到 0.50 以上，局部达到 0.55 以上；黄河泥沙得到妥善处理，节约了清淤成本，也未出现较严重的风蚀现象。

第三节　鲁东水库串联与海水入侵防治协调技术方案

一、方案构成

鲁东的潍坊、烟台、威海、青岛、日照等 5 市存在海水入侵现象。当地也逐步形成了水库串联与海水入侵防治协调的局面。

海水入侵给山东省滨海平原地区造成了严重的灾害，包括：

(1)地下水水质恶化，加剧淡水资源的匮乏程度；

(2)耕地质量下降，土地退化；

(3)滨海工业发展受到限制；

(4)广大群众生活环境受到威胁等。

分析海水入侵的原因，既有水资源总量不足、持续干旱、水文地质条件不利等自然因素，也有超采地下水、引海(水)进陆(地)实施海水生产以及河道入海径流被过度拦截等人为因素，但归根结底还是不科学的水资源开发利用引起的。为此，鲁东各市纷纷通过水库串联、控制地下水开采、实施多水源联合调度等措施来提高水资源利用效率和效益，同时也实现了海水入侵的防治。鲁东水库串联与海水入侵防治方案如图 13-3 所示。

二、典型介绍

以烟台市区为例，就鲁东水库串联与海水入侵防治协调方案技术进行介绍。

烟台市是 1984 年国务院批准的全国首批 14 个沿海对外开放城市之一和国家重点开发的环渤海经济圈重要城市之一。该市地处山东半岛中部，位于东经 119°34′～121°57′，北纬 36°16′～38°23′，总面积 13 746.5 km^2，海岸线全长 702.5 km，市中部为横贯东西的山地丘陵，南北沿海且多平原，河流呈“非”字形分流入海。市区内流域面积 300 km^2 以上河流有大沽夹河、东五龙河、黄水河、辛安河、留格河、界河、王河及大沽河等 8 条，这些河流大多河床比降大，源短流急，洪水期暴涨暴落，枯水期河床暴露，极不利于地下水的补给。然而，由于各沿海县(市、区)对地下水资源的过度开采，有 11 个县(市、区)造成濒海地区大面积的海水入侵，全市海水入侵面积(Cl^- 含量大于或等于 250 mg/L 的区域)在 20 世纪 90 年代达到 640 km^2，而到 2010 年仍有 599.6 km^2。海水入侵后，烟台地区新增缺水村 764 个，缺水人口达 57.2 万人，严重时造成 29.8 万人、3.2 万头牲畜饮水困难。由于长期饮用被海水侵染的含氯离子及硫酸根离子严重超标的水源，广大濒海人民身体健康状况受到严重损害；每年因海水入侵造成的经济损失达十几亿元。海水侵染一旦形成，被侵

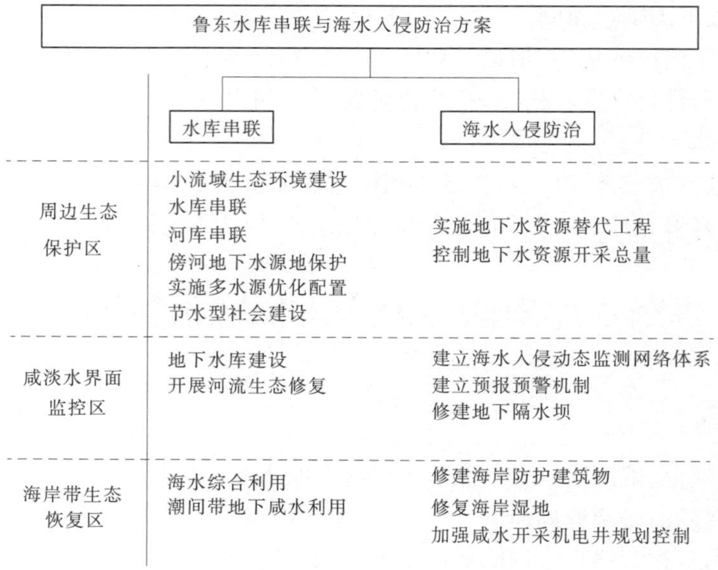

图 13-3　鲁东水库串联与海水入侵防治方案

染地区水环境就会遭到严重破坏,并且很难恢复。烟台市区包括芝罘区、莱山区、高新区、开发区、牟平区和福山区 6 区,总面积达 2 722.3 km^2,2008 年人口达 179.4 万人。自改革开放以来,全市经济保持了较高的增长速度。全市拥有一批在全省乃至全国知名度较高的产品和企业,高科技、高附加值企业发展方兴未艾,产品享誉国内外。由于社会需水量的不断增加,加之在较长一段时期内水资源的不合理开发利用,特别是局部地区地下水超采,形成负值漏斗区,造成了海水入侵现象的发生。据烟台市水利局 2010 年完成的最新调查结果,芝罘区、开发区在大沽夹河河口平原,海水入侵面积 25.8 km^2;福山区在大沽夹河地下水库防渗墙以北,海水入侵面积 7.3 km^2;牟平区在毗邻养马岛沿海约 2 km^2 区域有海水入侵现象。

为解决烟台市供水问题,同时避免海水入侵的继续发展,当地水行政主管部门采取了一系列措施。

(一)地下水库建设

位于大沽夹河中下游的永福园地下水库于 2002 年 3 月底竣工。该地下水库地下截渗坝工程东起宫家岛村,经永福园村,西至朱甲山,坝线全长 3 891.4 m,中间被永福园地下基岩隆起分为东西两段。水库控制流域面积 2 200 km^2,库区回水面积 63.26 km^2,总库容 20 517 万 m^3,设计调节库容 6 500 万 m^3,多年平均设计调节水量 6 776 万 m^3。为扩大该地下水库的供水效益,2010 年水利部门又实施了抽咸补淡水体置换工程措施,进一步改善了库区内水质,力争实现年应急供水 4 000 万 m^3 的目标。另外,该地下水库建设从根本上阻止了大沽夹河下游海水入侵的发展,保护了当地生态环境。

(二)河道梯级拦蓄

在大沽夹河及其支流上先后建成 10 道拦河坝,用于拦蓄河道地表径流,向傍河地下水源地补水。目前,陌堂、套口、东留公、芝阳等水源地日供水量达 6.5 万 t,有力地缓解了城区供水矛盾。

(三)水库串联

结合当前南水北调配套工程建设,将门楼水库、高陵水库以及外夹河等串联起来,相机引蓄黄河、长江客水及外夹河洪水,以提高供水规模。在此基础上,将地表供水工程与永福园地下水库联合起来,这样就可以实现当地地表水、地下水及引调客水的多水源联合调度,从而进一步提高市区供水保证率。

(四)河口挡潮闸坝建设

始建于1988年的宫家岛橡胶坝位于大沽夹河下游宫家岛河段,设计坝高2.5 m,总库容250万 m^3,年调节水量1 350万 m^3,回水长度8.5 km,设计流量3 890 m^3/s。坝上游拦蓄淡水,下游阻挡海潮,多年来为烟台市区生活和工农业用水发挥了巨大的作用。

(五)严格水资源管理

一是采取严格的水资源管理制度,重视对海水入侵区、地下水负值漏斗区的地下水管理,严格取水许可审批,加强取水计量监管,限制地下水开采,有计划地调整地下水开采布局、进行人工回灌补源等;

二是调整工农业生产结构及布局,采用行政、法律、经济和科学技术手段,以提高用水效率和效益为中心,推进节水型社会建设;

三是加强监测评价和科研工作,提高科学技术水平。

烟台市区充分利用门楼水库、永福园地下水库、高陵水库等拦蓄水工程设施,实施水库串联和多水源联合供水,提高了供水能力,缓解了当地水资源供需矛盾。而地下防渗墙、挡潮坝等设施的建设以及地下水资源开采的有效管理又有力地控制了海水入侵的发展,保护了生态环境。特别是永福园地下水库工程建成后从根本上阻止了大沽夹河下游的海水入侵,起到了“蓄淡阻咸”的双重作用,运行几年来,库区地下水位明显升高,各水厂周围原来形成的漏斗区面积逐年减小,地下水水质也得到了明显改善。随着山东省南水北调东线工程及烟台市配套工程建设的不断推进,客水资源的供给必将进一步促进烟台市水库串联及海水入侵防治效益的发挥。

第四节　鲁中供水保泉协调技术方案

一、方案构成

山东省中部沿平阴—长清—历城—章丘—博山—临朐一线分布1条明显的碳酸盐岩带。该地区具有典型的岩溶山区地貌及水文地质条件,并形成了诸多的泉群,仅济南就有72名泉之说。在上述地区,岩溶水的科学开发利用与地下水环境保护也成为当地较为突出的问题,其中又以济南最具代表性。

在地质构造上,济南南部山区属泰山隆起北翼,为一平缓的单斜构造。由于北侧断裂切断,形成许多小断块,形成了泉群的构造基础。南部山区在灰岩出露和裂隙岩溶发育的地方,吸收大量的大气降水和地表径流,渗入地下形成丰富的裂隙岩溶水。这些裂隙岩溶水受太古界变质岩的隔阻,不能继续下渗,便沿岩层倾斜的方向向北作水平运动,形成地下潜流,至城区遇到闪长岩体的阻挡和断层堵截,地下潜流大量汇聚,并由水平运动变为垂直向上运动,在灰岩和侵入岩体的接触地带及第四系沉积层较薄弱处涌出地表,形成天然涌泉,如图 13-4 所示。

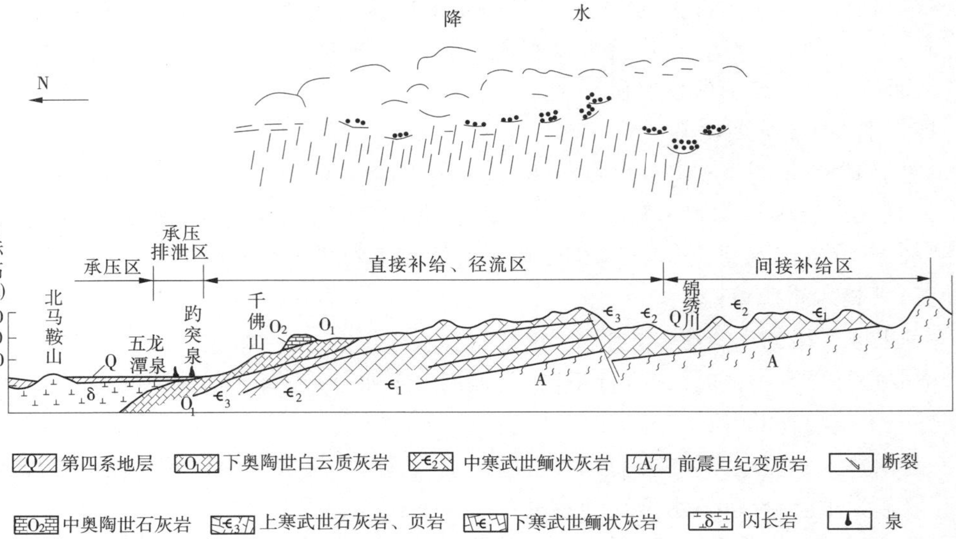

图 13-4　济南泉水成因地质剖面图(据陶良喜,1982 年)

济南曾以泉水闻名于世,并素有"泉城"的美誉,"家家泉水,户户垂杨"曾是其真实写照。但近几十年来,随着城市的发展,工农业用水不断增大,地下水开采量日益增加,破坏了地下水的自然平衡状态,使泉水分布区水位呈持续下降状态,造成泉水断流,并在很大程度上破坏了生态环境和旅游资源。1973 年,济南市区泉群首次出现停喷,以后每年停喷的时间因降雨量的不同或长或短,总体呈越来越长的趋势。尤其是在 1982 年、1988 年、1989 年、2000 年全年断流。直至 2001 年 9 月采取人工回灌和关停自备井等措施后才开始喷涌,至 2002 年 3 月又停止了喷涌,再次人工回灌补源也未能促使趵突泉复涌。自 2003 年济南市通过采取控采、封井、节流、补源、增雨等一系列综合措施,当年 9 月 6 日恢复喷涌,至 2012 年已连续 9 年连续喷涌。

在鲁中地区,一方面要解决社会发展的供水问题,另一方面要保护具有地方特色的泉域泉群,形成了水资源高效利用与生态环境保护的供水保泉方案,如图 13-5 所示。

二、典型介绍

以济南市为例,就鲁中岩溶山区供水保泉协调技术方案进行介绍。

济南市位于山东省中部,南倚泰山,北临黄河,是山东省省会,为全省政治、经济、文化中心和交通枢纽,辖历下区、市中区、槐荫区、天桥区、历城区、长清区、平阴县、济阳县、商河县及章丘市,地处东经 116°11′~117°44′,北纬 36°01′~37°32′,面积 8 154 km^2。济南市地处鲁中低丘陵与鲁西北冲积平原交接带上,南部为泰山山脉,北部为黄河平原,地势南高北低,平原向东北缓倾,黄河自西南向东北穿越本区,自然景观在黄河南北有较大差异,黄河河床高出地面,沿黄两岸形成带状洼地。济南市区内有三大水系,即黄河水系、小

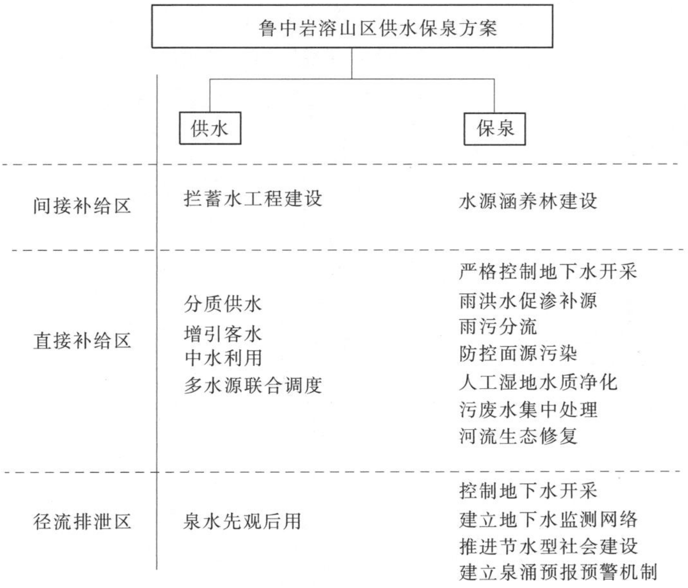

图 13-5　鲁中岩溶山区供水保泉方案

清河水系以及徒骇河、马颊河水系，主要河流除黄河外，还有小清河、玉符河、南大沙河、北大沙河、徒骇河、德惠新河等。由于济南为山东省省会所在地，具有特殊的社会地位，故保持其泉城特色具有十分重要的意义。

近年来，济南市围绕保护泉水、恢复泉城特色、保障城区供水做了大量工作，采取了有力措施，取得了显著成效。

（一）绿化南部山区

南部山区是济南市泉水的重要补给区，林木具有保护环境、蓄水保土、涵养水源等多种功能。济南市泉域范围西起马山断裂，东至东梧断裂，南至齐长城分水岭，北至小清河，面积约 1 500 km^2。目前，通过退耕还林、封山育林，南部山区森林覆盖率已达到 25.9% 以上。

（二）划定地下水资源保护区

全市地下水资源保护区划分为一般保护区、加强保护区和重点保护区，如图 13-6 所示。在各级保护区内，采取相应级别的限采及保护措施。济南市区二环路以内有 140 多眼自备水井，每年开采地下水 8 000 万 m^3。目前，对供水管网达到的地方，已封闭自备水井 132 眼，年停采地下水 5 000 万 m^3。

（三）拓展供水水源

关闭自备井、限采地下水后，为保证城市工农业生产和人民生活正常用水，开辟新水源，增加供水规模。一是由济南南部山区的卧虎山、锦绣川及狼猫山等水库通过放水洞、干渠渠道向济南市区供水，日供水量达 13.5 万 t。二是充分利用黄河水，自 1999 年以来，济南市先后投资 20 多亿元建成玉清湖水库和鹊山水库，引取黄河水作为济南市的重要水源向城市供水，年供水量达 1.8 亿 m^3，大大减轻了当地地下水资源的开采压力。

（四）回灌补源

在降水量较少、地下水补给不足时，用地表水补充地下水，实行回灌补源。2001 年以来，济南市水利局开展了多次人工回灌补源工作，从卧虎山水库放水，水流通过玉符河宅科至潘村间河道时，河水大量下渗补给泉域地下水。该段河道砂砾石层与灰岩直接接触，渗透能力极强，地表水可直接补给地下水，是回灌补源的最佳地段。从补源效果来看，对维持枯水年份城区主要名泉的喷涌具有重要作用。

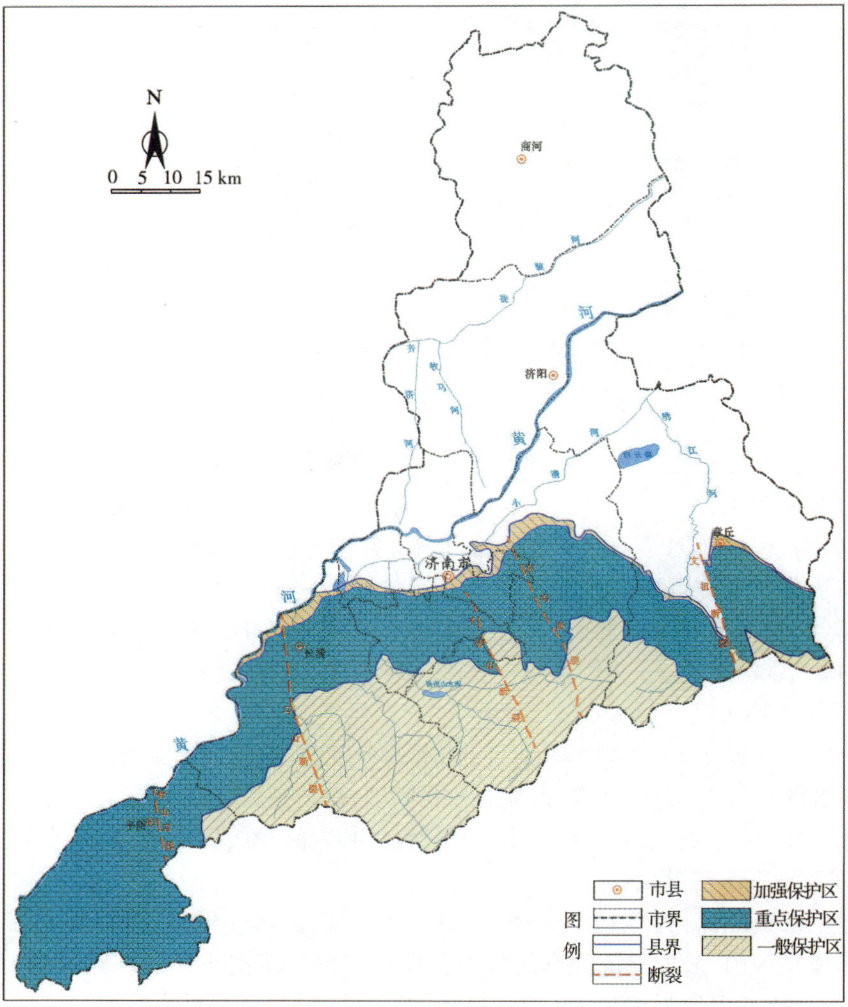

图 13-6　济南市地下水资源保护分区

（五）推进节水型社会建设

一是加大农业节水改造力度，采取典型引导、重点推进的方式稳步推进农业节水工作，继续推广以喷、滴、管灌为主要形式的高标准节水工程和智能卡等先进管理模式；

二是大力倡导工业节水，积极推广济钢集团节水降耗、发展循环经济的经验，搞好企业水平衡测试，推广使用先进节水工艺和设施，2008 年底全市万元 GDP 耗水量已降至 74.35 m^3，工业水重复利用率上升到 74%；

三是积极开展节水进社区活动，充分利用“世界水日”、“中国水周”宣传活动等有利时机,积极开展节水活动进社区、进校园,节水器具进万家等活动,有效增强群众的节水意识。

目前,城市供水由单纯的地下水供水转变成地下水和引黄供水比例为1∶7,极大地缓解了城市供水紧缺状态,对保持济南市泉涌具有举足轻重的作用。自2003年以来,推动了城市旅游业的发展。随着南水北调工程的建成通水、济南东湖调蓄水库建设的不断推进,长江水将成为补充济南城市供水、保障泉群健康的又一重要水源。

第五节　鲁南洪水资源化与水土保持协调技术方案

一、方案构成

泰安、莱芜、临沂等3市雨洪水资源较为丰富,但由于受地形地貌及暴雨过程特点的影响,开发利用难度较大。与此同时,强降雨及无法控制的雨洪水资源又极易造成土壤侵蚀,使得该地区成为山东省水蚀最强烈的区域。根据第二次水土流失普查结果(1995年),山东省水土流失面积为3.6万km^2,其中鲁中南中低山丘陵强度水蚀区水土流失面积达1.8万km^2,占总流失面积的50%。从鲁中南山丘水资源特点来看,水资源高效利用与生态环境保护重点在于实施洪水资源化利用并搞好水土保持工作,由此形成的方案如图13-7所示。

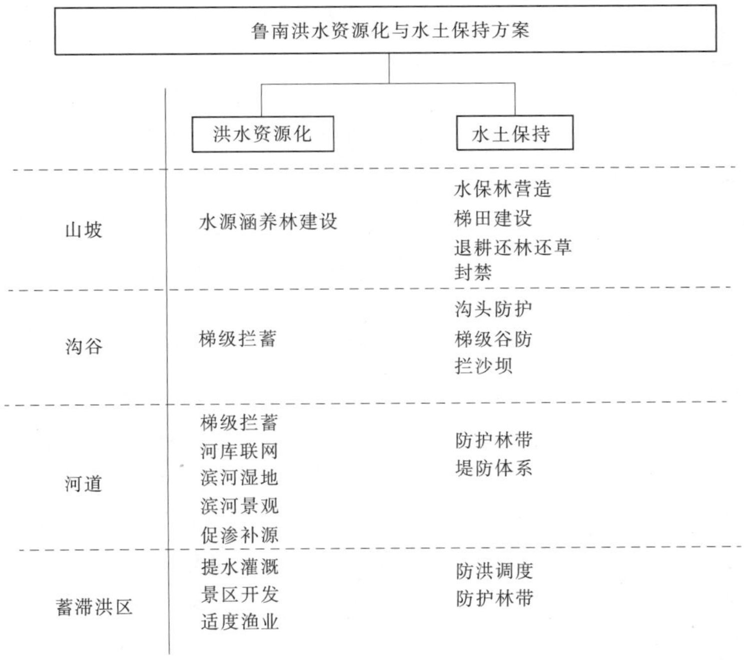

图13-7　鲁南洪水资源化与水土保持方案

二、典型介绍

以泰安市为例,就鲁南洪水资源化与水土保持协调技术方案进行介绍。

泰安市位于山东省中部,地处东经116°20′~117°59′,北纬35°38′~36°28′,总面积

7 762 km^2，辖泰山区、岱岳区、新泰市、肥城市、宁阳县和东平县等6个县(市、区)。全市地形自东北向西南倾斜，东部为鲁中山区的一部分，山脉呈E形分布，向西延伸，河谷平原交错其间，中部为广阔平原，西部多低山丘陵。境内泰山融自然景观与人文景观于一体，是我国最早被联合国命名的世界自然与文化遗产，有“自然山岳公园”、“东方历史文化宝库”之美誉。大汶河是黄河在山东的唯一支流，也是泰安市最大的河流，流域总面积8 536.5 km^2，泰安境内面积6 093.2 km^2，占全市总面积的78.5%。

泰安市多年平均降水量为697.1 mm，但汛期6～9月降水量达529.8 mm，占全年降水量的76%。由于受地形条件限制，现有蓄水工程控制面积仅为山丘区面积的25%，而且再建蓄水工程的难度高、投资大，致使境内地表水资源利用受到限制。大汶河汶口站多年平均径流量达到18.52亿 m^3，遇到偏丰年、丰水年，大量雨洪水资源不但得不到利用，还容易造成洪涝灾害。据统计，1949～2005年，大汶河流域平均每年洪涝受灾面积107万亩，成灾面积64.4万亩。随着流域内社会经济的不断发展，洪涝灾害损失呈上升趋势。如1996年，临汶水文站最大洪峰流量3 730 m^3/s，受灾面积297.62万亩、成灾面积180.47万亩，只有1964年受灾面积和成灾面积的66.9%和53.6%，但直接经济损失高达8.04亿元，是1964年直接经济损失的十几倍。另外，不利的降雨条件和得不到控制的雨洪水资源还造成了水土流失。在山东省水土保持区域中，泰安市属于鲁中南中低山丘陵极强度水蚀区，而据第二次水土流失普查结果，泰安市水土流失面积达到2 497 km^2，占全市总面积的32%，其中中度以上侵蚀面积达到1 851 km^2。

为进一步提高大汶河流域洪水资源化利用规模，降低洪涝灾害及水土流失危害，泰安市水利部门着手开展大汶河综合开发工程建设。河道治理集中在大汶河干流及其两大支流——牟汶河和柴汶河上，重点是建设一批集防洪、蓄水、冲沙、灌溉、发电、旅游于一体的多功能水利枢纽工程，包括新建拦河坝9座、改建拦河坝6座，如图13-8所示。为顺利实现东平湖水质达到南水北调水质目标，泰安市在实施污水处理厂升级改造和大汶河干流综合开发工程的基础上，进一步建设泮河(天泽湖)人工湿地水质净化工程，对进入泮河的排水进行深度处理，水质目标为地表水环境质量Ⅳ类水标准。该湿地工程分为3个片区，即泮河人工湿地区，占地432亩；泉林坝上河道走廊湿地区，占地面积3 580亩；泉林坝下河道走廊湿地区，占地650亩。在水土流失防治方面，以治理荒坡荒山和沟壑为重点，以坡改梯和治水为突破口，将25°以上坡耕地逐步退耕还林还草，大力营造水土保持、水源涵养林，大力修建水土保持拦、截、蓄等小微型水保工程，积极推行“山顶乔灌草戴帽、山腰经济林缠绕、山脚粮油瓜菜，堰边种植花、草、条，谷坊、塘坝沿沟建，田、水、林、路都配套”的综合治理模式。积极发展节水灌溉，大力发展林果业、畜牧业、农副产品加工业，培植主导产业，振兴山区经济。与此同时，加强开发建设项目水土保持方案编制审查与监督管理工作，降低人为因素产生的水土流失危害。在资源开发中造成水土流失的，按照“谁开发、谁保护，谁造成水土流失、谁治理”的原则，限期进行治理；对确需占用水土保持设施的，应严格依法给予补偿。对擅自围垦的湖泊和填占的河道，限期退耕还湖还水。规范排污许可证制度和排污口管理制度。严禁向水体倾倒垃圾和建筑、工业废料，进一步加大东平湖流域污染治理力度，加快城市污水处理设施、垃圾集中处理设施建设。

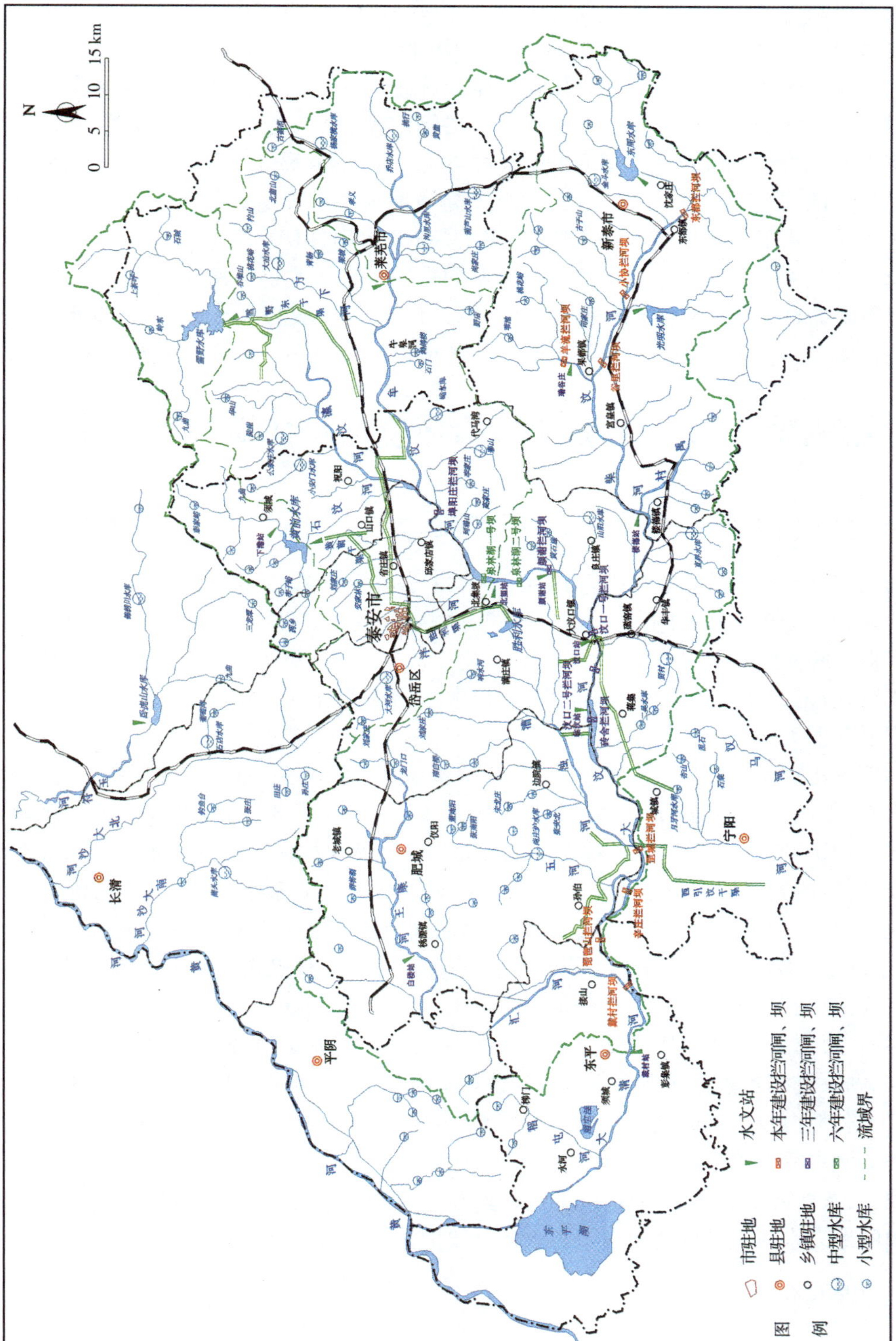

图 13-8　大汶河干流洪水资源化利用水利枢纽工程布置图

大汶河综合开发工程河道治理完成后，总拦蓄水面长度可达56.55 km，形成水面5.8万亩，总体蓄水量9 273万m^3，可复垦造田7 910亩，形成9.14万亩的滨河景区。河道两岸因地制宜地营造水景观系统，把河道建成防汛抢险生命线、绿化风景线、经济发展交通线，并使大汶河成为串联河道上下游、左右岸文化景观的黄金纽带。不仅如此，利用河道拦蓄工程，科学调控丰枯水量，可极大地改善河流水质，形成湿地15处，起到回灌补源、维持生物多样性、调节局地气候等作用，大大提高当地水生态环境水平。泮河（天泽湖）人工湿地水质净化工程建设，年均可削减COD_{Cr}总量1 095 t、BOD_5总量511 t、NH_3-N总量237 t、TN总量493 t、TP总量44 t。污染物质的去除将有效改善泮河入大汶河水质，为牟汶河河流系统的生态修复创建良好的生态环境，为大汶河流域的水质改善奠定基础。全市实施的各项水土保持治理措施，每年可增加蓄水保水3 500万m^3，减少水土流失200万t。

第六节 鲁西南引湖与水环境保护协调技术方案

一、方案构成

与南四湖濒临的济宁、枣庄等市形成了引湖与水环境保护协调的态势。

南四湖是山东省最大的湖泊，由南阳湖、独山湖、昭阳湖和微山湖串联而成，湖面南北长126 km、东西宽5～25 km，最大水面面积达1 266 km^2。1960年10月在湖腰兴建二级枢纽工程，将南四湖分为上级湖和下级湖，最大水面面积分别为602 km^2和664 km^2。南四湖水系如图13-9所示。

南四湖年均来水量达29.35亿m^3，其中上级湖25.00亿m^3、下级湖4.35亿m^3。1982年经微山县政府批准成立为县级南四湖保护区，1996年济宁市政府又将南四湖确立为市级自然保护区，2003年经省政府批准成为省级自然保护区。根据南水北调东线总体工程安排，南四湖将作为山东省境内南水北调东线最大的调蓄水库。而根据《淮河流域水功能区划》和《山东省水功能区划》成果，南四湖上级湖及下级湖均被确定为调水水源保护区，水质目标为地表水环境质量Ⅲ类水质标准。可见，保障南四湖水环境质量对南水北调东线工程的正常运行具有十分重要的意义。

然而，根据2008年水质监测资料，采用《地表水环境质量标准》，按单项目法进行评价，南四湖下级湖各监测断面水质均达到Ⅲ类水质标准，但南四湖上级湖的小北湖、独山、南阳、王庙、前白口等断面监测水质均为Ⅴ类，主要超标项目包括BOD_5、COD_{Mn}等，无法满足南水北调水源保护区水质要求。

因此，鲁西南滨湖地区的首要任务就是，在实现湖水资源高效开发利用的同时，保护好当地的地表水环境。鲁西南引湖与水环境保护方案如图13-10所示。

二、典型介绍

以济宁市为例，就鲁西南引湖与水环境保护协调技术方案进行介绍。

济宁市位于山东省西南部，地处东经115°52′～117°36′、北纬34°26′～35°57′，辖市中区、任城区、兖州市、汶上县、曲阜市、泗水县、邹城市、梁山县、嘉祥县、金乡县、鱼台县、微

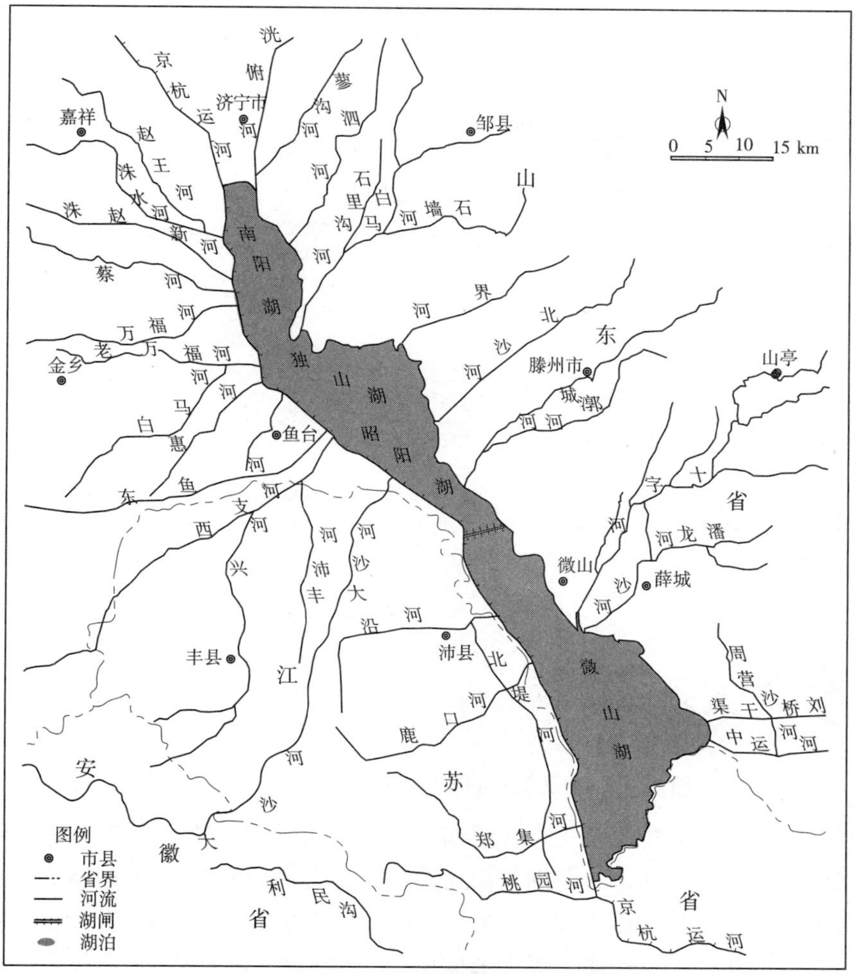

图 13-9　南四湖水系简图

山县等 12 个县(市、区),总面积 11 285 km^2。济宁市属鲁南泰沂山地丘陵与鲁西南黄泛平原交接地带,地形以低山丘陵和平原洼地为主,地势东高西低。济宁市属南四湖水系,境内河流众多,流域面积在 50 km^2 以上的河流共 91 条,总长度 1 516 km,均流入南四湖。

济宁市多年平均降水量为 684.4 mm,地表水资源丰富,其中当地多年平均地表水资源 11.28 亿 m^3、客水资源 22.52 亿 m^3(包括南四湖入流 18.97 亿 m^3、引大汶河 1.19 亿 m^3、引黄 2.36 亿 m^3),地表水可供水量达 19.54 亿 m^3,但 2008 年全市地表水供水量仅 9.21 亿 m^3,占可供水量的 47.13%。相反,当地年均地下水资源量仅为 17.67 亿 m^3,可供水量为 15.50 亿 m^3,2008 年地下水资源供水量 16.83 亿 m^3,实际供水量超过了可供水量。过量开采地下水致使地下水位持续下降,形成了大面积的降落漏斗。到 1993 年,市区、兖州西部、汶上等几个开采地下水较为集中的地区均已形成地下水降落漏斗,全市地下水位埋深大于 6 m 的漏斗区面积已达 4 500 多 km^2。为控制地下水的持续超采,有关部门加强引水回灌补源工程建设,使地下水降落漏斗面积减少到 1999 年的 1 700 多 km^2,至 2008 年,全市地下水降落漏斗面积仍有 997 km^2。

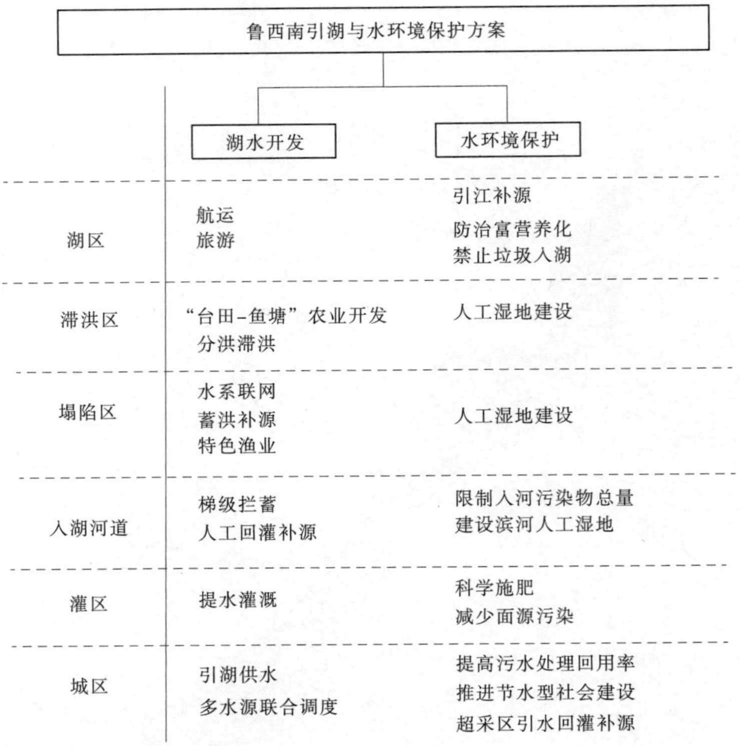

图 13-10　鲁西南引湖与水环境保护方案

由于降水集中，地表径流量主要集中在汛期的 6～9 月，汛期径流量占全年的 80% 以上，大雨以超渗径流的形式迅速排入河湖。而为保证河湖大堤的安全，需及时将大量积聚的水体排泄掉，地下水疏干漏斗得不到充分回补，雨洪水资源大部分被浪费。因此，在地理、地质条件适宜的漏斗区建设回灌沟渠和节制闸门，调集汛期洪水回灌，不仅可以增加水资源可利用量，还可以降低下游河湖的防洪压力。总的来看，为解决济宁市供水水源严重失调的问题，就要充分利用南四湖的调蓄功能，引湖回灌以补充地下水资源，实现地下水资源开采的采补平衡。但为保障地下水回灌的安全性，仍应当保证南四湖及其周边入汇河流水环境得到充分的保护。

为保障济宁市水资源的高效利用与生态环境保护，当地部门开展了多项举措，主要包括以下内容：

（1）实施地表水与地下水的联合调度。在工农业生产中，用水规划以利用地表水为主，在超采区范围内禁止新打自备井，逐步关闭一定数量的自备井，以保护有限的地下水资源。一些用水大户，如邹县电厂、运河电厂、济宁电厂等，供水均实现了地表水与地下水的联合调度，汛前枯水期适当开采地下水资源，汛期及汛后则改用地表水资源。

（2）大力实施引水回灌工程，扩大雨洪水资源利用规模。20 世纪 80 年代以来，济宁市先后兴建了兖州引泗回灌、汶上引汶回灌、金南回灌等工程，运行效果较好。近些年来，河道控制性工程及塌陷区生态修复工程建设后，进一步扩大了引水回灌和蓄洪回灌规模，地下水超采区面积明显减小。

(3)用好长江水。2002 年济宁市遭遇百年不遇的大旱,南四湖几近干涸,国家防汛抗旱总指挥部办公室多方筹资 3 000 万元,从 2002 年 12 月 8 日开始紧急从长江向南四湖实施应急生态补水,共引入长江水 1.15 亿 m^3,补入上级湖 0.5 亿 m^3,基本可以维持南四湖湖区最低生态用水需求,对保护南四湖湖区物种、恢复湖区生态系统起到了极其重要的作用。南水北调工程实施后,要积极做好相关的政策研究,加快配套工程建设,使调引水发挥更大的效益。

(4)加大节水治污力度,实现污水资源化。大力推行计划用水和节约用水,提高用水效率;加快工业节水技术改造;因地制宜地推广先进的节水灌溉技术;加大治污力度,按照水体的纳污能力,严格控制入河排污口的设置;积极推进产业结构调整,关闭一些治污无望的企业;加强点源、面源治理,减少工业污染,以南水北调工程建设为契机,进一步加快境内污水处理厂建设布伐,提高污水资源化利用水平。

通过推行多项综合措施,济宁市供水结构得到进一步优化,地下水回灌补源颇有成效,漏斗区面积由 1993 年的 4 500 km^2 下降到 2008 年的 997 km^2;南四湖水质状况有所改善,污染物浓度有所下降。当然,为满足南水北调工程运行安全要求,在南四湖的生态环境保护方面还需要采取进一步的强化措施。

参考文献

[1] 王浩,唐克旺,杨爱民,等. 水生态系统保护与修复理论和实践[M]. 北京:中国水利水电出版社,2010.

[2] 董哲仁,孙东亚,等. 生态水利工程原理与技术[M]. 北京:中国水利水电出版社,2007.

[3] 许凤冉,阮本清,王成丽. 流域生态补偿理论探索与案例研究[M]. 北京:中国水利水电出版社,2010.

[4] 王殿武. 现代水文水资源研究[M]. 北京:中国水利水电出版社,2008.

[5] 蔡守华. 水生态工程[M]. 北京:中国水利水电出版社,2010.

[6] 李祚泳,丁晶,等. 环境质量评价原理与方法[M]. 北京:化学工业出版社,2004.

[7] 张丽. 水资源承载能力与生态需水量——理论及应用[M]. 郑州:黄河水利出版社,2005.

[8] 李洪海. 小清河综合治理[M]. 济南:济南出版社,2008.

[9] 吴季松. 中国可以不缺水[M]. 北京:北京出版社,2005.

[10] 左其亭,张云. 人水和谐量化研究方法及应用[M]. 北京:中国水利水电出版社,2009.

[11] 王浩,宿政,等. 流域生态调度理念与实践[M]. 北京:中国水利水电出版社,2009.

[12] 刘勇毅,王维平. 现代化水网建设与水资源优化配置[M]. 济南:山东人民出版社,2003.

[13] 王浩,汪林. 水资源配置理论与方法探讨[J]. 水利规划与设计,2004(3)增刊:50-56.

[14] 孙贻让. 山东水利[M]. 济南:山东科学技术出版社,1997.

[15] 翁文斌,王忠静,赵建世. 现代水资源规划——理论、方法和技术[M]. 北京:清华大学出版社,2003.

[16] 中国水利水电科学研究院水资源研究所. 水资源大系统优化规划与优化调度经验汇编[M]. 北京:中国科学技术出版社,1995.

[17] 王浩,秦大庸,王建华,等. 黄淮海流域水资源合理配置[M]. 北京:科学出版社,2003.

[18] Daniel P Loucks,Eelco Van Beek. 水资源系统规划与管理[M]. 王世龙,李向东,等译. 北京:中国水利水电出版社,2007.

[19] Daniel P Loucks,John S Gladwell. 水资源系统的可持续性标准[M]. 王建龙,译. 北京:清华大学出版社,2003.

[20] Saro G,Mazzola A. The carrying capacity for mediterranean bivalve suspension feeders: evidence from analysis of food availability and hydrodynamics and their into a local model[J]. Ecological Modelling, 2004,179(11):281-296.

[21] Kammerbauer J, Cordoba B. Identification of development indicators in tropical mountainous regions and some implications for natural resource policy designs: an integrated community case study[J]. Ecological Economics, 2001,36:45-60.